21世纪高等学校数字媒体专业系列教材

虚拟现实和增强现实技术基础

赵晓丽 张立军◎编著

清華大學出版社
北京

内容简介

本书较系统地介绍了虚拟现实与增强现实技术的起源、基本概念、研究发展、主流开发平台与应用。在全面介绍虚拟现实与增强现实的基本理论和关键技术的基础上，着重介绍了目前主流的开发平台和编程技术，并通过若干实例来说明如何应用这些开发工具进行工程开发。

全书分为两部分：第1部分(第1～5章)为虚拟现实，主要内容包括虚拟现实技术概述、硬件系统、关键技术、开发平台、程序开发；第2部分(第6、7章)为增强现实，主要内容包括增强现实系统的标定以及程序开发。全书提供了大量应用实例，每章后均附有习题。

本书适合作为高等学校计算机、信息类等相关专业本科高年级学生的专业课教材，可帮助学生掌握虚拟现实与增强现实的基本概念和基础理论，也可以供相关领域的专业技术人员和科学研究人员阅读参考。

图书在版编目(CIP)数据

虚拟现实和增强现实技术基础/赵晓丽，张立军编著. —北京：清华大学出版社，2021.7(2024.8重印)
21世纪高等学校数字媒体专业系列教材
ISBN 978-7-302-58115-4

Ⅰ. ①虚… Ⅱ. ①赵… ②张… Ⅲ. ①虚拟现实－高等学校－教材 Ⅳ. ①TP391.98

中国版本图书馆CIP数据核字(2021)第098555号

责任编辑：黄 芝 薛 阳
封面设计：刘 键
责任校对：李建庄
责任印制：丛怀宇

出版发行：清华大学出版社
网　　址：https://www.tup.com.cn，https://www.wqxuetang.com
地　　址：北京清华大学学研大厦A座　　**邮　　编**：100084
社 总 机：010-83470000　　**邮　　购**：010-62786544
投稿与读者服务：010-62776969，c-service@tup.tsinghua.edu.cn
质量反馈：010-62772015，zhiliang@tup.tsinghua.edu.cn
课件下载：https://www.tup.com.cn，010-83470236
印 装 者：三河市天利华印刷装订有限公司
经　　销：全国新华书店
开　　本：185mm×260mm　　**印　　张**：13.25　　**字　　数**：322千字
版　　次：2021年9月第1版　　**印　　次**：2024年8月第3次印刷
印　　数：2001～2500
定　　价：39.80元

产品编号：078487-01

前言

近年来，虚拟现实和增强现实技术在各行各业得到了广泛的应用，两者的最终目标都是打造成一个有真实感的感官输入环境。但是虚拟现实是沉浸式的体验，让体验者能够身临其境；而增强现实技术则是通过与现实世界的结合，造就了更加真实的效果。

虚拟现实和增强现实本身的理论性很强。本书针对信息类相关专业的本科生及工程技术人员，重点介绍 VR 和 AR 的基本概念、基础理论和程序开发，注重基本理论，辅以大量的程序开发介绍。为使本教材密切联系当前技术发展需要，使学习者能将所学知识应用在实际工作中，本书由高校和公司共同编写，上海工程技术大学的教师负责基本概念和基础理论部分，上海未特芮信息科技有限公司和视＋AR 公司负责程序开发部分。

本书共 7 章。第 1 章是虚拟现实技术概述，包括虚拟现实的概念、分类和应用；第 2 章是虚拟现实硬件系统，介绍虚拟现实常用的各种设备；第 3 章是虚拟现实关键技术，介绍虚拟现实的立体显示技术、环境建模技术、声音合成技术和人机交互技术，使读者对虚拟现实的工作原理有更清晰的认识；第 4 章介绍虚拟现实的技术开发平台 Unity 以及 C♯语言相关知识；第 5 章在 Unity 的基础上讲述程序开发，并给出两个开发实例，使读者快速掌握虚拟现实开发技术；第 6 章是增强现实系统的标定，主要讲述增强现实的理论基础，包括坐标变换、摄像机标定和系统标定，帮助读者理解虚拟环境和现实世界交互的原理，并为进一步的程序开发打下理论基础；第 7 章是增强现实程序开发部分，详细介绍了开发环境 EasyAR 的使用，并给出了三维物体识别和跟踪的开发实例。

本书可作为高等学校计算机、信息类等相关专业的本科生教材，也可作为信息类工程技术人员的参考用书。

本书第 1 章和第 6 章由赵晓丽编写，第 2 章和第 3 章由张立军编写，第 4 章和第 5 章由上海未特芮信息科技有限公司的姜鹏编写，第 7 章由视＋AR 公司的创始人兼 CEO 张小军编写。全书由赵晓丽担任主编，完成全书的修改及统稿，内蒙古呼伦贝尔学院的郭松对本书进行了校订。在本书的编写过程中得到张翔的大力支持，在此表示衷心的感谢。

由于编者水平有限，书中不足之处在所难免，欢迎广大同行和读者批评指正。

编　者

2021 年 6 月

目　录

第1章 虚拟现实技术概述

本章首先介绍虚拟现实技术的基本概念，虚拟现实系统的发展概况和分类，再介绍虚拟现实技术的基本应用。

1.1 虚拟现实的概念

虚拟现实(Virtual Reality，VR)是由美国 VPL Research 公司的奠基人 Jaron Lanier 于20世纪80年代末首次正式提出的，它是20世纪90年代以来兴起的一种新型信息技术，融合了数字图像处理、计算机图形学、人工智能等多个信息技术的最新发展成果，与多媒体技术、网络技术并称为三大前景最好的计算机技术。

虚拟现实是利用计算机模拟产生一个三维空间的虚拟世界，提供使用者关于视觉、听觉、触觉等感官的模拟，可以直接观察、操作、触摸、检测周围环境和事物的内在变化，并能与之发生"交互"作用，使人和计算机很好地"融为一体"，给人一种"身临其境"的感觉，可以实时、没有限制地观察三维空间内的事物。

1.1.1 虚拟现实的发展

虚拟现实技术的发展大致分为4个阶段：1963年以前，蕴含虚拟现实技术思想的第一阶段；1963—1972年，虚拟现实技术的萌芽阶段；1973—1989年，虚拟现实技术概念和理论产生的初步阶段；1990年至今，虚拟现实技术理论的逐步完善和应用阶段。

第一阶段：虚拟现实技术的前身。中国战国时期的风筝，就是模拟飞行动物与人类之间互动的场景，风筝的拟声、互动的行为是仿真技术在中国的早期应用，也是中国古代人实验飞行器模型的最早发明。西方利用中国古代的风筝发明了飞机。1929年，发明家 Edwin Link 发明了飞行模拟器，使乘坐者有一种在飞机中飞行的感觉。1962年，Morton Heilig 发明了全传感仿真器，蕴含虚拟现实技术的思想理论。这些典型的发明，都蕴含虚拟现实技术的思想，是虚拟现实技术的前身。

第二阶段：虚拟现实技术的萌芽阶段。1968年，美国计算机图形学之父 Ivan Sutherlan 开发了第一个计算机图形驱动的头盔显示器 HMD 和头部位置跟踪系统，是虚拟现实发展史上的一个重要的里程碑。这个阶段也是虚拟现实技术的探索阶段，为虚拟现实技术基本思想的产生和理论发展奠定了基础。

第三阶段：虚拟现实技术概念和理论产生的初步阶段。这个时期出现了两个典型的虚拟现实系统。M. W. Krueger 设计的 VIDEOPLACE 系统可产生一个虚拟图像环境，使参与者的图像投影能实时地响应参与者的活动。M. McGreevy 领导完成的 VIEW 系统，在装备数据手套和头部跟踪器后，通过语言、手势等交互方式，形成虚拟现实系统。

第四阶段：虚拟现实技术理论的完善和应用阶段。这一阶段中虚拟现实技术从研究转向应用，广泛运用到科研、医学、航空、军事等领域。

虚拟现实技术带来了人机交互的新概念、新内容、新方式和新方法，使人机交互的内容更加丰富、形象，方法更加自然、和谐。虚拟现实技术的成功应用显示出其研究和应用水平将会对国家的国防、经济、科研和教育等方面的发展产生更为直接的影响。自20世纪80年代以来，美、欧、日等发达国家和地区均投入了大量的人力和资金对虚拟现实技术进行深入的研究，使之成为信息时代一个活跃的研究方向。

虚拟现实技术是一项综合性很强，有巨大应用前景的高新技术，引起我国政府有关部门和科学家们的关心和重视。国家攻关计划、国家863高技术研究发展计划、国家973重点基础研究发展计划和国家自然科学基金委员会等都把虚拟现实技术列入了重点资助范围。我国军方对虚拟现实技术的发展关注较早，支持研究开发的力度越来越大。国内一些高等院校和科研单位也陆续开展虚拟现实技术和应用系统的研究，取得了一批研究和应用成果。其中具有代表性的工作之一是在国家863高技术研究发展计划支持下，由北京航空航天大学虚拟现实与可视化新技术研究所作为集成单位研究开发的分布式虚拟环境DVENET(Distributed Virtual Environment NETwork)。DVENET以多单位协同仿真演练为背景，全面展开虚拟现实技术的研究开发和综合运用，建成一个可进行多单位异地协同与对抗仿真演练的分布式虚拟环境。

1.1.2 虚拟现实的特征

虚拟现实是人们通过计算机对复杂数据进行可视化、操作以及实时交互的环境。和传统的计算机人机界面相比，虚拟现实技术在技术和思想上都有质的飞跃。传统的人机界面把用户和计算机视为两个独立的实体，将界面视为信息交换的媒介，通过用户把要求或指令输入计算机，计算机对信息或受控对象做出动作反馈。而虚拟现实将用户和计算机视为一个整体，通过直观的工具将信息进行可视化，形成逼真的环境，用户置身于这种三维信息空间中使用各种信息，并由此控制计算机。1993年，Grigore C. Burdea在Electro 93国际会议上发表的*Virtual Reality System and Application*一文中，提出了虚拟现实技术的三个特征：沉浸性(Immersion)、交互性(Interactivity)、构想性(Imagination)，也就是“3I特征”，如图1.1所示。

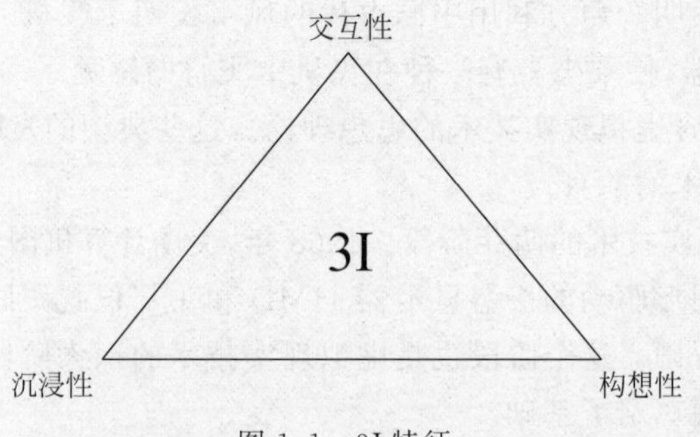

图1.1　3I特征

沉浸性又称临场感，是指用户感受到被虚拟世界所包围，好像完全置身于虚拟世界中一样。虚拟现实技术最主要的技术特征是让用户觉得自己是计算机系统所创建的虚拟世界中的一部分，使用户由观察者变成参与者，沉浸并参与虚拟世界的活动。

交互性是指参与者对虚拟环境内物体的可操作程度和从环境中得到反馈的自然程度。这种交互的产生，主要借助于虚拟现实系统中专用的三维交互设备（如头盔显示器、数据手套等），使用户能通过自然的方式，产生在真实世界中一样的感觉。

构想性指的是人想象出来的虚拟环境，这种想象体现出设计者相应的思想，可以用来实现一定的目标。借助虚拟现实技术，人能够从定性和定量综合集成的虚拟环境中得到感性和理性的认识，进而深化概念、产生新的构想，主动寻求和探索信息，而不是被动接收，这进一步依赖和体现了虚拟现实的构想性。

1.1.3 虚拟现实系统的构成

一个虚拟现实系统主要包括5部分：虚拟世界、虚拟现实软件、计算机、输入和输出设备，如图1.2所示。

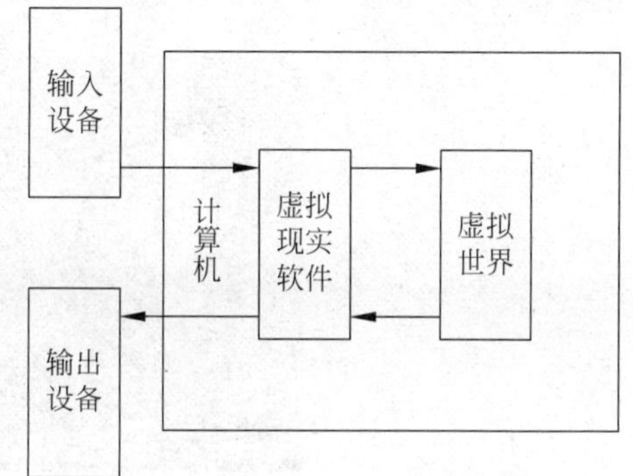

图1.2 虚拟现实系统组成

虚拟世界是计算机根据用户任务的要求，在虚拟现实软件和数据库的支持下处理和产生多维化虚拟环境，使用户具有身临其境的沉浸感和交互作用能力，能够从任意角度连续地观看和思考。

计算机负责虚拟世界的生成和人机交互的实现。由于虚拟世界本身具有高度复杂性，特别是在大规模复杂场景中，生成虚拟世界需要的计算量极其庞大，因此对计算机的配置提出了极高的要求。

虚拟现实软件负责提供实时构造和参与虚拟世界的能力，涉及建模、物理仿真、碰撞检测等，主要功能有：虚拟世界物体的几何模型、物理模型、行为模型的建立，三维立体声的生成，模型管理技术及实时显示技术，虚拟世界数据库的建立与管理等。虚拟世界数据库主要用于存放整个虚拟世界中所有物体的各方面信息。

在虚拟现实系统中，为了实现人与虚拟世界的交互，采用特殊的输入和输出设备，用于观察和操纵虚拟世界，识别用户各种形式的输入，实时生成相应的反馈信息，涉及跟踪系统、图像显示、声音交互、触觉反馈等。

一个典型的虚拟现实系统由计算机、头盔显示器、数据手套、力反馈装置、话筒和耳机等设备组成。虚拟现实系统和虚拟世界交互的过程是：计算机生成一个虚拟世界，用户激活头盔输出一个立体的显示，用户通过头盔、话筒和耳机等输入设备为计算机提供输入信号，虚拟现实软件收到传来的输入信号加以解释，然后对虚拟环境数据库做必要的更新，调整当前的虚拟环境，并将新的三维视觉图像和其他信息传送给相应的输出设备，使人与虚拟世界进行自然、和谐的人机交互。

1.2 虚拟现实的分类

伴随着科技的迅速发展，虚拟现实技术的发展趋势呈现多样化，虚拟现实系统的分类标准有很多。目前使用比较多的一种分类方法是按照虚拟现实的沉浸性和交互性两个特性，可以分为4个类型：桌面式VR系统、沉浸式VR系统、增强式VR系统和分布式VR系统。

1.2.1 桌面式 VR 系统

桌面式 VR 系统是一套基于 PC 平台的小型桌面虚拟现实系统，利用个人计算机或图像工作站等设备，采用立体图形、自然交互等技术产生三维空间的交互场景。计算机的屏幕作为用户观察虚拟环境的一个窗口，用户需要手持输入设备或位置跟踪器，操作虚拟场景中的物体。用户虽然坐在显示器前，却可以通过计算机屏幕观察 360°范围内的虚拟世界，可通过交互操作平移、旋转虚拟环境中的物体。

如图 1.3 所示，在桌面式 VR 系统中，三维眼镜和立体观察等设备会被采用，立体视觉效果可以增加沉浸的感觉。声音也是虚拟现实系统中重要的一个附加因素，采用耳机或者立体音箱作为输出设备。虽然缺乏完全的沉浸感，但这种 VR 系统由于成本相对较低，所以应用比较普及。

图 1.3　桌面式 VR 系统

桌面式 VR 系统和沉浸式 VR 系统之间的主要差别在于参与者身临其境的程度，这也是它们在系统结构、应用领域和成本上有很大不同的原因。参与者坐在监视器前面，通过屏幕观察范围内的虚拟环境，但并没有完全沉浸，仍会受到周围现实环境的干扰。桌面式 VR 系统往往被认为是从事虚拟现实技术研究的初始阶段。

常见的桌面式 VR 系统工具有全景技术软件 QuickTime VR、虚拟现实建模语言 VRML、Java 3D 等，主要用于计算机辅助设计、建筑设计、桌面游戏等领域。

桌面式 VR 系统的主要特点有对硬件要求低，有时只需要计算机或是增加数据手套、空间位置跟踪设备等；缺少完全沉浸感，用户不完全沉浸，即使戴上三维眼镜，也会受到现实世界的干扰；应用广泛，因为成本相对较低，具备了沉浸式 VR 系统的一些技术要求。

1.2.2 沉浸式 VR 系统

沉浸式 VR 系统利用头盔显示器和数据手套等交互设备把用户的视觉、听觉和其他感觉封闭起来，产生虚拟视觉和虚拟触动感，使用户真正成为 VR 系统内部的一个参与者。用户可以利用这些交互设备操作和驾驭虚拟环境，产生一种身临其境的感觉。

沉浸式 VR 系统采用头盔显示器等具有封闭特点的设备，屏蔽掉周围的现实环境，使得参与者有一种被虚拟环境包围的感觉。沉浸式 VR 设备一般比较昂贵，仅供公司、政府和大学使用。

常见的沉浸式系统有基于头盔显示器的 VR 系统、基于投影的沉浸式 VR 系统、远程存在系统等。如图 1.4 所示就是基于投影的沉浸式 VR 系统。

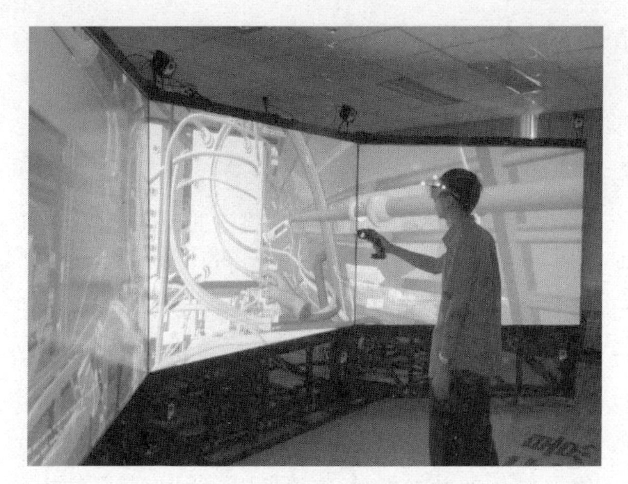

图 1.4　基于投影的沉浸式 VR 系统

沉浸式系统的主要特点在于：具有高度的沉浸感，沉浸式 VR 系统可以使用户暂时和真实世界隔离开，处于完全沉浸状态，不受现实世界的影响；具有高度的实时性，人机运动时，空间位置跟踪器可以及时检测到，能经过计算机运算，输出相应的场景变化，这个变化是及时的，延迟时间很小；支持多种 I/O 交互设备并行，用户不仅可以通过头部转动切换视角，还可以用戴着数据手套的手指加以控制，以及通过语音识别器进行语音控制。这些行为会产生多个同步事件，这些事件又分别来自不同的交互设备。

1.2.3　增强式 VR 系统

增强式 VR 系统简称增强现实(Augmented Reality，AR)，增强现实系统允许用户对现实世界进行观察的同时，通过穿透型头戴式显示器将计算机虚拟图像叠加在现实世界之上，用于增强或补充人眼所看到的东西，为用户提供与他所看到的现实环境有关的、存储在计算机中的信息，从而增强用户对真实环境的感受，是一种把真实环境和虚拟环境结合起来的系统。

与其他 VR 系统相比，增强式 VR 系统使人们可以按照日常的工作方式对周围的物体进行操作或研究，同时又能从计算机生成的环境中得到同步的、有关活动的指导。目前，增强式 VR 系统用于医学可视化、军事飞机导航、设备维护和管理、娱乐等领域。

常见的增强现实系统有视频透视式增强现实系统、光学透视式增强现实系统等。图 1.5 是微软 HoloLens 增强现实眼镜的效果图。

图 1.5　微软 HoloLens 增强现实图

增强现实系统有以下特点：现实世界和虚拟世界的信息集成；具有实时交互性；在三维空间中增加和定位虚拟物体。

1.2.4 分布式 VR 系统

分布式 VR 系统是一种基于网络的虚拟环境，将虚拟环境运行在通过网络连接在一起的多台 PC 或工作站上，位于不同物理位置的多个用户通过网络对同一虚拟世界进行观察和操作，共享同一个虚拟环境，达到协同工作的目的。虚拟现实系统在分布式世界中运行有两个方面的原因：一方面是充分利用分布式计算机系统提供的强大计算能力；另一方面是有些应用本身具有分布特性。

分布式虚拟现实系统主要基于两类网络平台：一类是 Internet；另一类是高速专用网络，如军方的一些用于军事演练的网络平台。如图 1.6 所示，部队使用分布式 VR 系统进行训练。根据分布式 VR 系统中所运行的共享应用系统的个数，可以分为集中式结构和复制式结构。

图 1.6 部队使用分布式 VR 系统训练

集中式结构是指采用星形结构在中心服务器上运行一个共享应用系统，中心服务器对多个参与者的输入和输出操作进行管理，允许多个参与者信息共享。某个时刻只有一个用户可以改变对象状态，并将其发往服务器，然后服务器将改变的状态发往网络上的其他用户。集中式结构的特点是结构简单、容易实现，但整个系统高度依赖中心服务器，对中心服务器的网络通信带宽有较高的要求。

复制式结构是指每个参与者所在的计算机节点上复制包括环境数据库、软件资源等工序应用系统，网上各个节点完全自治并有相同的数据库，节点之间只传输环境中对象的动态状态信息和突发事件，以此降低网上的通信量。复制式结构的特点是所需网络带宽较小，但结构复杂，维护困难。

分布式 VR 系统的特点有：各个用户具有共享的虚拟工作空间；伪实体的行为真实感；支持实时交互；多个用户以多种方式相互通信；资源信息共享以及允许用户自然操作环境中的对象。

1.3 虚拟现实的应用

虚拟现实技术的出现,为人机交互界面打开了广阔的天地,带来了无限的应用前景。随着互联网时代的高速发展,虚拟现实技术日益成熟,其应用在近几年也发展迅速,应用领域已从过去的娱乐和模拟训练发展到航空航天、城市规划、医学、军事、教育、艺术、体育、商业、科学计算可视化等广泛领域。目前,虚拟现实技术的主要应用领域涉及以下几个方面。

1.3.1 军事领域

军事领域是虚拟现实技术应用最广阔的领域之一,虚拟现实的最新技术成果都会被率先应用于航空航天和军事训练。传统的军事实战演练,特别是大规模军事演习,不但耗费大量资金和军用物资,危险性高,而且很难在实战演习中改变战场状态,反复进行各种战场形势下的战术和策略研究。虚拟现实技术为这一难题提供了全新的解决方式,建立虚拟战场环境下的作战系统,让士兵如同身临其境一般,可以及时、没有限制地观察三维空间内的事物,甚至可以人为制造各种条件下的事故,训练士兵做出正确反应。虚拟现实技术的采用,不仅提高了作战能力和指挥效能,节省了人力、物力、财力,同时在安全等方面也得到了保障。图 1.7 是军事训练中的虚拟现实应用。

图 1.7 军事训练中的虚拟现实应用

目前,在军事领域的应用主要体现在以下两方面。

(1) 虚拟现实技术在武器设备研究和武器展示方面的应用。在武器设计过程中,可以使用虚拟现实技术进行方案的演示和检测,保证武器的质量和性能。研发人员和使用人员通过虚拟现实技术可以方便地介入系统建模和仿真实验的过程,缩短武器研发周期,合理评估武器作战性能。

(2) 虚拟现实技术在军事训练方面的应用。利用虚拟现实技术生成相应的三维战场图像数据库,为作战人员创造一种逼真的模拟立体战场,提高训练效率。作战人员穿上数据服,戴上头盔显示器和数据手套,通过操作传感装置选择不同战场场景,采用不同的演习方案,体验作战效果,锻炼和提高战术水平和快速反应能力。

1.3.2 医学领域

在医学领域，虚拟现实技术和现代医学的飞速发展以及两者的融合使得虚拟现实技术开始对医学领域产生重大影响。虚拟现实技术在医学领域大致分为两类，一类是虚拟人体的虚拟现实系统，另一类是虚拟手术的虚拟现实系统。

临床上，百分之八十的手术失误是由人为因素引起的，手术训练极其重要。在虚拟现实系统中，可以建立数字化三维人体，医学院学生和实习医生可以清晰地了解人体内部各器官结构，还可以进行解剖和各种手术练习。采用虚拟现实技术，仿真程度高，且不受标本、场地的限制，培训费用大大降低。

在虚拟手术过程中，系统可以监测医生的动作，精确采集各种数据，计算机对手术进行评价。这种综合模拟系统可以让医生和医学院学生进行有效的反复实践操作，还可以学习在日常工作中难以见到的病例。虚拟手术使得手术培训的时间大大缩短，并且减少了对实验对象的需求。远程医疗也能够使手术室中的外科医生实时获得远程专家的交互式会诊，这使得专家技能的发挥不受空间距离的限制。

如图 1.8 所示为护士在使用虚拟现实技术学习如何为孕妇接生。

图 1.8 护士学习如何为孕妇接生

1.3.3 城市规划领域

在城市规划领域，虚拟现实系统被作为辅助开发工具。城市规划也是虚拟现实技术应用最早的领域。以前在设计机场、车站、展馆等大型建筑时，难题就在于如何在设计的开始就能向人们全面、具体地展示出这种大型建筑在完成后的实际形象和应用效果。现在的虚拟现实技术完全可以解决这一难题，由计算机、投影设备、立体眼镜和传感器组成的虚拟设计系统，不仅可以让人们看到设计成果，还可以简化设计流程，缩短设计时间。更加方便的是，对不同方案可以进行讨论、对比和修改。

虚拟现实系统的沉浸感和互动性不但能够给人们带来强烈、逼真的感官冲击，获得身临其境的体验，还能够用动态交互的方式对未来的规划建筑或城区进行全方位的审视。虚拟现实所建立的虚拟环境是由基于真实数据建立的数字模型组合而成，严格遵守工程项目涉及的标准和要求建立逼真的三维场景，对规划项目进行真实“再现”。用户可以在三维场景中任意漫游，进行人机交互，这样不易被察觉的设计缺陷就能够轻易地被发现，减少规划不周全造成的无可挽回的损失，提高项目的评估质量。利用虚拟现实系统，可以随机修改参数,改变建筑高度,改变建筑面材质、颜色,改变绿化密度等。这大大加快了规划方案的设计,提高了修正的效率,也节省了大量的资金。

图 1.9 展示了虚拟现实技术的建筑场景。

图 1.9　虚拟现实技术中的建筑场景

1.3.4　教育领域

虚拟现实技术开发的三维虚拟学习环境能够营造逼真、直观的学习环境,并产生视觉、听觉、触觉等各种感官的刺激信息。它能使学习者直接、自然地与虚拟环境中的各种对象进行交互,培养学生的思维能力和探索能力,做到因人施教、因材施教,提高学习的主动性,打破时间和空间的限制,弥补现有教学条件的不足,以各种形式参与到学习过程中去。该项技术的发展可应用于虚拟现实校园、虚拟现实漫游、虚拟现实过程演示、虚拟现实实验、交通教育、特殊教育、专业训练等方面。

虚拟现实技术能够为学生提供生动、逼真的学习环境,如构造人体模型、太空旅行、化合物分子结构显示等。虚拟实验利用虚拟现实技术,可以建立各种虚拟实验室,在节省成本、规避风险的同时,打破了时间和空间的限制。例如,利用虚拟现实技术,大到宇宙天体,小到原子粒子,学生都可以进入物体的内部进行观察。利用虚拟现实技术建立起来的虚拟实训基地,其设备和部件大多都是虚拟的,可以根据需要随时生成新的设备。学习内容可以不断更新,紧跟技术的发展。

在虚拟现实技术的帮助下,残疾人能够通过自己的形体动作与他人进行交流,甚至可以用脚的动作与他人进行交谈。在高性能计算机和传感器的支持下,残疾人戴上数据手套后,就能将自己的手势翻译成讲话的声音;配上目光跟踪装置,就能将眼睛的动作翻译成命令或讲话的声音。

借助虚拟现实技术的成果,人们能够将相对危险、缺少或难以提供真实演练的操作反复地进行逼真的练习。目前最为广泛的应用就是训练飞机驾驶员的训练模拟器。受训者坐进驾驶舱模拟器,会看到和真实飞机一模一样的仪表盘、操纵杆,窗外也是模拟的真实场景。受训者操纵飞机时,计算机系统负责计算飞机的运动、控制仪表、指示灯和驾驶杆等信号。这些信号通过分析和处理后,传输给各个子系统,用来生成实时虚拟效果。

如图 1.10 所示,反复交互式汽车模拟驾驶系统采用虚拟现实技术构造了一个模拟真车的环境,通过视觉仿真、声音仿真、驾驶系统仿真,给学习的人以真车驾驶的感觉,使其能够在轻松、安全、舒适的环境中掌握驾驶技术。

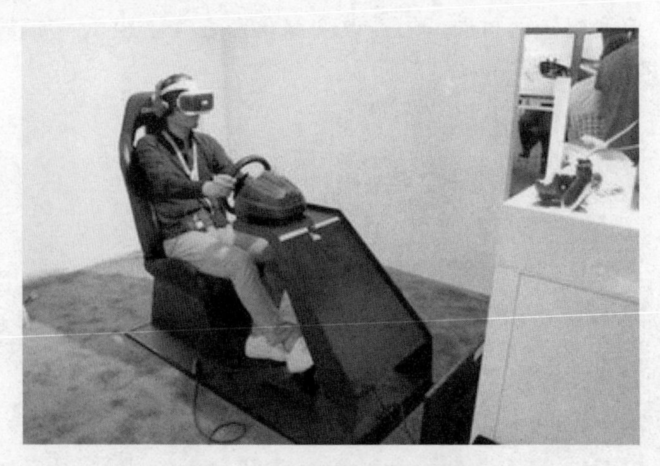

图 1.10　汽车模拟驾驶系统

1.3.5　商业领域

在商业领域中，虚拟现实技术常被用于产品的设计、展示和推销。产品设计人员通过虚拟现实技术模拟出图像确定产品的外形，能够从各个角度观察产品，使设计人员快速发现产品中的不足，从而进一步优化产品。一些结构复杂的产品需要合理、科学的布局，设计人员可以通过虚拟现实技术直观地看到整个产品的结构，参照计算机的数据选择最科学、合理的产品布局方式。

随着虚拟现实技术的发展和普及，该技术在商业应用中越来越多，主要表现在商品的展示。使用虚拟现实技术对商品进行全方位的展览，展示商品的功能，模拟商品使用时的情景，比单纯的文字或图片宣传更有吸引力。这种展示也可以用于互联网中，实现网络上的三维互动，服务于电子商务。

宣传产品是商业销售的一个重要环节。虚拟现实技术能够提供给观众更多感知能力，更加生动、直观地将产品展示给观众，极大地吸引了观众的眼球。如图 1.11 所示，国内多家房地产公司采用虚拟现实技术进行住宅展示，取得很好的效果。

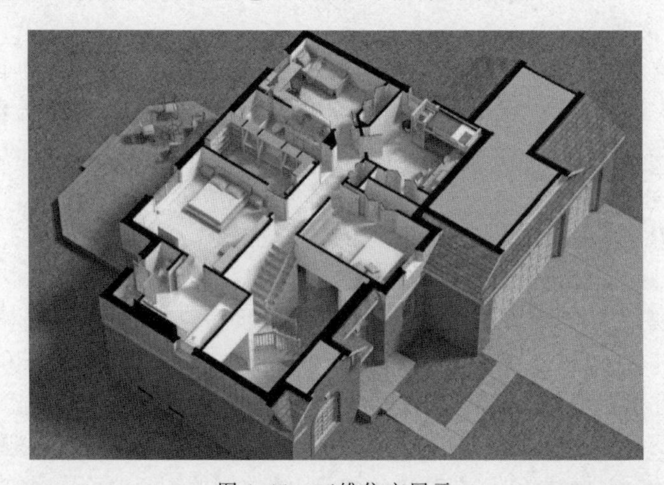

图 1.11　三维住宅展示

1.3.6 娱乐与艺术领域

娱乐应用是虚拟现实技术应用最广阔的领域之一，从早期的立体电影到现代高级的沉浸式游戏，都是虚拟现实技术应用较多的领域。从最初的文字 MUD 游戏，到二维游戏、三维游戏，再到网络三维游戏，游戏在保持实时性和交互性的同时，沉浸感和逼真度在一步步地提高和加强。丰富的感觉能力和三维现实环境使得虚拟现实成为理想的视频游戏工具。如图 1.12 所示的是一款虚拟现实游戏的场景。

图 1.12　虚拟现实游戏场景

虚拟现实在艺术领域也有广阔的前景。虚拟现实所具有的临场参与感和交互能力可以将静态的油画、雕刻等艺术品转换为动态形式，使观赏者更好地欣赏艺术作品。艺术家通过对虚拟现实、人工现实等技术的应用，可以采用更为自然的人机交互手段控制作品的形式，塑造出更具有沉浸感的艺术环境和现实情况下不能实现的艺术梦想。具有虚拟现实性质的交互装置可以设置观众穿越多重感官的交互通道以及穿越装置的过程，艺术家可以借助软件和硬件的配合来促进参与者与作品之间的沟通和反馈，创造出良好的参与性和可操控性。

三维《清明上河图》就是一个典型应用，以三维的形式构造出一幅完美的虚拟场景，场景不仅复原几个世纪以前的汴京面貌，还将整个场景放在网络上供大家访问，让全世界的每个人都有机会进入三维场景中，在其中漫步并与他人互动，了解北宋的城市面貌和人们的生活。

1.3.7 科学计算可视化

在科学研究中，人们会面对大量的随机数据，为了便于研究人员从中得到有价值的规律和结论，需要对这些数据进行分析。科学计算可视化是将大量字母、数字数据转换成更容易理解的图像，并允许参与者借助虚拟现实输入设备检查这些数据。

科学计算可视化通常被用于建立分子结构、地震、地球环境的各部分组成的数学模型。分子结构可用来测试不同的分子是如何相互作用的，地震模型可用来研究板块地质构造和地震，环境模型可以描绘臭氧层消失所带来的影响和在一段时间内全球气候变暖的情况等。它们的每一种模型都会产生大量的统计数据，而科学可视化往往是揭示这类数据的方法。

在虚拟现实技术的支持下，科学计算可视化和传统的数据仿真存在一定的差别。例如，为了设计出阻力更小的机翼，必须详细分析机翼的空气动力学特征。为此，人们发明了虚拟现实的风洞实验方法，其目的是通过烟雾气体，让工程师可以通过肉眼直接观察到气体对机翼的作用情况,提高对机翼的动力学特征的了解并加以分析,这些工作利用数据仿真是很难可视化的。

1.3.8 旅游领域

虚拟旅游是指利用计算机技术将现实中的旅游场景作为三维实景展示,使得游客通过互联网等多种媒体浏览虚拟的场景,获得身临其境的体验。虽然虚拟旅游作为新生事物,还处在探索阶段,但是虚拟旅游的应用越来越广泛。图 1.13 是网上的虚拟旅游图片。

图 1.13 虚拟旅游

虚拟现实技术在旅游行业的应用,为游客带来了很多便利。虚拟现实技术能够为旅游者呈现逼真的三维场景,使得旅游者足不出户就能体验一次完美的景区畅游。虚拟旅游可以帮助残疾人士克服交通困难、心理压力和负面情绪,帮助他们看到“外面的世界”。

游客可以通过虚拟旅游接触到平常无法到访的脆弱的旅游景区,同时也保护了文化遗产,不会对景区带来伤害。

习题

1. 虚拟现实系统主要包括几部分?
2. 虚拟现实技术的发展分为几个阶段?
3. 增强现实系统有什么特点?

第2章 虚拟现实硬件系统

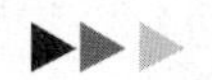

虚拟现实系统依赖一套专用的硬件系统。该系统包括一系列与虚拟现实技术有关的硬件产品，大致分为四类：建模设备、显示设备、声音设备和交互设备。

2.1 建模设备

虚拟现实系统中的建模设备，负责对现实世界进行三维立体建模，如三维扫描仪就是一种常用的虚拟现实建模设备。

三维扫描仪的主要功能是通过图像传感器非接触地扫描物体表面，测量物体表面到观察者的距离，即深度信息，从而获取被扫描物体外表面的三维点云坐标。随后将这些点云数据导入计算机中，通过插值算法恢复物体的表面形状，这个过程即为三维建模。点云越密集则重建的模型越精确。按照扫描方式分类，可分为主动式三维扫描仪和被动式三维扫描仪。

主动式扫描是指向物体发射可见光、激光、超音波或X射线等，通过测量其反射或投射率计算三维空间信息。典型的主动式设备如手持式激光扫描仪(见图2.1)，它向被测物体发射激光束，利用三角形测距法原理，通过感光元件测量物体表面至传感器的距离。

被动式扫描仪本身并不发射任何辐射线，而是通过感光元件直接测量物体表面反射环境光的强度，从而完成建模。这种扫描仪因为不需要发射额外的射线，因此成本较为低廉。

早期的三维扫描仪只需扫描三维数据，并不采集色彩信息。现在由于虚拟现实技术的发展，人们发现在扫描三维数据的同时采集物体表面的颜色信息的需求越来越强烈。目前已经出现了可以采集色彩信息的三维扫描仪，即彩色三维扫描仪。

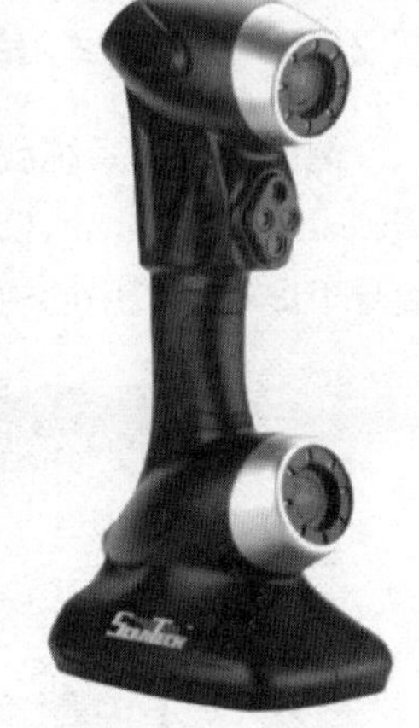

图2.1 手持式三维激光扫描仪

2.2 显示设备

虚拟现实硬件系统中的三维视觉显示设备包括三维展示系统、大型投影系统、头戴式立体显示器等。

2.2.1 计算机显示屏立体显示设备

这种显示设备利用普通的计算机显示器，用户通过佩戴专用的立体眼镜实现立体显示效果，如图2.2所示。其原理是由计算机分别产生左右眼的两幅图像，交替显示在显示终端上。用户佩戴的立体眼镜是一副与左右图像交替显示同步的液晶光闸眼镜，眼镜片在驱动信号的作用下，交替开和闭，即当计算机显示左眼图像时，右眼透镜将被屏蔽，只能看到左眼图像；当计算机显示右眼图像时，左眼透镜被屏蔽，此时只能看到右眼图像。只要左右图像切换的速度足够快，人眼感觉到的就是一个立体图像。

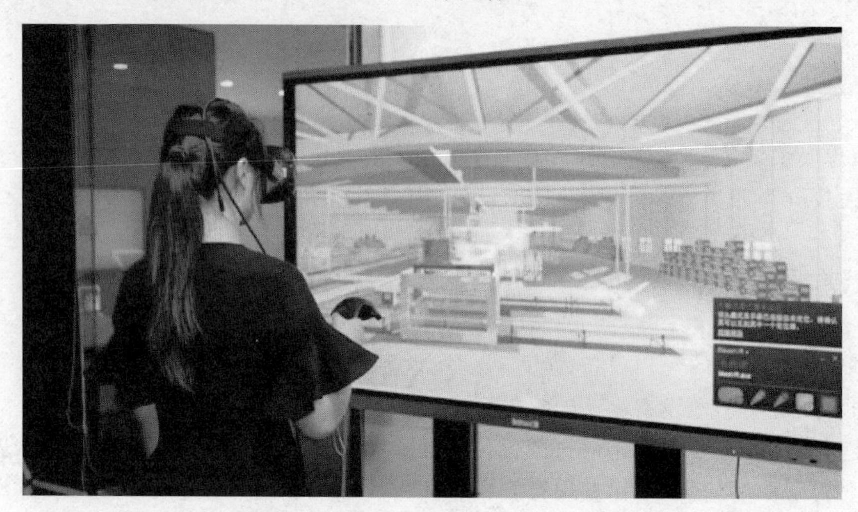

图 2.2　计算机显示屏立体显示

2.2.2　洞穴式显示系统 CAVE

洞穴式 VR 系统就是一种基于投影的环绕屏幕的洞穴自动化虚拟环境(Cave Automatic Virtual Environment，CAVE)，它具有清晰度高、沉浸感强、立体感强的特性，使观看者有完全置身于虚幻环境中的视觉感受，如图 2.3 所示。CAVE 可允许多人同时融入同一虚拟环境。

图 2.3　CAVE 系统

洞穴虚拟现实系统是一种基于多通道视景同步技术和立体显示技术的房间式投影可视协同环境，可以分为四投影面(三个墙壁和一个地板)、五投影面和全封闭六投影面等多种不同配置的投影显示空间，借助位置跟踪器，用户可以在被投影墙包围的系统近距离接触虚拟三维物体，从而获得一种身临其境的高分辨率三维立体视听影像和六自由度交互感受。

2.2.3 头戴式显示器

头戴式显示器(Head Mounted Display,HMD)使人的左右眼分别观看存在左右视差的两幅图像,从而产生立体感,如图 2.4 所示。这左右两幅图像分别显示在两个超微显示屏上,通过一组精密的光学透镜放大后呈现在观看者眼中,从而产生大屏幕的立体图像的显示效果。头戴式显示器具有小巧和封闭性强的特点。

图 2.4 头戴式显示器

2.3 声音设备

虚拟现实系统中的声音设备主要是指三维虚拟音响系统。与传统的立体声不同,三维虚拟音响是指由计算机生成的,能任意设定声源位置的合成声音。在虚拟现实系统中,三维声音技术不仅考虑到声源位置、空间传播等因素的影响,而且能随着人体位置和头部运动改变听觉效果,从而产生逼真的感受。

三维虚拟音响系统必须满足人类依靠声音进行三维定位的要求,即在虚拟现实环境中,使用者能够借助听觉准确判定发音物体的精确位置,这符合人们的真实听觉方式。当声源位置、周边环境、使用者自身位置或头部姿势发生变化时,三维虚拟声音必须随之发生实时的变化,以完美再现真实的场景,从而产生身临其境的感觉,增强沉浸感。

此外,虚拟现实系统中的声音设备还包括语音识别系统,其功能是使用户能用语言与计算机交互。

2.4 交互设备

虚拟现实系统中的交互设备包括位置追踪仪、数据手套、三维输入设备(三维鼠标)、动作捕捉设备、眼动仪、力反馈设备等。

2.4.1 数据手套

数据手套是虚拟现实系统中常见的一种交互设备，主要适用于需要对物体进行多自由度的、精细的、复杂操作的虚拟环境，如图 2.5 所示。

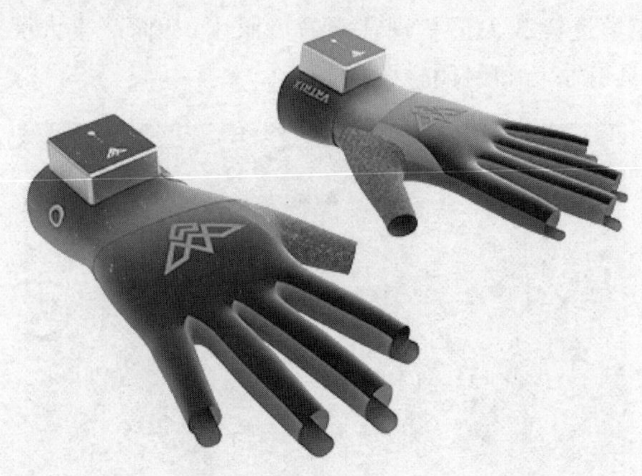

图 2.5 数据手套

数据手套内安装有弯曲传感器，通过弯曲传感器把人手的姿态告知虚拟环境。弯曲传感器由柔性电路板和力敏元件组成。柔性电路板是以聚酰亚胺或聚酯薄膜为基材制成的一种具有高度可靠性、绝佳的可挠性的印刷电路板，具有配线密度高、重量轻、厚度薄、弯折性好的特点。力敏元件能测量重力、拉力、压力、力矩、压强等物理量，包括电阻式、压电式、电容式、变磁阻式、光纤式等类型。

一个数据手套内最少包括 5 个弯曲传感器，即 5 个触点，它只能感受手掌的弯曲。触点越多，则能提供的操作的自由度越多。

数据手套中还可以设有触觉反馈装置，能使操作者产生虚拟的触觉，这叫触觉数据手套。它通过触觉反馈装置把虚拟的接触信息反馈给操作者，使用户能够用双手“触碰”虚拟世界，并在与虚拟环境互动的过程中通过触觉感受到物体的形状、材质和振动等特性，从而产生更为强烈的真实感。

触觉数据手套中的虚拟触觉主要是通过气压式或振动式的触摸反馈来实现的。气压式触摸反馈采用小空气袋作为反馈装置。这种手套一般是双层的，其中一层内装有多个触点的弯曲传感器，用于感受手势及手指的运动；另外一层内装有 20～30 个空气袋，由计算机通过空气压缩泵调整这些空气袋的气压，从而产生触摸反馈。

振动式触摸反馈采用磁力线圈作为反馈装置。当电流通过线圈时，会使线圈在磁场中产生形变和振动，从而产生触感。对不同物体表面材质，由于其具有不同的光滑度，所以需要通过控制线圈振动的幅度和频率，产生不同的手感效果。

2.4.2 运动跟踪系统

运动跟踪是指在虚拟现实系统中跟踪操作者自身的位置、动作、姿态等特性。为了达到这一要求，必须精确捕捉操作者的头部、躯干、四肢等不同部位的位置和方向。从实现方式上，可以采用运动类传感器实现，或采用计算机视觉方法实现。其中采用传感器的跟踪方式，是将多个传感器分别绑在操作者身体的不同部位实现的。按照所采用的传感器的种类，又可分为机械式、声学式、电磁式、惯性式、光学式等几种。

机械式运动跟踪依靠机械装置跟踪和测量运动轨迹，该机械装置由多个关节和刚性连杆组成，在关节处装有角度传感器以测量关节角度变化，刚性连杆也可以换成长度可变的伸缩杆，并安装位移传感器以测量长度的变化。人体运动时，带动机械装置运动，从而通过机械装置上的传感器记录下待测物体运动。机械式运动跟踪成本低，实时性好，但是难以实现对于多自由度的关节运动的跟踪，同时对人体的运动有很大的限制。

声学运动跟踪装置由超声波发射源、接收器探头和处理电路三部分组成，通过测量接收到的声波的相位差，计算得到接收器的位置和方向。声学装置成本较低，但是有较大的延迟和滞后，实时性较差，精度不高，容易受到噪声影响。

电磁式运动跟踪装置与声学装置类似，也由发射源、接收器和处理电路三部分组成，只是发射信号由声波变成了电磁波。发射源固定在场景的某个位置，接收传感器安置在操作者身体的各个部位上，随着人体运动，接收器接收到的电磁信号发生变化，通过处理电路计算接收器的位置和方向。电磁式运动跟踪装置对环境的要求比较严格，在使用场地附近不能有金属物品，否则会干扰电磁场，影响精度。

惯性式运动跟踪装置，是一种高性能的三维运动姿态测量系统。它通过在身体的关键部位，如关节、髋部、肘、腕等位置，绑定基于微机电系统(MEMS)的惯性传感器，测量人体各个部位的运动轨迹。通常采用的惯性传感器由三轴加速度传感器和三轴陀螺仪(见图2.6)组合而成，其中加速度传感器由质量块、阻尼器、弹性元件、敏感元件和适调电路等部分组成，用于测量牵引力产生的加速度。三轴加速度传感器主要基于加速度的基本原理，可以在预先不知道物体运动方向的场合下，检测加速度信号。由于加速度是一个三维空间的矢量，因此要准确了解物体的运动状态，只有应用三轴加速度传感器才能测得其三个坐标轴上的分量。

三轴陀螺仪的作用是测量角速度，以判别物体的运动状态，所以也称为三轴角速度传感器。

光学式运动跟踪装置，如图2.7所示，要求表演者穿上单色的服装，在身体的关键部位贴上一些特制的标志或发光点，通过计算机视觉系统检测这些标志点，并计算其在每一瞬间的空间位置，进而得到人体各个部位的运动轨迹。

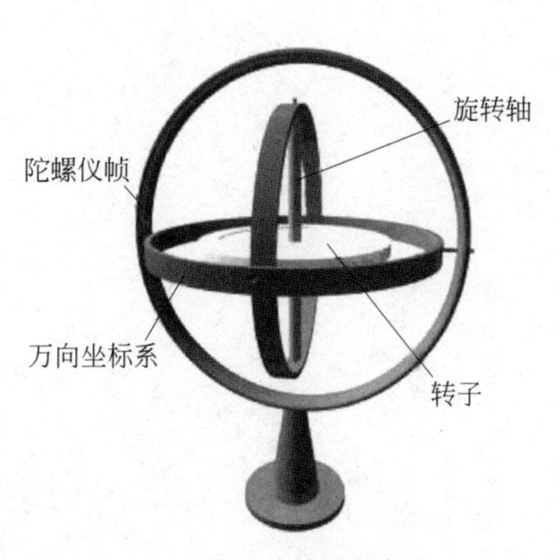

图2.6　三轴陀螺仪

图2.7　光学式运动跟踪装置

此外，基于计算机视觉原理的运动跟踪系统，是一种非接触式的运动跟踪装置，不需要像传感器方法那样在人体上绑定传感器，而是通过固定在场景中的摄像机拍摄人体运动图像序列。对图像序列中的运动目标进行检测、跟踪，获得目标的姿态，以及位置、速度等运动参数。这种方法算法复杂，但是人体运动可以完全不受传感器的限制。

2.4.3 数据外套

在虚拟现实环境中，操作者不仅需要能看到和亲手操纵三维物体，以及听到声音，还需要让身体能亲身感受到这个虚拟的现实世界，例如刮风、下雨、温度变化、受到虚拟人物的攻击、物体抛掷或降落等，从而真正地产生身临其境的感觉。数据外套（见图 2.8）就是为了这个目的而设计的。

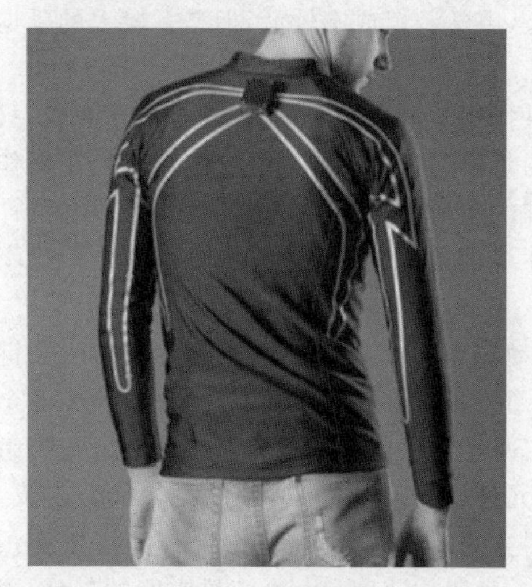

图 2.8 数据外套

数据外套能提供运动跟踪和感知反馈两种功能，其原理与数据手套类似，但是数据手套只能提供手部与虚拟环境的交互功能，而数据外套可以让人体多个部位都能感受到虚拟环境的反馈。数据外套是将许多触觉传感器和力反馈装置缝制在一件紧身衣里，以便能探测人体的膝盖、手臂、躯干和脚等所有部位的动作，并产生压力和摩擦力等力反馈效果。通过遍布全身的触觉传感器，数据外套可以对人体大约 50 个关节进行测量。此外，为了使人体感受到刮风和温度变化，还需安装风扇和电热元件。

习题

1. 虚拟现实系统的硬件系统包括哪些设备？
2. 虚拟现实硬件系统中的三维视觉显示设备包括哪些设备？
3. 三维虚拟音响系统必须满足哪些条件？
4. 一个数据手套内包括哪些传感器？

第3章　虚拟现实关键技术

虚拟现实技术中的关键技术包括立体显示技术、环境建模技术、声音合成技术和人机交互技术。

3.1　立体显示技术

虽然研究者总是力争使虚拟现实系统能为使用者提供多种维度的感知，满足人体听、看、触等多方位的感官体验，但谁也无法否认，其中视觉占有突出重要的地位。这首先是因为视觉信息的获取是人类感知外部世界的最重要的感知通道。据统计，人类从外部世界获取的信息中，超过80%的部分来自视觉。其次，视觉信息所携带的信息量远远大于其他感觉，如听觉、触觉等所携带的信息量。因此，立体视频显示技术成为虚拟现实技术的最重要的支撑技术。

本节首先介绍几种立体视觉产生机理，然后重点介绍其中的双目立体视觉，以及与之相关的立体显示技术。

3.1.1　立体视觉产生机理

人类之所以能产生立体视觉，是因为人的视觉系统具有对景物的深度感知能力，即能够对景物至人眼之间的相对距离进行估计。产生立体视觉的机理非常复杂，包括心理成因和生理成因等多种因素。其中被研究最多的是双目立体视觉，即通过左右两只眼睛采集到的不同视角的图像，在大脑中合成产生立体感。常见的立体电影，就是利用双目立体视觉的原理制成的。

除了双目视觉能产生立体感以外，单眼也能产生一定的立体感。当我们闭上一只眼睛，仅用另外一只眼睛看世界时，也能轻易地辨别出景物的相对深度。如果注意到这种情况，就会体会到单眼产生的立体感。这说明立体感的产生绝不仅仅是左右视点合成那么简单，而是有着复杂的生理和心理的成因。现代心理学认为至少有十种要素与立体视觉感知有关，其中涉及生理机能的有以下4种。

(1) 双目视差，双目立体视觉。人的两只眼睛位于同一水平线上且具有同样的方向，在观看三维景物时，会在两只眼睛的视网膜上分别产生两幅关于同一景物的透视投影二维平面图。由于左右两只眼睛之间存在间距，因此这两幅投射在视网膜上的图像之间具有视点差异，即视差。在大脑中对这相互之间具有视差的、分别属于左右视点的两幅投影图像进行合成的过程中，就产生了立体感。

(2) 焦距调节。眼睛的晶状体相当于一个透镜，它具有根据景物远近而自动调节焦距的功能。当观看近处的物体时，睫状肌收缩，使焦距缩短；当观看远方的景物时，睫状肌舒张，使焦距变长。焦距的变化使人们可以看清楚远近不同的景物和同一景物的不同部位。在调焦过程中，睫状肌的运动信息反馈给大脑，从而产生立体感。这种立体感的建立对于单目视觉也是有效的。

(3) 运动视差。这是由观察者与景物发生相对运动所产生的。这种相对运动相当于人眼这个透视系统的视点发生了连续的变化,从而可以从各个方向观看同一物体,在计算机视觉中可以利用这一特性对物体进行三维建模,而在人脑中的效果就是产生了立体感。

(4) 双眼会聚。如果通过晶状体中心点,沿着人眼的观看方向画一条直线,这条直线就叫作视轴。当人眼观看无限远的景物时,两只眼睛的视轴是平行的。而当人眼观看近处的物体时,通过人眼相关肌肉自适应地牵引眼球转动,会将两只眼睛的视轴会聚到一点,否则会产生重影,这时两视轴的夹角称为会聚角。会聚角随观看景物的远近而变化,同时相关肌肉的活动反馈到人脑时就会产生深度感。

在以上所讨论的 4 种立体感知的生理机能中,利用双目视差可以很容易地通过左右图像模拟人眼的行为使人产生立体感,利用运动视差可以通过观察连续的图像序列产生立体感。然而,焦距调节和双眼会聚则必须要求被观看的景物具有物理的景深,因此难以被利用在虚拟现实显示技术中产生立体感。与此相对的是,以下将要讨论的与心理机能有关的立体感,可以在观看单幅静止画面时产生。

与立体视觉感知有关的心理学因素有以下 6 种。

(1) 透视投影。由于透视投影具有近大远小的特点,因此同样大小的物体,当观看距离不同时,在视网膜上的成像大小也不相同。距离观察者越远的物体,在视网膜上的成像越小。更一般的说法是,距离镜头越远的物体,在二维投影平面上的成像越小。而人在观看景物时,大脑会下意识地根据视网膜成像大小判断物体的相对深度。另外对于某些已知属性,如在物理世界中,已知道路的两边是平行的,而在透视投影之后原本平行的两条直线相交了,这也可以对人脑产生深度暗示。正是基于透视投影的原理,当人们在观看一幅如图 3.1 所示的图像时,能产生一定的立体感。

图 3.1　线性透视产生的立体感

(2) 视野范围。心理学研究发现，视觉上的立体感与画面的大小有关，画面越大，则立体感越强。这是因为人眼有一个很宽的视野范围，水平方向的夹角大约为±220°，垂直方向的夹角为±130°，呈椭圆形。如果画面足够大，充满整个视野，则此时可以产生最强烈的立体感。而对于通常的显示方式，画面显示范围远小于整个视野，因而立体感不强。根据这个原理制成的大屏幕立体投影或洞穴式显示系统，能产生强烈的立体感，被许多虚拟现实显示系统所采用。另外，在虚拟现实系统中被广泛采用的头戴式显示器，将左右两幅图像分别显示在两个超微显示屏上，通过一组精密的光学透镜放大后呈现在观看者眼中，从而产生大屏幕立体图像的显示效果。

(3) 大气散射。大气中由于存在一定程度的微小颗粒，对光线传播具有散射和衰减的作用，这些微小颗粒包括尘埃、水汽、烟雾等。景物距离观察者越远，则空气介质对景物光强的衰减作用越明显，而大气散射光强度越大，这也可以对观察者产生心理上的深度暗示，如图3.2所示。这种情况只能适用于室外场景。

图3.2　空气透视带来的深度暗示

(4) 相互遮挡。当景物相互遮挡时，也会产生深度暗示，如图3.3所示。

图3.3　相互遮挡产生立体感

(5) 光和阴影。阴影及影子对深度感也是心理学上重要的暗示。

(6) 站位视点。心理学暗示所产生的立体感一般用于平面显示技术之中，例如三维街头地画，也叫地面立体画，就是将画作展示于地上，或直接以地面为载体进行绘画创作，以求得立体的艺术效果。地面立体画的画面构成以欣赏者的视点为视觉原点，用肉眼从其他角度进行观看画面则是拉伸变形的，而站在最初设计的最佳视点使用相机进行观看可以达到最佳的立体效果，具有强烈的视觉震撼力，如图 3.4 所示。

图 3.4　利用站位视点创作的立体画

照片中的两个人好像在通过一个惊险的独木桥，其实这个独木桥是画出来的。

3.1.2　双目立体视觉

双目视差是最重要的一条产生立体视觉的线索。当人们观看外部事物时，首先通过眼睛接收光所携带的物体信息，然后将信息传输到大脑，通过神经中枢对其进行处理，形成最终的视觉效果。人类视觉成像系统包括眼睛和视觉神经。人眼的结构如图 3.5 所示。

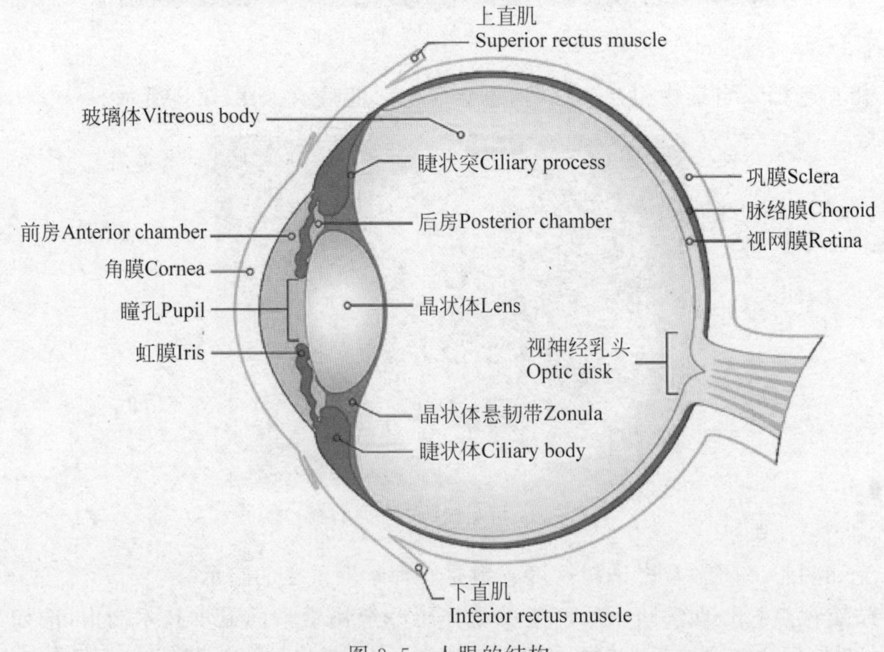

图 3.5　人眼的结构

人眼就像照相机的镜头一样，外界光线从瞳孔进入，然后通过晶状体在视网膜上成像。视网膜相当于照相机的感光底片或数字照相机中的图像传感器。光信号在视网膜上被转换、过滤和编码，被转换成生物电信号，然后通过视神经系统传输给大脑，产生视觉刺激。

人眼之所以能产生具有立体感的视觉刺激，是因为两只眼睛在水平方向上相隔一定的距离。成年人的瞳孔间距为53～73mm，平均间距为65mm，所以当双眼观察同一物体时是具有细微的差别的，这就是“双眼视差”。在双眼观察同一物体时，左眼看到的物像左边的部分会多一些，右眼看到的物像右边的部分会多一些，如图3.6所示。大脑的视觉中枢对分别来自双眼的视觉信号进行分析，从而察觉出物体与自己相隔的距离，产生远近的感觉，即深度感知，这就是形成双眼立体视觉的原因。

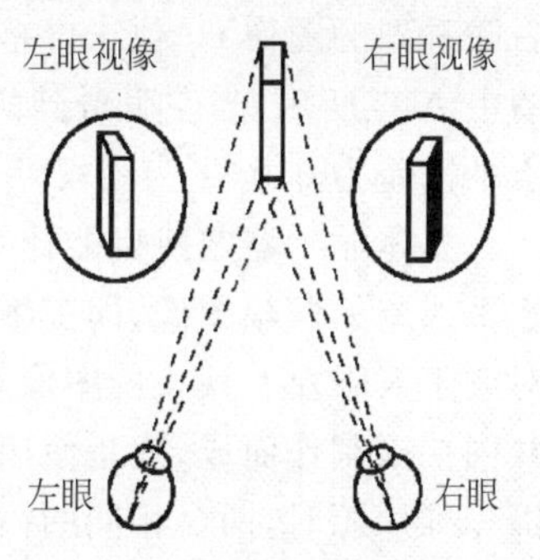

图3.6　双眼视差的形成

3.1.3　三维显示器的立体感

三维显示屏幕之所以能够使观众产生立体视觉效果，就是因为它能够通过人为制造出视差从而使观众产生深度感，如图3.7所示，通过这种人为制造的双眼视差可以在观看三维显示屏时产生向前或者向后的深度感。

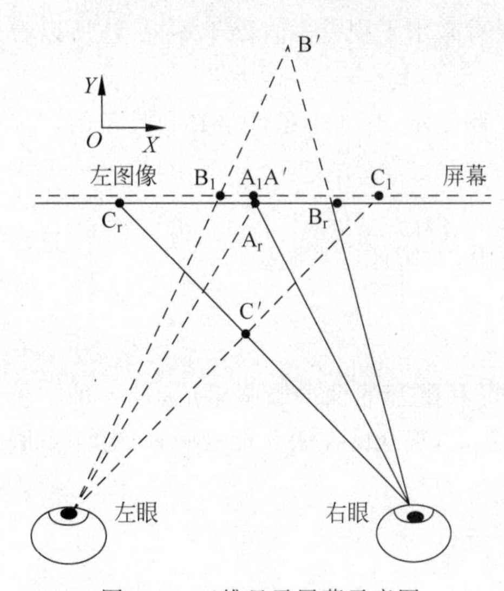

图3.7　三维显示屏幕示意图

为了解释这种立体感的原理，首先假设屏幕上显示了3个点：A、B、C，并且每个点都同时具有左、右两个图像对，分别为A_l和A_r，B_l和B_r，C_l和C_r。其中A_l、B_l和C_l由左视点画面显示，而A_r、B_r和C_r则由右视点画面显示。并且假设当观众在观看屏幕时，通过一种特殊的眼睛(如偏振眼睛或开关眼睛)使得他的左眼只能看到左视点画面显示的点的成像A_l、B_l和C_l，而他的右眼只能看到右视点画面显示的点的成像A_r、B_r和C_r。

此时，按照这3个图像对所分别具有的视差，可以分为3种情况。

(1) 左右像点重叠，视差为零。例如，图中的A点的两个成像A_l和A_r恰好在屏幕上重合，此时双眼看到的正好是同一个图像点，大脑会判断点A的位置处在与屏幕水平面重合的A′处。

(2) 左像点显示在左，右像点显示在右，视差为正值。例如图中的B点，其在左右两个视图中的像点之间具有一个大于零的视差，此时观众的大脑视觉中枢就会分析融合两眼图像形成B点的空间图像，并判断B点的位置处在屏幕水平面后方的B′处。

(3) 左像点显示在右，右像点显示在左，视差为负值。例如图中的C点，此时观众的大脑视觉中枢就会判断C点的位置处在屏幕水平面前方的C′处。

三维显示屏幕就是这样利用人眼的双眼视差使得A、B、C三点产生深度感，也就是立体感。

我们把显示器屏幕上的一对图像对之间的像素差称为水平视差，如图中 B 点所示，当左眼看到的图像 B_l 位于屏幕左侧，右眼看到的图像 B_r 位于屏幕右侧时，这一对图像对之间的水平视差被称为正视差；相反，如图中 C 点所示，当左眼看到的图像 C_l 位于屏幕右侧，而右眼看到的图像 C_r 位于屏幕左侧时，这一对图像对之间的水平视差就被称为负视差；而如图中 A 点所示，当左眼看到的图像 A_l 与右眼看到的图像 A_r 重合时，这一对图像对之间的水平视差为 0，称之为零视差。

立体显示器之所以能让观众产生立体感，是因为它显示的是符合双眼视觉特征的具有水平视差的两幅图像，即三维片源，并且设法让左右两眼都只能看到其对应的画面。这两幅对应于人眼左右视点的图像对，叫作立体图像对，通常使用两台模拟人眼视觉机制的摄像机共同拍摄制作而成，或是使用计算机图像生成技术按照要求制作而成。使用立体摄像机拍摄三维片源时，两台相同的摄像机会保持固定的距离和夹角关系，两个镜头的间距通常采用人眼平均间距 65mm。而使用计算机图像生成软件制作的立体影像，通常会先建立一幅单眼视图，如左眼视图，然后按照透视投影原理生成右眼视图。

普通的平面二维显示器无法实现三维视觉效果，是因为这种显示器显示的是单通道的图像，即它所显示的图像是从单一视点拍摄的，而没有被分为左、右视点图像。这样左右眼看到了完全相同的画面，所有图像上的点在人的双眼看来水平视差一直处于零视差，所以看到的永远只是一个没有立体深度感的平面。

由以上理论分析可以知道，在屏幕上实现三维立体显示，有 3 个条件是必须具备的。

(1) 需要左眼和右眼两路影像。

(2) 两路影像是不同的，并且具有正确的视差。

(3) 左右眼的两路影像要完全分离，左影像进左眼，右影像进右眼。

3.1.4 正交偏振三维显示系统

图 3.8 中的正交偏振三维显示系统由立体显示屏和配套的偏振眼睛组成，是一种常见的左右视点图像分离机制。通过正交偏振三维显示系统，观众的左眼只能观看左图像，右眼只能观看右图像，从而产生水平视差。

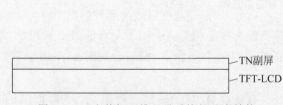

图 3.8 正交偏振三维显示系统的基本结构

正交偏振三维显示器显示的是搭载了视频画面信号的偏振光。配套的偏振眼镜左右眼镜片的偏振方向互相垂直成 90°夹角，并且分别与该配套液晶显示器出射偏振光的偏振方向垂直和平行。而系统实现三维显示效果的 TN 副屏是一层功能独立的液晶副屏，它贴附在液晶显示器前端，也就是出射偏振图像一侧，TN 副屏在三维显示系统中主要是作为开关面板工作。

正交偏振三维显示系统实现三维效果的工作过程有两个阶段。先假设 TFT-LCD 前端出射的偏振光初始偏振方向为 0°,配套偏振眼镜的左眼镜片偏振方向为 0°,右眼为 90°。

在第一阶段,不对 TN 副屏施加电压。此时 TN 副屏内的液晶分子由于连续弹性体理论和液晶分子的黏滞性呈现自然扭转 90°状态。由于液晶的光波导效应,由 TFT-LCD 前端出射的搭载了图像信息的偏振光在透过 TN 副屏时,其偏振方向会随着液晶分子的连续扭转而偏转 90°。所以,当它透过 TN 副屏后偏振方向从 0°变为 90°,刚好与配套的偏振眼镜右眼镜片偏振方向平行,而与左眼垂直,因此只能透过右眼镜片被右眼接收。

在第二阶段,对 TN 副屏施加驱动电压,此时 TN 副屏内的液晶分子由于液晶的电光效应会沿电场方向排列,液晶的光波导效应消失,由 TFT-LCD 前端出射的偏振光在透过 TN 副屏时,其偏振方向不会发生任何改变。所以,当它透过 TN 副屏后偏振方向依然为初始方向 0°,刚好与配套的偏振眼镜左眼镜片偏振方向平行,而与右眼垂直,因此只能透过左眼镜片被右眼接收。

由于 TN 副屏的这种开关作用成功地分离出了两路偏振方向互相垂直的偏振光,每一路偏振光恰好只能通过一只偏振眼镜的镜片被一只眼睛接收。这时,只需要准备稍有不同且具有正确双眼视差的两路影像片源,左眼画面搭载于进入左眼的 0°偏振光,同时右眼画面搭载于进入右眼的 90°偏振光。这样,观众的右眼就只能观察到右眼画面而左眼只能观察到左眼画面,通过大脑皮层中枢神经系统的分析和融合作用,就能产生三维立体视觉效果。

3.2 环境建模技术

虚拟环境建模的目的在于获取实际三维环境的三维数据,进而通过实时绘制、立体显示等技术,建立相应的虚拟环境模型,这是虚拟现实系统的核心内容。在虚拟现实系统中,常见的环境建模技术有三维视觉建模和三维听觉建模,其中三维视觉建模最重要。三维视觉建模包括几何建模、物理建模、行为建模等。

3.2.1 几何建模

几何建模是描述物体几何信息的建模方法,它是一种通过计算机表示、控制、分析和输出几何实体的技术。

要表现三维物体,最基本的是绘制出三维物体的轮廓,利用点和线来构建整个三维物体的外边界。描述三维物体最普遍的方式是使用一组多边形网格来近似描述物体的表面。对于具有复杂表面的物体,可以通过将曲面分成无数个细小的多边形来近似逼近。每个多边形由至少 3 个顶点确定,对于复杂的物体表面,顶点的个数决定了建模的精确度。

几何建模过程如下。

首先测量物体的表面形状,即获取所有顶点集合的三维坐标,存储在计算机中。这个顶点集合可以无限近似地描述该物体的几何形状,即顶点的个数越多,则根据这些顶点的三维坐标就能够更精确地描述这个物体的表面形状。

然后是渲染,即在计算机上绘制三维模型的表面形状。有了关于物体表面顶点集合的三维数据,就可以用三角形的面片将这些三维顶点拟合成完整的物体表面。一般物体表面是复杂的曲面形状，而三角形面片的拟合表面是分片连续的近似曲面，顶点个数越多，每个三角形面片的面积越小，则拟合表面与真实曲面的拟合程度越高。在计算机图形显示系统中，逐个绘制每一个面片，从而形成一个物体的完整的表面。到这一步时显示的物体表面是没有颜色和纹理的。

第三步是表面材质，即通过贴图的方式给上一步绘制的物体表面添加颜色和纹理，并赋予不同的材质属性，如光滑度、反射率、透射率等。按照材质属性的不同，物体表面在光照环境下，可以显示为不同的光泽。

3.2.2 物理建模

物理建模是参照研究对象的运动过程、结构大小、形状及状态等特点，通过数学建模，以一种理想化和高度抽象化的方式描述物体物理特性的过程。物理建模涉及物体的物理属性，包括重力、惯性、表面硬度、柔软度和变形模式等。例如，用户用虚拟手握住一个球，如果建立了该球的物理模型，用户就能够真实地感觉到该球的重量、硬软程度等。

粒子系统是虚拟现实系统中一种典型的物理建模系统，用于动态的、运动的物体建模，如描述火焰、水流、雨雪、旋风、喷泉等现象。粒子系统通常用简单的元素完成复杂运动的建模。粒子系统由大量的称为粒子的简单元素构成，每个粒子具有位置、速度、颜色和生命期等属性，这些属性可以根据动力学计算和随机过程得到。在虚拟显示中，粒子系统常用于物理建模过程。

3.2.3 运动建模

运动建模是关于对象的碰撞、扭曲、表面变形等方面的建模技术，表现的是虚拟对象在虚拟世界中的动态特性。其中，碰撞检测经常用来检测对象甲是否与对象乙相互作用。另外，两辆汽车碰撞之前的外形模型与发生碰撞后的模型是很不一样的，这是因为构成汽车的各个部件由于碰撞的作用，发生了扭曲和表面形变。

在虚拟现实系统中，人体是一个典型的非刚体，人体建模必须考虑到人体动态特性的表现。每个人的走路姿态、身体的弯曲度、四肢运动和面部表情都有各自的特点，而且即使是同一个人，在不同环境下也会表现为不同的动态特性。

3.3 声音合成技术

听觉信息是人类仅次于视觉信息的第二传感通道，是增强人在虚拟现实中的浸没感和交互性的重要途径。声音合成技术是虚拟现实系统中的关键技术。

3.3.1 三维虚拟声音

三维虚拟声音在虚拟现实中的作用，是为了增强用户在虚拟世界中的沉浸感，使用户体验视觉感受、听觉感受带来的双重信息享受。

三维虚拟声音与通常所说的立体声不同。立体声通常来自对于真实世界音频信号的记录，通过设置两个声道或多个声道，使听者体会到身临其境的感觉。而三维虚拟声音的声音信号是用计算机技术模拟生成的，而且各个声源模拟在真实世界中的位置，从而使听者可以感知到来自四面八方的声音，并且准确地分辨出各个声源的方向、位置和距离。

例如，对于一个虚拟现实的射击游戏，作为游戏中的一个玩家，当听到了敌人的射击枪声时，你可以像在现实世界中一样，能够及时准确地分辨出枪声的来源方位，如果敌人在你背后你也可以分辨出来。所以，三维虚拟声音非常符合人们在真实环境中的听觉习惯。

三维虚拟声音主要的特征有全向三维定位特征和实时跟踪特性。全向三维定位特性是指在三维虚拟空间中把实际声音信号定位到特定虚拟声源的能力，它能使用户准确地判断出声源的位置。例如在虚拟射击游戏中，玩家可以根据所听到的枪声，准确判断出枪手的方位，然后通过肉眼搜索目标位置。这就是声学信号的全向定位特性。

三维实时跟踪特性是指在三维虚拟空间中实时跟踪虚拟声源位置变化或景象变化的能力。一种情况是当虚拟发声物体移动位置，或周边景物发生变化时，用户的听觉感受应随之改变。另外一种情况是声源位置和周边景物没有发生变化，但是用户的姿态发生了变化，比如用户的头部转动时，这时虚拟声源相对于用户头部的位置发生了变化，所以用户的听觉感受也应该发生变化，从而使用户感受到声源位置的固定性。三维虚拟声音系统必须具备这样的实时变化能力，否则所看到的景象与听到的声音就会相互矛盾，削弱游戏的沉浸感。

3.3.2 三维虚拟声音的建模方法

为了建立具有真实感的三维虚拟声音，一般从最简单的单耳声源开始，然后通过专门的三维虚拟声音系统的处理，生成分离的左右信号，分别传入听者的左右耳朵。按照声音传播的声学模型，为左右信号人为设置不同的滤波作用，从而使听者感受到虚拟声源的方位。

所谓声学模型，就是对从声源发出的声波是如何传输到人耳中的过程的描述。声波在空气中的传输过程中，会受到距离衰减、介质吸收，以及障碍物的反射和折射等作用，从而产生不同的衰减和延迟，另外由于反射物的作用还会产生信号的多径效应，这等效于一个系统传递函数。听者接收到的是声音信号相当于原始声音经过这个传输系统滤波之后的输出。由于左右两耳的位置不同，两只耳朵所听到的是同一个声音经过两个不同的传输路径所到达的信号，表现为具有不同的多径、延迟、相位差和衰减，当这种差异被大脑中的听觉中枢处理后，就能感受到声源的方位。

目前常用的听觉模型包括头部传递函数和房间声学模型。头部传递函数描述的是声波从声源处到鼓膜处的传输过程，它主要表现为人的头、躯干和外耳构成的复杂外形对声波产生的散射、折射和吸收作用。这个变换函数称为头部传递函数（Head-Related Transfer Function，HRTF）。由于每个人的头、耳的大小和形状各不相同，所以 HRTF 也因人而异。HRTF 受到很多因素的影响，一种是与方向有关的因素，包括躯体影响、肩膀反射等，还有一种是与方向无关的因素，包括耳腔共振以及耳道与鼓膜的阻抗，示例如图 3.9 所示。

房间声学模型描述的是声波经过多重路径传输的过程。在房间内，由于受到墙壁等障碍物的多重反射，同一个声音信号在到达人耳之前沿着不同路径传输，因而人耳接收到的是具有不同的延迟和衰减的信号的叠加，这叫作多径效应。在虚拟声音系统中，一般只要模拟第一多径和第二多径就可以达到真实的听觉效果。

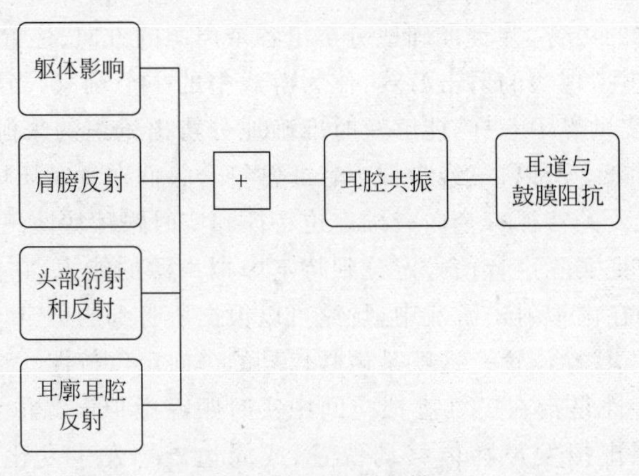

图 3.9 人耳的听觉模型

3.3.3 语音的合成

语音合成技术是指用人工的方法生成语音的技术。一般用户对于语音的要求是可懂、清晰、自然、具有表现力。

语音合成技术主要是把计算机内的文本转换成连续自然的语声流。使用这种方法，应该事先建立语音参数数据库、发音规则库等。需要输出语音时，系统先合成语音单元，再按照语音学规则连接成自然的语流。

3.4 人机交互技术

虚拟现实中的人机交互包括数字头盔、数字手套等复杂的传感器设备，以及三维交互技术、语音识别等人机交互手段。一个理想的虚拟现实系统应支持视觉、听觉、触觉、嗅觉、味觉、方向感等多种通道的交互方式，如图 3.10 所示。

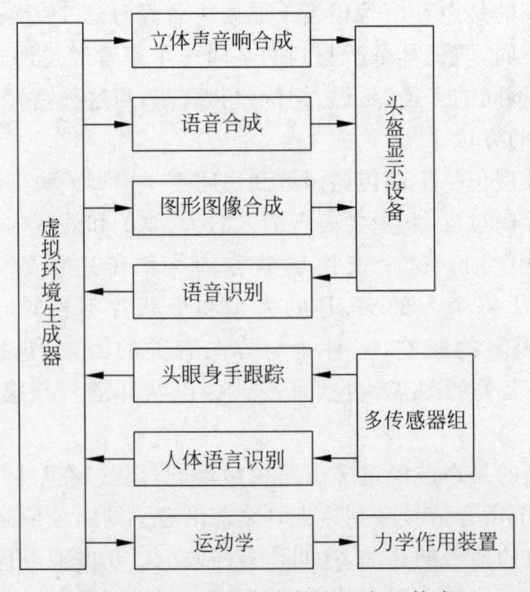

图 3.10 虚拟现实中的人机交互技术

3.4.1 视觉通道

视觉通道是当前 VR 系统中研究最多的领域。虚拟环境产生器通过视觉通道产生以用户本人为视点的包括各种景物和运动目标的视景,人通过头盔显示器(HMD)等立体显示设备进行观察。

同时,虚拟现实系统视觉通道接受用户指令,并产生相应的动作。基于计算机视觉的手势识别是一种典型的利用视觉通道的交互技术。VR 系统通过摄像机拍摄用户所处的场景,并用计算机识别用户的手势。

3.4.2 听觉通道

听觉通道为用户提供三维立体音响。研究表明,人类有 15%的信息量是通过听觉获得的。在 VR 系统中加入三维虚拟声音,可以增强用户在虚拟环境中的沉浸感和交互性。

同时,VR 系统也可以通过听觉通道接收用户用语音发出的指令,并产生相应的动作。这种交互技术的基础是语音识别和自然语言理解技术。语音识别是指将人说话的语音信号转换为文字信息。语音识别的过程分为参数提取、参数模式建立、模式识别等。语音识别的结果是生成文字信息,但除非这些文字信息是预先约定好的短指令,否则并不一定能为 VR 系统所理解。要让计算机真正理解用户所说话的含义,还需要借助自然语言理解技术。

3.4.3 力触觉通道

虚拟现实中的力触觉通道交互系统就是触觉与力反馈系统。在虚拟环境中,人们若要感觉到虚拟物体的接触,需要在手套内层安装一些可以振动的触点模拟触觉。力触觉交互是操作者通过交互设备向虚拟环境输入力或运动信号,虚拟环境以力或触觉信号的形式反馈给操作者的过程。

力触觉通道作用于人体的两类感受器:位于皮肤真皮层和表皮层的触觉感受器,相应诱发的感受称为触觉反馈;位于关节和韧带内的感受器,相应诱发的感受称为力觉反馈。力触觉交互系统由操作者、力触觉设备、力触觉生成算法三部分组成。力触觉生成算法是计算和生成人与虚拟物体交互力的过程,是力触觉人机交互技术的关键。由于人的触觉相当敏感,一般精度的装置根本无法满足要求,所以触觉与力反馈的研究相当困难。

力触觉交互系统的典型应用如碰撞检测,实时检测虚拟工具与虚拟环境中的其他物体是否产生接触,并对工具与物体之间的接触点位置、接触方向、接触面积、穿透深度和穿透体积等参数进行检测计算,为后续碰撞响应计算提高准确的接触状态信息。基于碰撞检测的结果,计算工具和被操作物体之间的作用力通常采用两类方法:基于几何的方法和基于物理的方法。前者中的交互力主要考虑物体和交互工具的几何外形和物体之间相对嵌入深度或嵌入体积的影响;后者包括弹簧质量模型、有限元模型等。当交互的形式涉及物体的内部结构(如切割、钻削)时,基于几何的力计算很难做出令人满意的逼真效果,在这样的情形下,必须考虑物理建模。

由于力触觉硬件设备的技术进步以及新型掌上移动和穿戴式交互应用的发展需求,力触觉生成方法正在经历 4 个发展阶段:力觉生成、触觉生成、力触觉融合和穿戴式力触觉融合。

习题

1. 虚拟现实技术中的关键技术有哪些？
2. 与立体视觉感知有关的心理学因素有哪些？
3. 简述双目立体视觉的产生机理。
4. 三维视觉建模包括哪些部分？
5. 三维虚拟声音主要的特征是什么？

第4章　技术开发平台

本章介绍虚拟现实技术的软硬件开发平台和编程语言。

4.1　主流开发平台的硬件设备

目前，虚拟现实系统主流的硬件设备为 Oculus 公司开发的 Oculus Rift 系列产品，这是一款为电子游戏设计的头戴式显示器，包括以下产品。

(1) Oculus Rift DK1。第一代 VR 头显通过陀螺仪和大视角屏幕(虽然分辨率现在看起来有点儿低)第一次诠释了“沉浸感”带给用户的震撼体验，如图 4.1 所示。

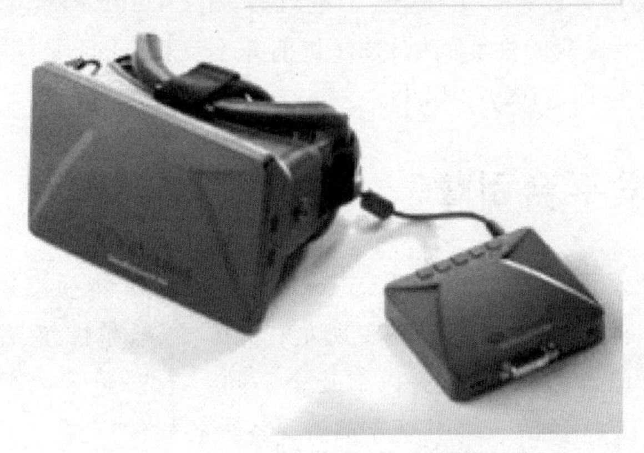

图 4.1　第一代 VR 头显

(2) Oculus Rift DK2。引入了位置跟踪(Positional Tracking)，提供桌面尺寸的头部位移体验，如图 4.2 所示。

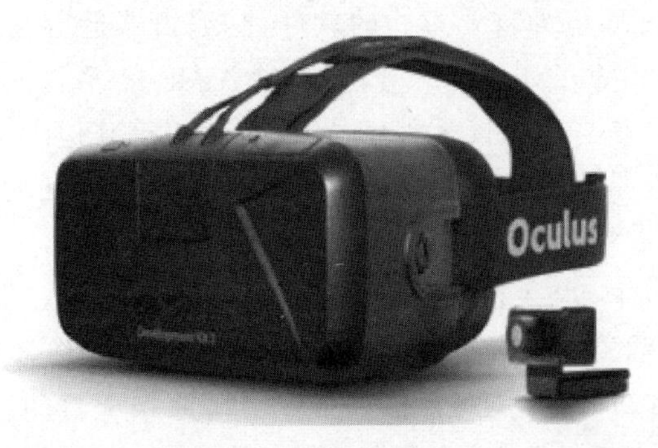

图 4.2　头部位置跟踪仪

(3) Oculus Rift CV1。增加了输入 Touch 控制器，如图 4.3 所示。

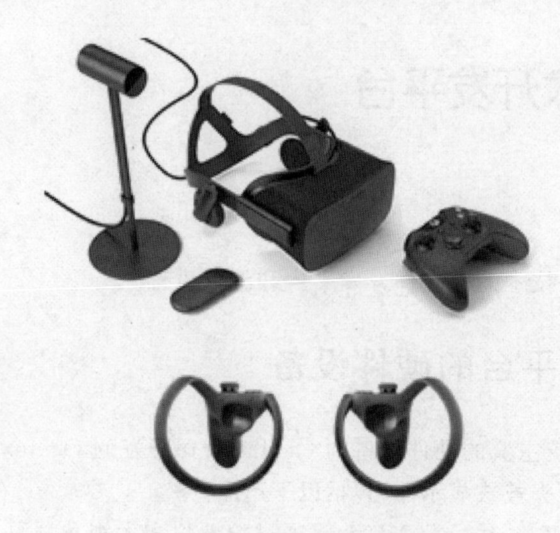

图 4.3　带触摸控制的输入设备

上述 Rift 系列的所有计算都是在 PC 上进行的，在 Oculus Ready PCs 中可以看到 Rift 要求的 PC 配置。由于显卡的性能问题，Rift 目前并不支持 Mac，只能下载到基于 Windows 的 Runtime。推荐显卡是 GTX970 以上。

4.2　主流开发平台引擎

现阶段主流的开发平台有 Unity 和 Unreal 引擎等，其实本质上还是传统的三维引擎，加入了 VR 插件(VR 插件的基本功能是实现左右分屏渲染，陀螺仪、位置跟踪等 API)。开发引擎与传统的开发语言环境相比，有以下几个不同：首先，开发者要更熟悉三维的理念，这是 VR 的基础；其次，VR 的三维引擎开发需要各种各样的资源。

4.2.1　Unity 引擎

Unity 引擎类似于 Director、Blender game engine、Virtools 或 TorqueGameBuilder 等利用交互的图形化开发环境为首要方式的软件，其编辑器运行在 Windows 和 Mac OS X 下，可发布游戏至 Windows、Mac、Wii、iPhone 和 Android 平台。也可以利用 Unity Web Player 插件发布网页。参与者不仅是程序员，还有美工等其他人员，所以引擎是一个完整的协作工具，编程尤其是写代码只是开发中的一个环节，“开发”更多的是一种综合性工作。

Unity 3D 支持 PC、移动、主机三大不同的平台。Unity 个人版是免费的，只有当年盈利超过 10 万美元才需要购买专业版的授权。Unity 使用面向组件开发模式，可能游戏的整个逻辑需要用 C#语言重新写，但是资源都是可以沿用原来项目的。服务端的不属于 Unity 的范围，可以参考一些成熟的服务端框架。此外，Unity 还能够进行 VR 开发，是实现 VR 主流的开发引擎，如图 4.4 所示。

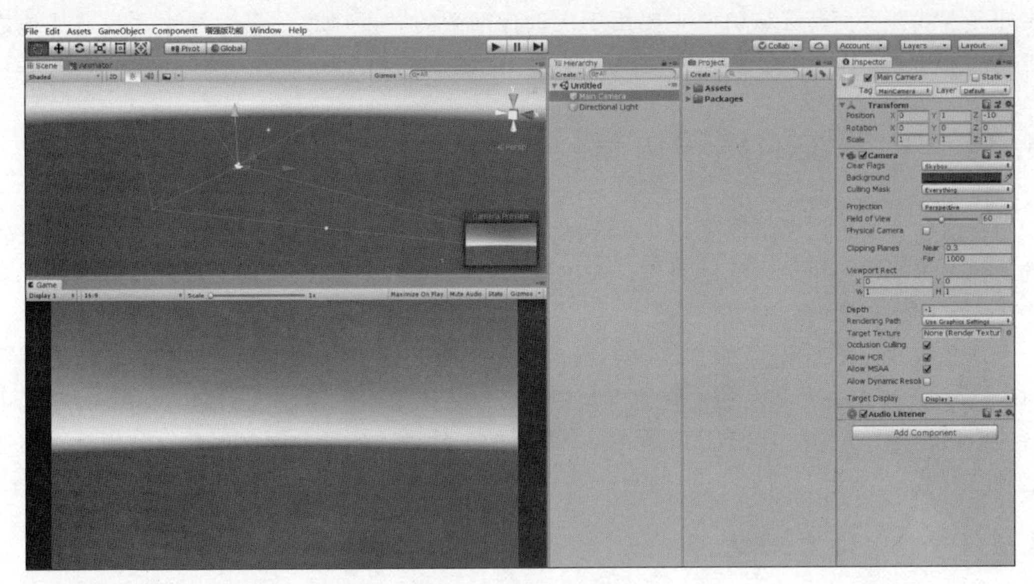

图 4.4　Unity 引擎界面

4.2.2　UE 引擎

Unreal Engine(UE)引擎，如图 4.5 所示，中文名为“虚幻引擎”，是目前世界上最知名、授权最广的顶尖游戏引擎，占有全球商用游戏引擎 80%的市场份额。中国在上海成立的首家虚幻技术研究中心由 GA 国际游戏教育与虚幻引擎开发商 Epic 的中国子公司 Epic Games China 联合设立。

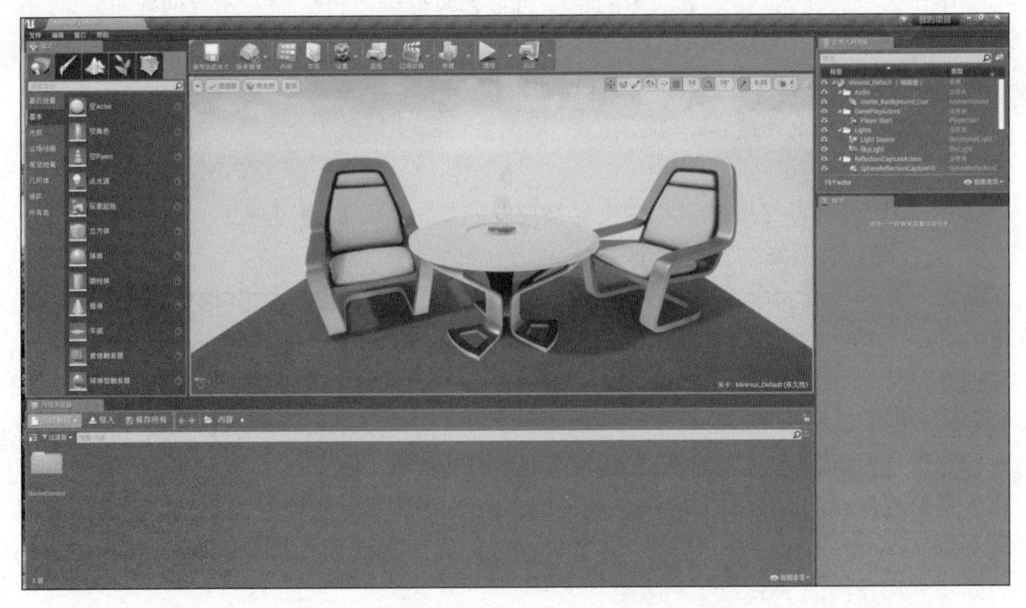

图 4.5　Unreal Engine 界面

基于 Unreal Engine 开发的大作无数，除《虚幻竞技场 3》外，还有《战争机器》《彩虹六号维加斯》《镜之边缘》等。在美国和欧洲，虚幻引擎主要用于主机游戏的开发，在亚洲，中韩众多知名游戏开发商购买该引擎主要用于次世代网游的开发，如《剑灵》《神谕之战》《战地之王》等。iPhone 上的游戏有《无尽之剑 1》《无尽之剑 2》《蝙蝠侠》等。

4.3 VR 系统的编程语言

目前在 VR 系统中主要采用 C# 语言。在过去的 20 年里，C 和 C++ 已经成为在商业软件的开发领域中使用最广泛的语言。现在开发语言繁多，但是 C 语言一直以高效率的优点作为大型应用程序的首选。

现在微软公司推出了一种最新的、面向对象的编程语言——C#。它是基于 C 语言和 Microsoft .NET 平台开发的。它使得程序员可以快速地编写各种基于 Microsoft .NET 平台的应用程序，Microsoft .NET 提供了一系列的工具和服务最大限度地开发利用计算与通信领域。

4.3.1 C# 语言的优势

C# 语言的优势体现在以下几方面。

1. 效率与安全性

新兴的网络经济迫使商务企业必须更加迅速地应对竞争的威胁。开发者必须不断缩短开发周期，不断推出应用程序的新版本，而不仅仅是开发一个"标志性"的版本。C# 在设计时就考虑了这些问题。它使开发者用更少的代码做更多的事，同时也不易出错。

即使是专家级的 C++ 程序员也常会犯一些最简单的小错误——例如忘了初始化变量，但往往就是这些小错误带来了难以预料的问题，有些甚至需要很长时间寻找和解决。一旦一个程序作为产品使用，就算最简单的错误纠正起来也可能付出极其昂贵的代价。

C# 的现代化设计能够消除很多常见的 C++ 编程错误。例如：

(1) 资源回收减轻了程序员内存管理的负担。

(2) C# 中变量由环境自动初始化。

(3) 变量是类型安全的。

这样，程序员编写与维护那些解决复杂商业问题的程序就更方便了。

2. 支持现有的网络编程新标准

新的应用程序开发模型意味着越来越多的解决方案依赖于新出现的网络标准，例如 HTML、XML、SOAP 等。现存的开发工具往往都是早于 Internet 出现的，或者是在我们所熟知的网络还处于孕育期时出现的。所以，它们一般无法很好地支持最新的网络技术。C# 程序员可以在 Microsoft .NET 平台上事半功倍地构建应用程序的扩展框架。C# 包含内置的特性，使任何组件可以轻松转换为 XML 网络服务，通过 Internet 被任何操作系统上运行的任何程序调用。更突出的是，XML 网络服务框架可以使现有的 XML 网络服务对程序员来说就和 C# 对象一样。这样，程序员就可以方便地使用他们已有的面向对象的编程技巧开发利用现有的 XML 网络服务。

此外还有一些精细的特性，使得 C# 成为一流的网络编程工具。例如，XML 正逐渐成为在网络上传输结构化数据的标准。这种数据集合往往非常小。为提高性能，C# 允许把 XML 数据直接映射到 struct 数据类型，而不是 class，这样对处理少量的数据非常有效。

3. 对版本的更新提供内在的支持,降低了开发成本

更新软件组件是一项很容易出错的工作,因为代码的修改可能无意间改变原有程序的语义。为协助开发者进行这项工作,C#为版本的更新提供内在的支持。例如,方法重载必须显式声明,这样可以防止编码错误,保证版本更新的灵活性。还有一个相关的特性就是对接口和接口继承的内在支持。这些特性使得C#可以开发复杂的框架并且随着时间不断发展更新它。

总体来说,这些特性使得开发程序项目的后续版本的过程更加健壮,从而减少后续版本的开发成本。

4. C#语言允许类型定义的,扩展的元数据

这些元数据可以应用于任何对象。项目构建者可以定义领域特有的属性并把它们应用于任何语言元素,如类、接口等。然后,开发人员可以编程检查每个元素的属性。这样,很多工作都变得方便多了,比如编写一个小工具自动检查每个类或接口是否被正确定义为某个抽象商业对象的一部分,或者只是创建一份基于对象的领域特有属性的报表。定制的元数据和程序代码之间的紧密对应有助于加强程序的预期行为和实际实现之间的对应关系。

5. 扩展交互性

作为一种自动管理的,类型安全的环境,C#语言适合于大多数企业应用程序。但实际经验表明,有些应用程序仍然需要一些底层的代码,要么是因为基于性能的考虑,要么是因为要与现有的应用程序接口兼容。这些情况可能会迫使开发者使用C++语言,即使他们本身宁愿使用更高效的开发环境。C#采用以下对策解决这一问题。

(1) 内置对组建对象模型(COM)和Windows基于Windows的API的支持。

(2) 允许有限制地使用纯指针(Native Pointer)。

在C#中,每个对象都自动生成为一个COM对象。开发者不再需要显式地实现IUnknown和其他COM接口,这些功能都是内置的。类似地,C#可以调用现有的COM对象,无论它是由什么语言编写的。C#包含一个特殊的功能,使程序可以调用任何纯API。在一段特别标记的代码中,开发者可以使用指针和传统C/C++特性,如手工的内存管理和指针运算。这是其相对于其他环境的极大优势。这意味着C#程序员可以在原有的C/C++代码的基础上编写程序,而不是彻底放弃那些代码。无论是支持COM还是纯API的调用,都是为了使开发者在C#环境中直接拥有必要的强大功能。

正是由于C#面向对象的卓越设计,使它成为构建各类组件的理想之选——无论是高级的商业对象还是系统级的应用程序。使用简单的C#语言结构,这些组件可以方便地转换为XML网络服务,从而使它们可以由任何语言在任何操作系统上通过Internet进行调用。最重要的是,C#使得C++程序员可以高效地开发程序,而绝不损失C/C++原有的强大功能。因为这种继承关系,C#与C/C++具有极大的相似性,熟悉类似语言的开发者可以很快地转向C#。

商业过程和软件实现的更好对应企业的商业计划要付诸现实,必须在抽象的商业过程和实际的软件实现之间建立紧密的对应。不过大多数语言都很难做到这一点。例如,如今的程序员们一般使用代码注释注明哪个类对应于某个抽象的商业对象。

总之,C#是一种现代的面向对象语言。它使程序员快速便捷地创建基于Microsoft .NET平台的解决方案。这种框架使C#组件可以方便地转换为XML网络服务,从而使任何平台的应用程序都可以通过 Internet 调用它。C#增强了开发者的效率，同时也致力于消除编程中可能导致严重结果的错误。C#使 C/C++程序员可以快速进行网络开发，同时也保持了开发者所需要的强大性和灵活性。

4.3.2 C#语言与 Unity 引擎的结合

在 Unity 3D 引擎中，采用C#作为主要的编程语言，选择 Mono 这个基于C#的开源框架。

Mono 是一个由 Novell 公司（先前是 Ximian 公司）主持的项目，众所周知，C#是 Microsoft 推出的.NET 语言，只能在 Windows 平台的.NET 平台上运行，但是 Mono 是把.NET 及其编程语言移植到非 Windows 的平台上。现在，C#是唯一被移植到非 Windows 平台的.NET 语言。

在任何一个平台（操作系统+硬件体系）上，编写和运行程序的三个最根本的需求是库、编译器/解释器、运行环境。库以类和方法（函数）的形式提供常用的例程，简化大型程序的编写。.NET 框架也不例外，包含许多类库。另外，把程序转换成可执行形式以及运行执行文件时，编译器和运行环境是必不可少的。Mono 软件包包含.NET 类库的一部分、一个C#编译器和.NET 运行环境 CLR(Common Language Runtime，公共语言运行时环境)。

公共语言运行库提供了跨平台的能力。.NET 程序可以在任何安装了 CLR 的系统上运行。实际上，Mono 的 C#编译器是在 Windows 平台上用 Microsoft .NET Framework SDK 编译后再移到 Linux 平台上的。可以把在 Windows 平台上编译好的程序转到 Linux 上并运行它。

Mono 还没有完全实现.NET Framework，但已经足够让你运行你想写的程序了。开源的东西一般进化速度很快，也许很快就能完全满足你的需求。

4.4 C#基础知识

4.4.1 变量

变量是在程序执行期间修改的包含特定数据类型的已命名存储位置。变量的定义包括数据类型和变量名两个要素。

(1) 数据类型：描述数据的类型及用于存放这个数据的内存空间大小。基本数据类型包括以下几种。

① 整型：数学中的整数。

② 浮点型：数学中的实数。

③ 布尔型：true、false。

④ 字符型：单引号一个字符。

(2) 变量名：给这个内存空间起个名字，用于后期对数据的操作。变量名必须以字母或下画线(_)开头。

① 变量名只能是字母(a～z，A～Z)、数字(0～9)、下画线(_)的组合，并且它们之间不能包含空格。

② C#区分大小写,即 myVar、myVAR 和 myvar 是不同的变量。

③ 变量名不能使用编程语言的保留字。例如在 C# 中不能使用 true、false、while、case、break 保留字等。

声明变量的三种方法如下。

(1) 数据类型 变量名;

(2) 数据类型 变量名 = 值;

(3) 数据类型 变量名 1,变量名 2;

C#编译器执行严格的类型检查,使用了未声明或未赋值的变量都将出现编译错误。

定义的内存空间中不能存放与数据类型不兼容的数据。例如:

```
int index = 10.5f
```

4.4.2 标识符和关键字

标识符(Identifier)是 C# 程序员为变量、常量、类型、方法等所定义的名字。关键字(Keyword)是 C# 程序语言保留作为专用的字,不能作为通常的标识符使用。C# 语言中的关键字有:

abstract, as, base, bool, break, byte, case, catch, char, checked, class, const, continue, decimal, default, delegate, do, double, enum, event, explicit, extern, false, finally, fixed, float, for, foreach, get, goto, if, implicit, in, int, interface, internal, is, lock, long, namespace, new, null, object, operator, out, override, params, private, protected, public, readonly, ref, return, sbyte, sealed, set, short, sizeof, stackalloc, static, string, struct, switch, this, throw, true, try, typeof, uint, ulong, unchecked, unsafe, using, value, virtual, volatile, while。

4.4.3 数据类型转换

整型(包括 int, short, long)和浮点型(包括 float, double)可以混合运算。不同数据类型进行混合运算时,会发生数据类型转换。数据类型转换包括:

(1) 隐式类型转换(系统完成,无风险)。

(2) 显式类型转换(程序员完成,有风险)。

隐式转换是编译系统自动进行的,不需要加以声明。在该过程中,编译器无须对转换进行详细检查就能够安全地执行转换。隐式转换一般不会失败,不会出现致命隐患及造成信息丢失。例如:

```
short s = 1;
int i = s;
```

在进行运算时,不同类型的数据应先转换成同一类型,然后进行运算。

4.4.4 布尔型、字符和字符串

1. 布尔型

布尔型是用来表示"真"和"假"这两个概念的。该类型变量只有两种取值:true(真)或false(假)。

在 C 和 C++语言中，用 0 来表示“假”值，用 1 来表示“真”值。

2. 字符

字符：使用两个单引号括起来的字符，例如 char c='b';。

字符在内存中是以数字形式存在的，所以整型和字符型是等价的。例如，int i = 65;也可以使用 int i='A';，char c='A';也可以使用 char c = (char)65;。

3. 字符串

字符串用来存储一系列的字符，字符串是引用数据类型，使用两个双引号括起来的字符。

字符串型：string。

例如：string str="hello world";

使用加号“+”可以连接字符串。

4.4.5 常用的字符编码

1. ASCII 码

一个字节一共可以用来表示 256 种不同的状态，每一个状态对应一个符号，就是 256 个符号，从 00000000 到 11111111(例如，用 01000001 表示字符'A')。20 世纪 60 年代，美国制定了一套字符编码，对英语字符与二进制位之间的关系做了统一规定。这被称为 ASCII 码，一直沿用至今。

2. Unicode

如果有一种编码，将世界上所有的符号都纳入其中，每一个符号都给予一个独一无二的编码，那么乱码问题就会消失。这就是 Unicode(万国码)，就像它的名字所表示的，这是一种所有符号的编码。Unicode 是一个很大的集合，现在的规模可以容纳一百多万个符号。每个符号的编码都不一样。

3. UTF-8 码

UTF-8 是 Unicode 的实现方式之一。UTF-8 是一种变长的编码方式。它可以使用 1～4B 表示一个符号。Unicode 其他实现：UTF-16(字符用 2B 或 4B 表示)和 UTF-32(字符用 4B 表示)。

4.4.6 常见的程序错误和异常

1. 语法错误

它是最容易被发现和解决的一类错误，是指在程序设计过程中，出现不符合 C# 语法规则的程序代码。这类错误在代码编写期间，编辑器都能够自动指出，并会用波浪线在错误代码的下方标记出来。

2. 运行期错误

运行期错误是指在应用程序试图执行系统无法执行的操作时产生的错误，即通常所说的系统报错。这类错误编译器无法自动检查出来，通常需要我们对输入的代码进行手动检查并更正。

3. 逻辑错误

逻辑错误常常是由于人为因素，如推理和设计算法本身的错误造成的。这类错误是最不易发现，同时也是最难解决的。这类错误编译器无法检查，只有通过开发人员仔细认真的态度和不懈的努力才能解决。

4. 异常处理

异常指影响程序正常执行的事件，如内存不够、磁盘出错、用户非法输入等。异常处理是指对异常事件的处理方法。它是一种处理机制，可以防止程序产生非正常状态。

例如：

```
try
{
    //可能引发异常的代码块;
    }catch(Exception e)
        {
            //如果上面代码发生异常则可在此编写相应的异常处理代码
        }finally
    {
            //无论是否发生异常,均要执行的代码块;
}
```

其中，try 用于检查发生的异常，并帮助发送任何可能的异常；catch 处理错误；无论是否引发了异常，finally 的代码块都将被执行。

4.4.7 流程控制语句

流程控制语句用于控制程序的流程，以实现程序的各种结构方式，包括分支语句和循环语句。

1. 分支语句

(1) if-else 语句。

(2) switch-case 语句。

```
switch(表达式)
{
    case 常量标号 1: 语句 1;
    case 常量标号 2: 语句 2;
    …
    case 常量标号 n: 语句 n;
    default: 语句 n + 1;
}
```

说明：

① 表达式的结果必须是整数、字符、枚举类型。

② case 后面的常量标号，其类型应与表达式的数据类型相同。

③ 标号不允许重复，具有唯一性。

④ 标号的顺序可以任意的。

⑤ 当表达式的值与任何一个 case 都不匹配时，则执行 default 语句。

⑥ default 语句最多只可出现一次。

⑦ 不要忘了 break，否则编译不过，在其他语言中 break 是可以省略的。

2. 循环语句

(1) while、do-while 语句。

```
while(条件)
{
```

```
    …;
}
```

当条件满足时进入,重复执行循环体,直到条件不满足时退出。

```
do
{
    …;
}while(条件);
```

无条件进入,执行一次循环体后判断是否满足条件,当条件满足时重复执行循环体,直到条件不满足时退出。

(2) for 语句。

```
for(初始表达式; 循环表达式; 增量表达式)
{
    …;
}
```

(3) 嵌套 if 语句。

```
if(条件)
{
    if(条件) //嵌套 if
    {
    …
    }
}else
{
    if(条件) //嵌套 if
    {
     …
    }
}
```

将 if 语句与 switch 语句比较如下。

① switch 语句类似于 if-else if-else if-else。但是 switch 只判断一次,else if 要判断多次,所以 switch 的效率更高。

② switch 一般都可以用 if 重写,但是 if 不一定能用 switch 重写。

这里还需对 break 和 continue 语句做说明。

① break 语句通常用在 switch 语句和循环语句中。可使程序跳出 switch 语句和终止循环。

② continue 语句的作用是跳过循环体中剩余的语句而强行执行下一次循环。

4.4.8 数组

1. 二维数组的定义与赋值

定义数组的三种方式:

(1) 数组类型[ ] 数组名=new 数组类型[元素个数];

(2) 数组类型[ ] 数组名＝new 数组类型[]{数组元素初始化列表}；

(3) 数组类型[ ] 数组名＝{数组元素初始化列表}；

二维数组的赋值：

数组名称[索引值] ＝值；

例：定义一个长度为 6 的 int 型一维数组。

声明：int[ ] myArray；

定义：myArray＝new int[6]；

也可以直接在声明的时候定义：

```
int[ ] myArray = new int[6] ;
```

赋值：myArray[0]＝1；

　　　myArray[1]＝100；

在 C# 中,如果数组的大小必须动态地被计算,用于数组创建的语句可以这样书写：

```
int arrayLength = 5;
int[ ] myArray = new int[arrayLength];
```

注意：一旦数组的长度确定了,就不能再改变数组的长度。

在 C# 中是通过数组的索引(下标)访问指定的数组元素。即通过数组元素的下标(索引)去存取某个数组元素(注：数组的下标是从 0 开始)。例如：

```
int[ ] score = new int[10];
score[0] = 10;
int i = score[0];
//使用 for 遍历数组
string[ ] names = {"tom","jerry","lily"};
for(int i = 0;i < names.Length;i++)
{
    Console.WriteLine("my name is {0}",names[i]);
}
//使用 foreach 遍历数组
string[ ] names = {"tom","jerry","lily"};
foreach(string name in names)
{
    Console.WriteLine("my name is {0}",name);
}
```

这里介绍一下 for 和 foreach 的区别：for 可以不逐个遍历,比如每隔一个遍历一个,或者可以从后向前遍历；foreach 对数组只是只读访问,不能修改数组元素的值,但 for 可以。

2. 数组的注意事项

(1) 数组中所有的元素类型必须相同。

(2) 数组的索引从 0 开始。

(3) 数组使用时,索引值不能越界。

(4) 数组名.Length 可以得到已定义的数组的元素个数。

(5) 数组的元素还可以是数组,这样就构成二维数组。以此类推,还可以构成三维数组、四维数组等(称为多维数组),二维数组是最简单、最常用的多维数组,它代表多维数组的基本特性。

4.5 C♯面向对象

面向对象程序设计就是对象加消息。第一,程序一般由类的定义和使用两部分组成,而类的实例即对象;第二,程序中的一切操作都是通过对象发送消息实现的,对象接收消息后,启动有关方法完成相应的操作。

4.5.1 类的定义方法

在真实世界里,有许多同"种类"的对象。而这些同"种类"的对象可被归类为一个"类"。例如,我们可以将世界上所有的汽车归为汽车类,所有的动物归为动物类。

(1) 类是一组具有相同属性和行为的对象的抽象描述。

(2) 类封装了一组数据结构和作用于该数据结构的一组方法。

类的定义:

```
[类修饰符] class 类名 [:基类类名]
{
    数据类型变量;
    void 函数名( )
    {
        …
    }
}
```

访问修饰符的说明如下。

(1) public:声明公有成员,对公有成员访问不受限制。

(2) private(默认):声明私有成员,私有成员只能被类中的成员访问,外部无法访问。

(3) protected:声明保护成员,保护成员可以被类中成员和派生类访问。

(4) internal:声明内部成员,内部成员只有在同一工程中的文件内才是可访问的。

例如:声明一个Person类,包含姓名、年龄和身份证号。

```
class Person
{
  public string name;
  public int age;
  public long ID;
  public void Show()
  {
    Console.WriteLine("Name:{0}", name);
    Console.WriteLine("Age:{0}", age);
    Console.WriteLine("ID:{0}", ID);
  }
}
```

4.5.2 类的成员变量与成员函数的调用

类成员包括成员变量和成员方法。成员变量是类要处理的数据，它包括常数和字段。成员方法包括方法、属性、事件、索引器、运算符、构造函数、析构函数等。

(1) 常量：代表与类相关的常数值，是在类中声明的值不变的变量。

(2) 字段：类中的变量。

(3) 方法：完成类中各种计算或功能操作。

(4) 属性：定义类的值，并对它们提供读写操作。

(5) 事件：由类产生的通知，用于说明发生了什么事情。

(6) 索引器：又称下标指示器，允许编程人员访问数组时，通过索引器访问类的多个实例。

(7) 运算符：定义类的实例能使用的运算符。

(8) 构造函数：在类被实例化时首先执行的函数，主要完成对象初始化操作。

(9) 析构函数：在对象被销毁之前最后执行的函数，主要完成对象结束时的收尾工作。

(10) 字段作用域：private 修饰的字段作用域在整个类中。成员方法里定义的变量作用域仅在成员方法中。如果成员方法中定义的变量和字段同名，则字段的作用域不包括该成员方法。

习题

1. 简述 C#语言的优势。
2. 试述 C#语言编程中常见的程序错误和异常。
3. 试述 C#语言有哪些类成员变量和类成员方法。

第5章 虚拟现实程序开发

Unity 3D作为目前主流的虚拟现实开发工具，是由Unity Technologies开发的跨平台专业三维游戏引擎，不仅在游戏领域大放光彩，而且已渗透到各个行业，譬如城市规划、教育、航天工业、房地产、文物古迹、广告、军事模拟、医疗培训、商业零售等。此外，其强大的三维引擎功能也将成为未来科技社会的重要工具。

5.1 Unity基础知识

5.1.1 Unity的历史

2004年，三位来自丹麦哥本哈根的热爱游戏的年轻人Joachim Ante、Nicholas Francis和David Helgason为帮助所有喜爱游戏的年轻人实现创作的梦想，决定一起开发一个易于使用、与众不同且价格低廉的游戏引擎。

2005年6月，Unity 1.0.1发布。

2008年6月，Unity支持Wii。

2008年10月，Unity支持iPhone。

2009年3月，Unity 2.5加入了对Windows的支持。

2009年10月，Unity 2.6独立版开始免费。

2010年4月，Unity支持iPad。

2010年11月，Unity推出Assets Store。

2013年11月，Unity跟Xbox ONE合作，Xbox ONE将可以使用Unity开发游戏。

2014年5月，Unity 4.5发布，加入了在iOS装置上支持OpenGL ES 3.0。

2014年11月26日，Unity 4.6发布，正式导入新的UI系统"UGUI"。

2015年3月4日，Unity 5正式发布，Unity还发布了Unity Cloud Build。

5.1.2 下载与安装

Mac OS和Windows操作系统都可以使用对应的Unity版本进行开发。Unity的官方网站提供了Unity安装包的下载。

目前Unity分为免费的个人版和付费的专业版。两种版本的引擎内容完全一样，但是专业版提供了更多额外服务。对于初学者或一般的独立开发者而言，个人版就可以满足所有需求，而相对于高级开发者，最好使用专业版。同时，Unity也通过不断地更新和嫁接更多的服务平台及技术来升级其版本。

在浏览器地址栏中输入 Unity 官方网址 https://Unity 3D. com/cn，进入 Unity 下载地址。直接单击个人版，下载的将是最新版本的 Unity。若想下载历史版本，需找到下载页面的最下面的 Unity 旧版本，即可下载自己想要的版本。下载页面如图 5.1 所示。

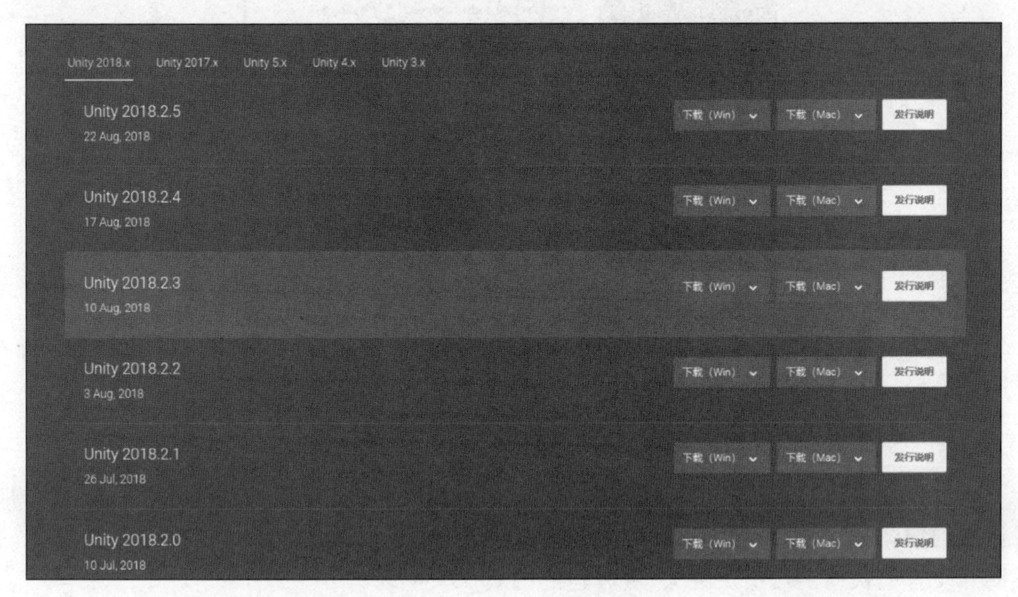

图 5.1　Unity 下载页面

也可以选择自己想要的版本(这里用 5.6.5 版本做介绍)，然后下载对应的 Windows 系列或者 Mac 系列，如图 5.2 所示。

然后会弹出一个下载任务(如图 5.3 所示)。

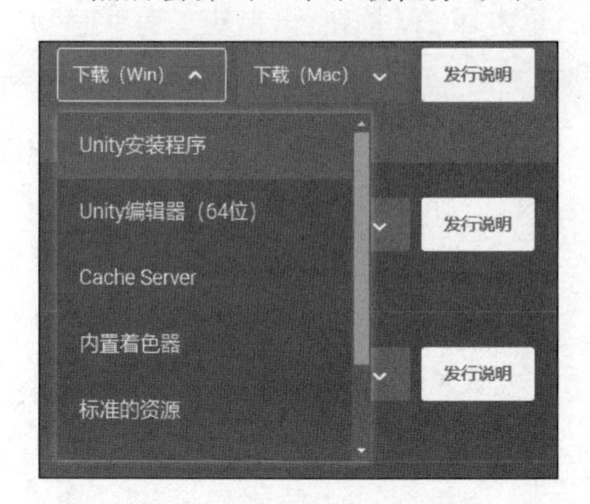

图 5.2　Unity 选择安装程序

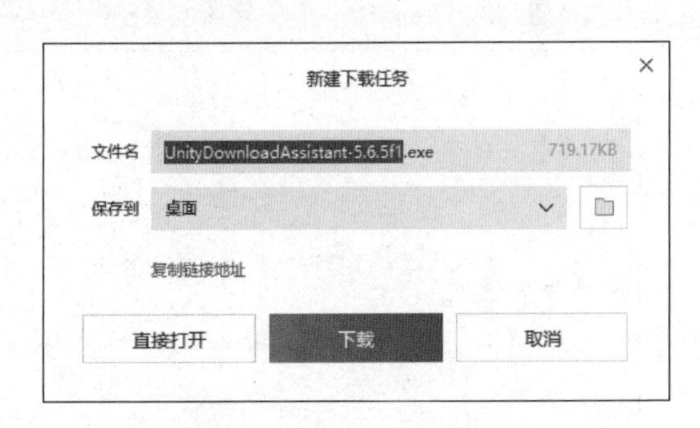

图 5.3　Unity 下载保存路径

下载完毕后，双击下载好的 UnityDownloadAssistant-5.6.5f1.exe，弹出如图 5.4 所示界面，单击 Next 按钮，勾选 I accept the term of the license agreement，单击 Next 按钮；选择 64bit，选择保存路径，第一个选项 Specify location of files downloaded during installation 是指定安装过程中下载文件的位置，可以选择默认或者选择 Download to...下载到指定文件地址；第二个选项 Unity install folder 为指定安装路径。另外，下载完毕后，需到官网注册账号。

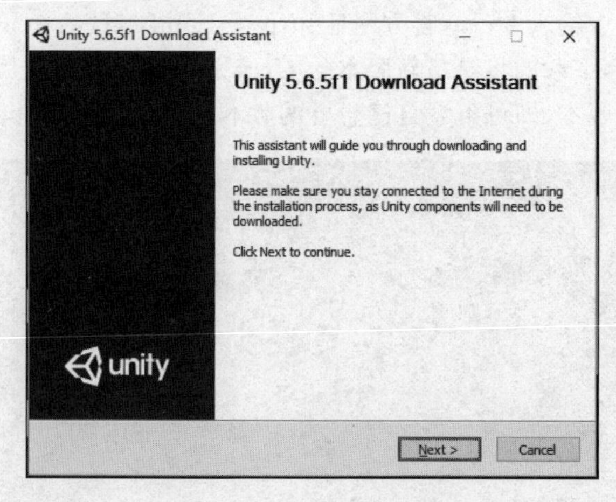

图 5.4　Unity 下载助手

5.1.3　Unity 编辑器

Unity 已经历多个版本的迭代更新。相对于传统的游戏引擎而言，Unity 添加了新的实时渲染构架(SRP)，使得游戏画面达到影视级别，可让游戏开发者的生活变得更加轻松，并帮助开发者们快速制作出更强大、更有趣的游戏。

一般来说，Unity 的工程由若干个场景组成。通过不断加载场景实现游戏场景的替换。Unity 具有高度自由的可视化编辑页面，可以让开发者轻松管理场景，高效快捷地进行开发。下面通过创建工程介绍编辑器界面。

步骤 1：创建工程

(1) 启动 Unity 后可以看到如图 5.5 所示的界面，单击 NEW 按钮，出现新工程页面(见图 5.6)。

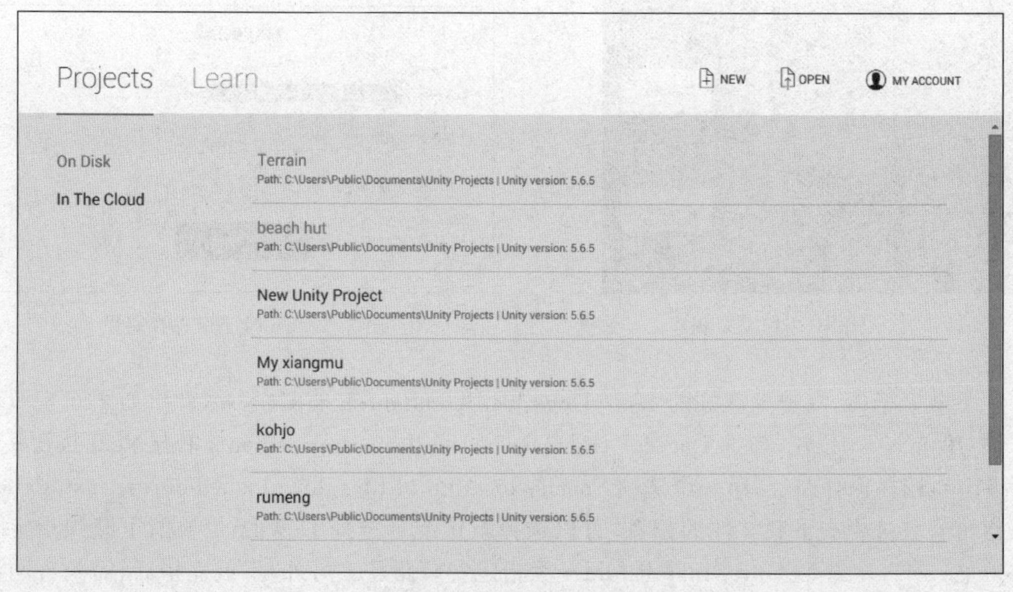

图 5.5　Unity 工程页面

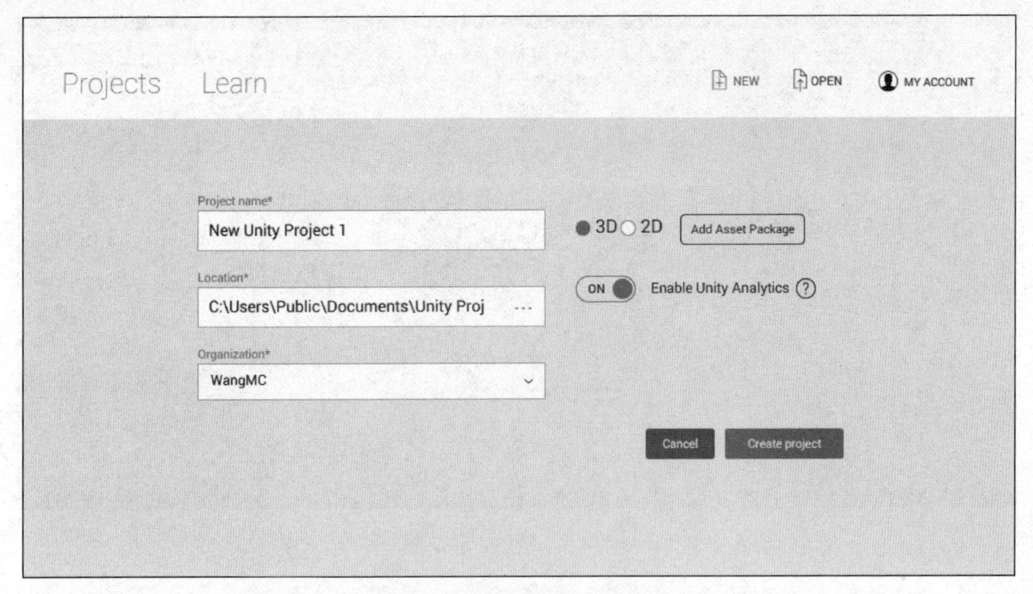

图 5.6　Unity 新工程页面

(2) 在新工程界面中，在左边第一栏中输入工程名称，第二栏中输入保存路径，在右边 3D 和 2D 单选按钮中选择将要创建的项目类型。

(3) 单击 Add Asset Package 按钮，弹出如图 5.7 所示的界面，勾选想要添加的包，单击 Done 按钮完成添加，并且会在 Add Asset Package 右侧显示添加数量。

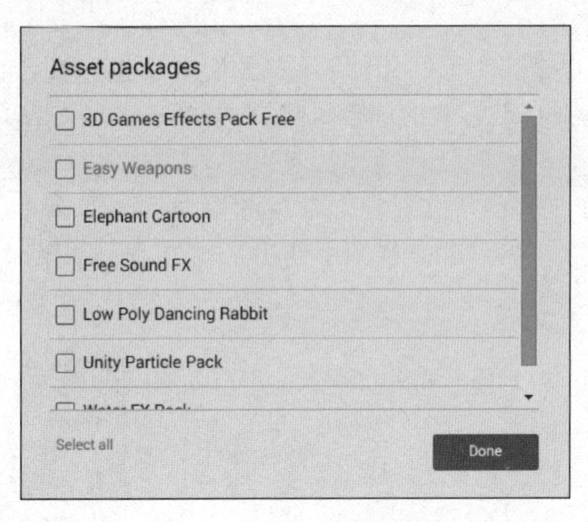

图 5.7　Unity 元素包选择

(4) 设置好后单击 Create project 按钮完成创建，然后进入 Unity 主界面，如图 5.8 所示。主界面的左上角有一排主菜单按钮，如图 5.9 所示

这些主菜单按钮不是固定的，会因导入插件而发生相应的位置改变。它们的功能描述如下。

File：创建、打开、保存场景和工程，发布及调试游戏。

Edit：撤销、重做、剪裁、复制、粘贴、运行、暂停、工程设置等。

Assets：创建导入资源等。

GameObject：创建各类游戏对象。

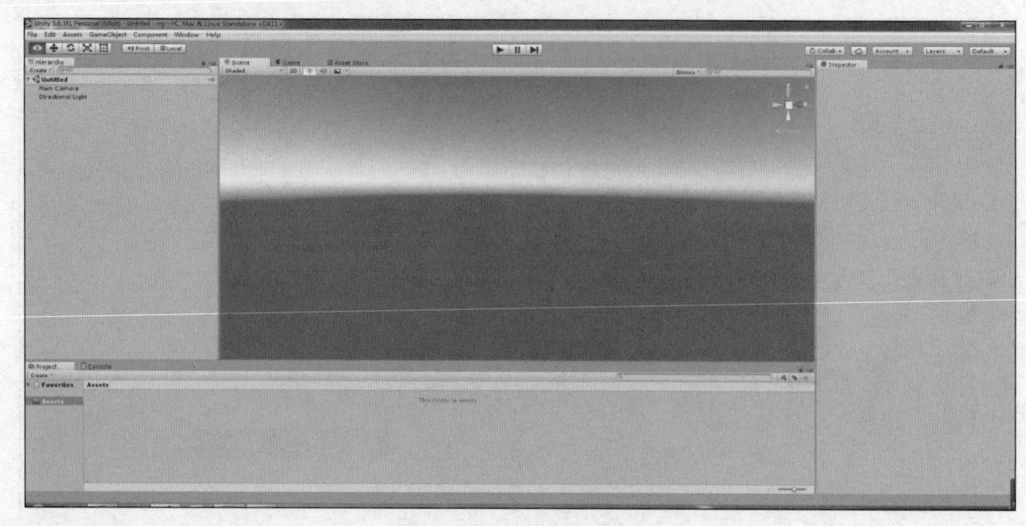

图 5.8 Unity 主界面

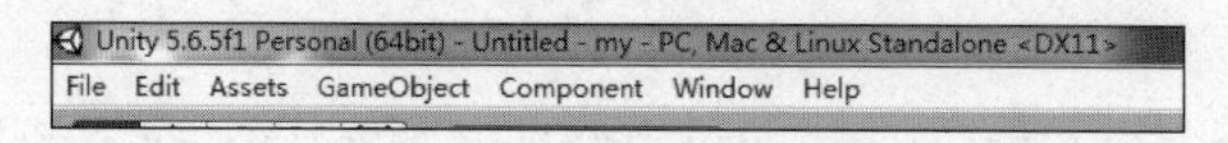

图 5.9 Unity 主菜单按钮

Component：为游戏对象添加各类组件。

Window：各类窗口。

Help：帮助文档。

Unity 的界面布局也是相当人性化的，开发者们可以按照自己喜欢的风格去设置。单击 Layout 按钮，可以选择自己喜欢的屏幕风格方式，然后单击 Save Layout 按钮保存布局，如图 5.10 所示。

Project 视图罗列了工程的所有资源。常用的资源有游戏脚本、预制体、材质、动画、纹理贴图等。这些资源要在 Hierarchy 视图中使用。在 Project 视图中右击，弹出的工程菜单如图 5.11 所示。

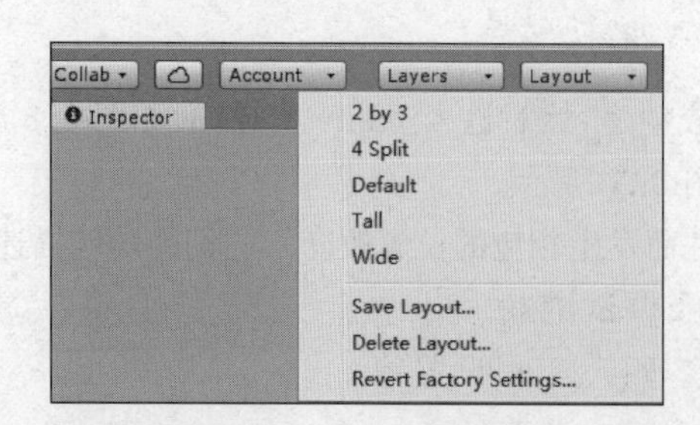

图 5.10 Unity 布局选择

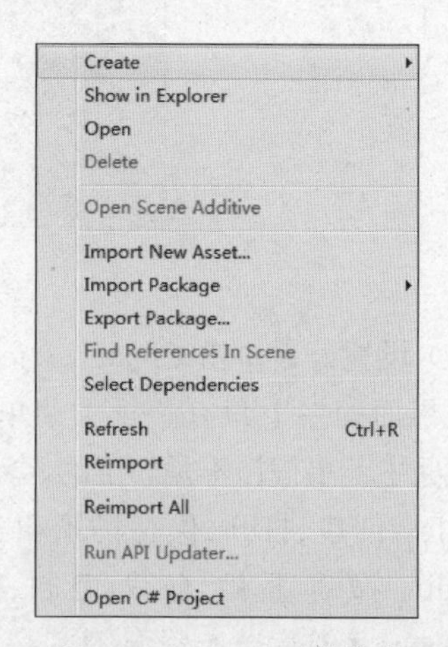

图 5.11 Unity 工程菜单

步骤 2：创建资源

Create 菜单项下的子菜单主要用于创建各种资源，如图 5.12 所示。可创建文件夹、C#、Javascript、Shader、Testing、Prefab、Audio Mixer、Material 等。

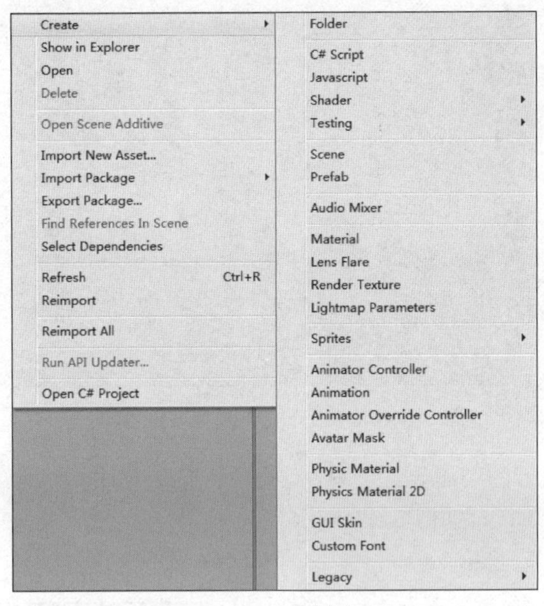

图 5.12　Unity 创建工程

步骤 3：创建材质

在 Project 视图中右击，选择 Create→Material 命令，创建一个新材质并命名为 mat，在 Inspector 视图中就会显示它的属性，如图 5.13 所示。

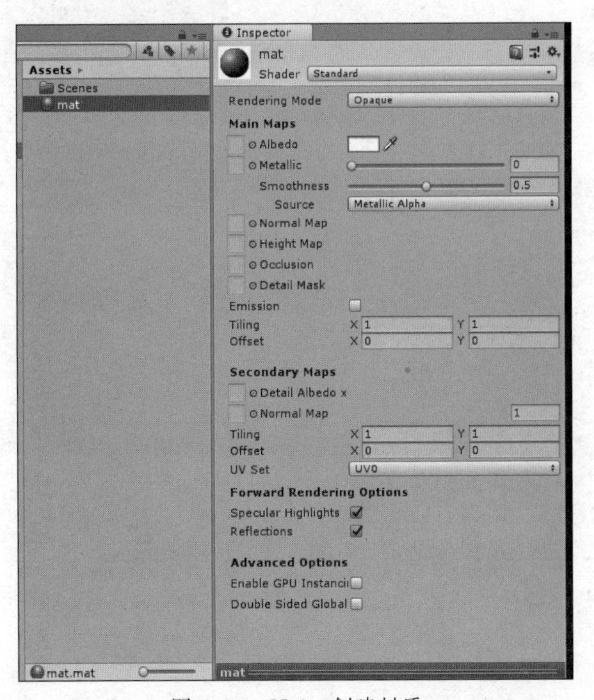

图 5.13　Unity 创建材质

单击图片中的 Albedo 左侧的圆按钮(见图 5.14),为其选择适当的贴图。贴图可以来源于网上或者 Unity 自带的资源。

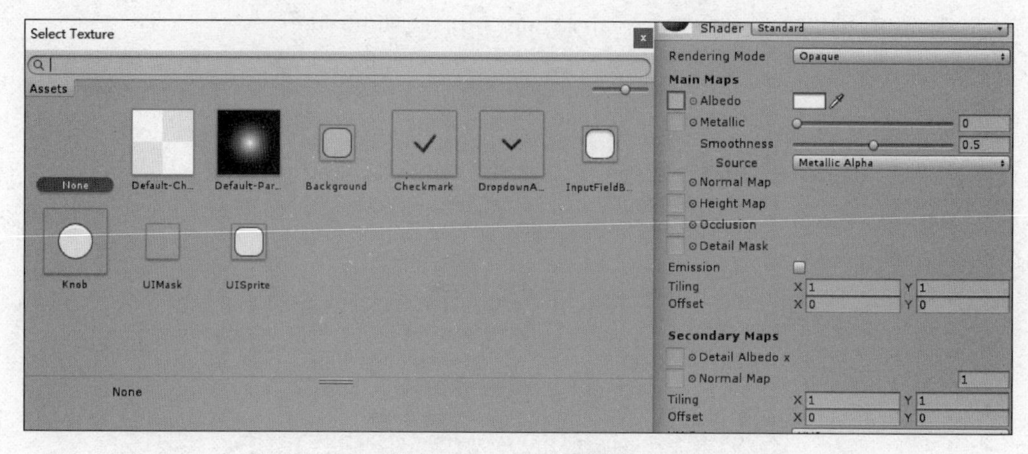

图 5.14 Unity 选择贴图

这里就以 Unity 自带的资源导入讲解:首先单击菜单栏中的 Assets 按钮,选择 Import→Environment→Import 命令,如图 5.15 所示。

导入成功后,如图 5.16 所示。

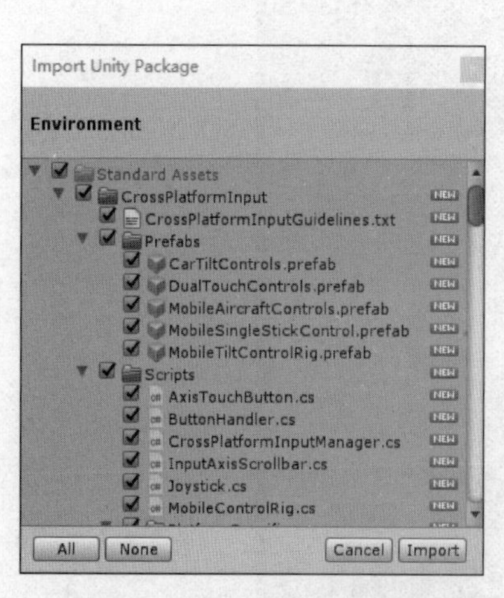

图 5.15 Unity 导入环境资源

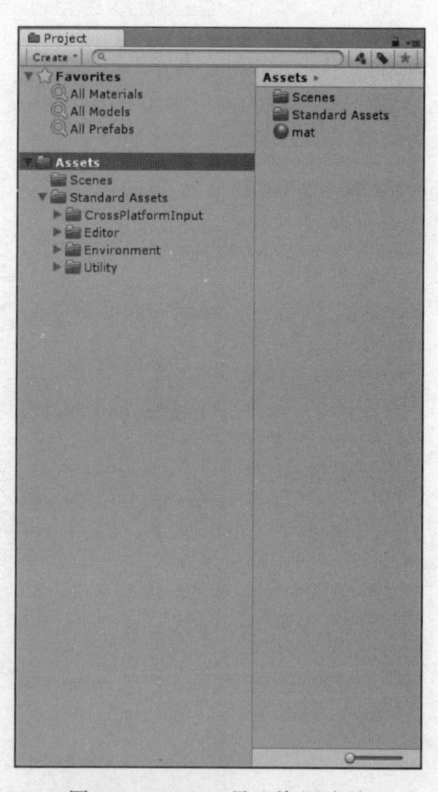

图 5.16 Unity 导入资源成功

Unity 会自动生成一个 Standard Assets 文件夹,环境资源就在里面,文件夹的名字为 Environment。此时,再单击材质球的 Albedo 左边圆按钮,就可以看到刚才的资源了,如

图 5.17 所示。

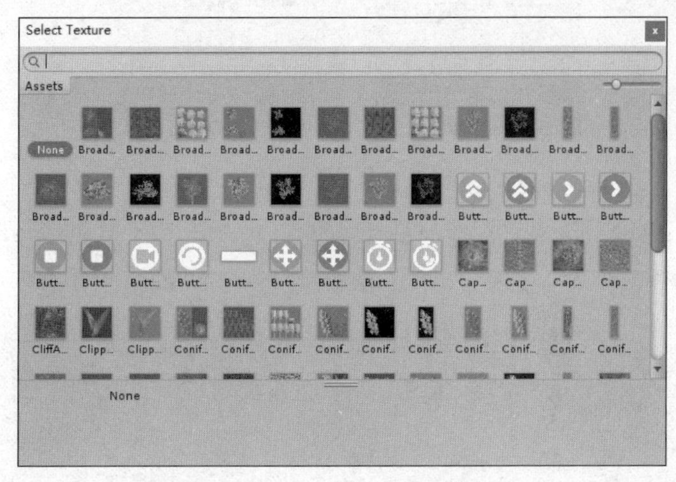

图 5.17　Unity 选择纹理(1)

选择 SimpleFoam 的图片作为纹理，如图 5.18 所示。

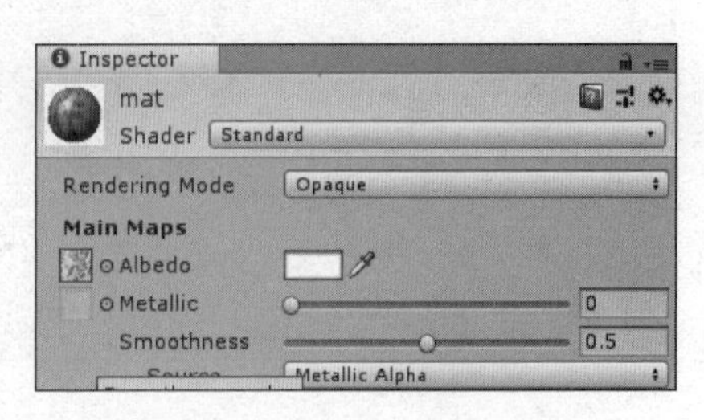

图 5.18　Unity 选择纹理(2)

步骤 4：创建立方体

(1) 单击导航菜单栏 GameObject→3D Object→Cube 命令，如图 5.19 所示。

(2) 下面要做的是把材质球 mat 给 Cube，这里有两种方式。第一种方式：用鼠标左键按住材质球 mat，直接拖放到 Cube 上，如图 5.20 所示。

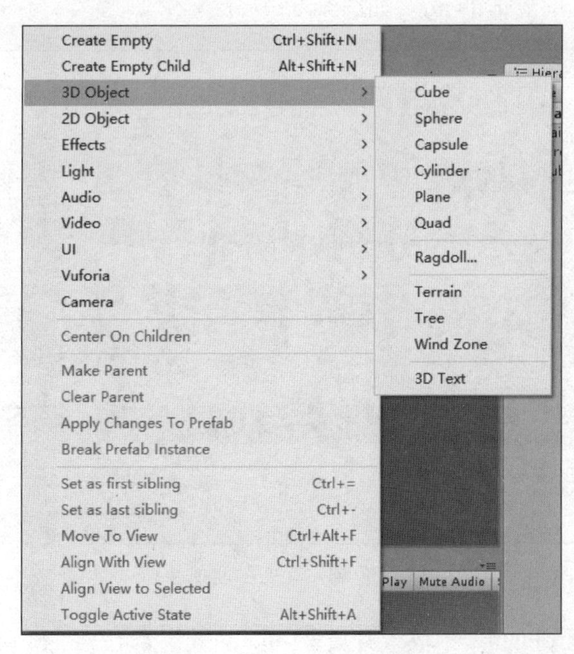

图 5.19　Unity 选择纹理(3)

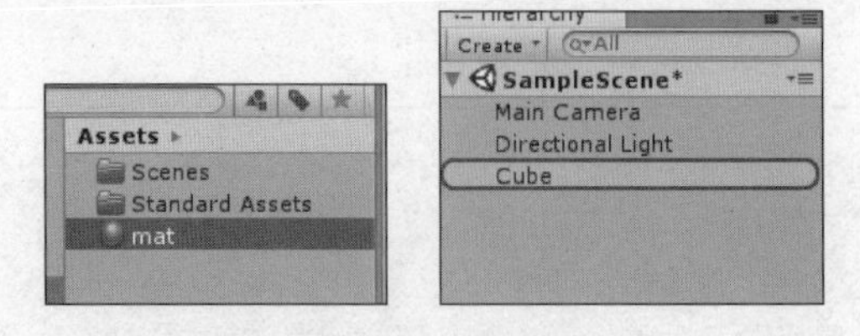

图 5.20　Unity 选择纹理(4)

第二种方式：单击 Cube 选项，然后打开 Inspector 属性中的 Material，如图 5.21 所示。

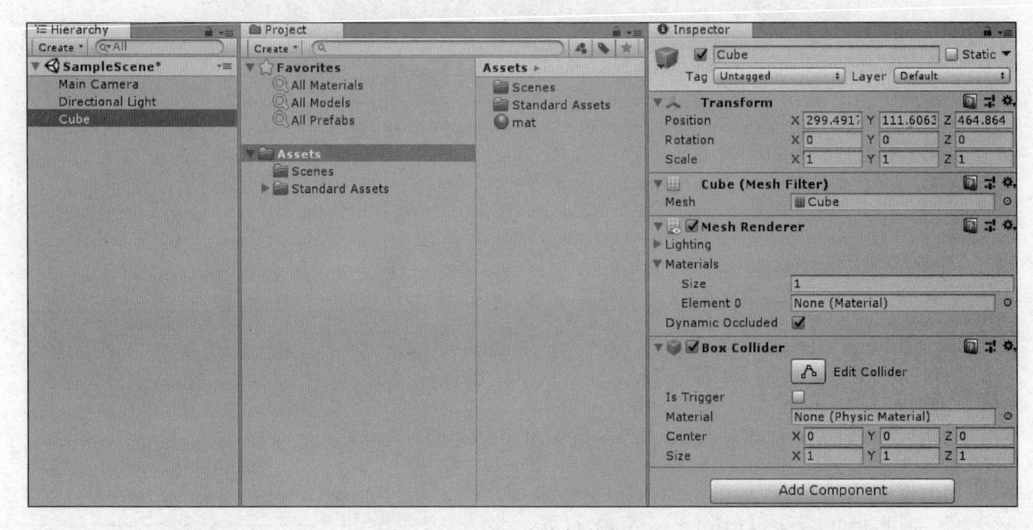

图 5.21　Unity 选择纹理(5)

(3) 最后把材质球 mat 拖放到 None(Physic Material)里面，或者单击 None(Physic Material)右边圆按钮，单击选中 mat，如图 5.22 所示。

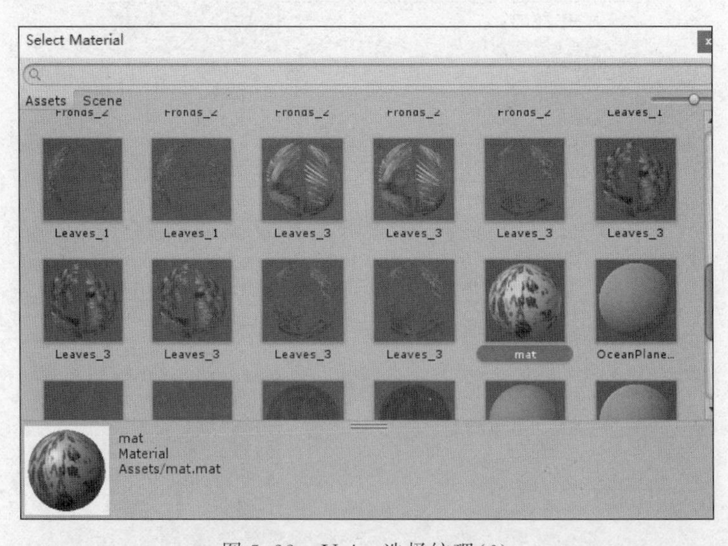

图 5.22　Unity 选择纹理(6)

(4) 最后就可以看到 Cube 中放入材质球 mat 的效果，如图 5.23 所示。

图 5.24 是在 Scene 视图和 Hierarchy 视图中显示使用了选中资源的游戏对象。

图 5.23　Unity 材质效果

图 5.24　Scene 视图中 Find References In Scene 效果

在 Hierarchy 视图中只显示相关游戏对象，如图 5.25 所示。

步骤 5：创建胶囊体

下面创建一个胶囊体作为对比。选择该资源依赖的所有资源，例如之前创建的 mat 材质依赖于 SimpleFoam 贴图。选中 mat，右击，再单击 Select Dependencies 选项，如图 5.26 所示，资源本身和所依赖的所有资源会以蓝色高亮显示。

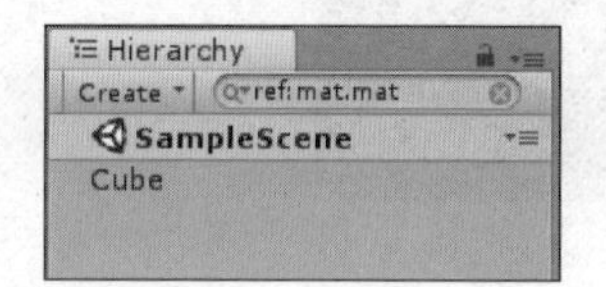

图 5.25　Hierarchy 视图

图 5.26　创建一个胶囊体

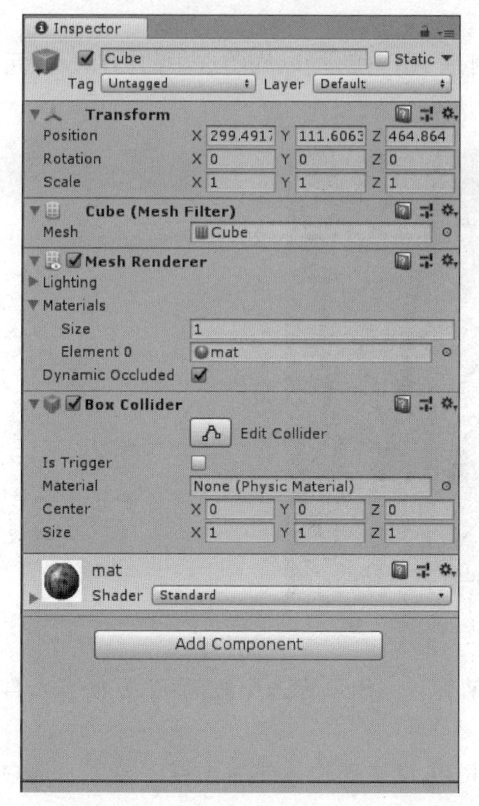

图 5.27　Inspector 中的 Cube 属性

在 Inspector 视图中，可以显示当前选中游戏对象的所有组件及组件的属性。组件脚本中的公开变量在此视图中会以属性的方式呈现，在视图属性中可以直接修改属性的值。如果属性是 GameObject 或者 Transform 等类型，可以直接将游戏对象进行拖动来完成指定操作。

例如，单击导航菜单栏的 GameObject→3D Object→Cube 命令创建一个立方体。单击 Cube 选项，在 Inspector 视图中可以看到 Cube 的属性，如图 5.27 所示。

在 Scene 视图中可以显示对游戏对象进行可视化操作的界面，用户可以通过工具及其快捷键对游戏物体进行快速操作。

工具栏：在主界面的菜单栏下方有一排工具栏，如图 5.28 所示。工具栏中的图标从左到右依次为手工具、移动工具、旋转工具、缩放工具以及 Gizmo 工具。下面分别介绍。

图 5.28　Unity 工具栏

(1) 手工具。用于控制观察摄像机,其快捷键为 Alt+Q。

如果按着 Alt 键再按住鼠标左键拖动,则是改变摄像机的位置。

如果按着 Alt 键再按住鼠标右键拖动,则是改变摄像机的观察距离。

如果按住 Control 键再拖动,则是改变摄像机的观察方向。

(2) 移动工具。单击移动工具图标或者按快捷键 Alt+W,即可选中游戏物体。当开始使用该工具后,会在选中的游戏物体中心位置显示 3 个箭头,如图 5.29 所示。

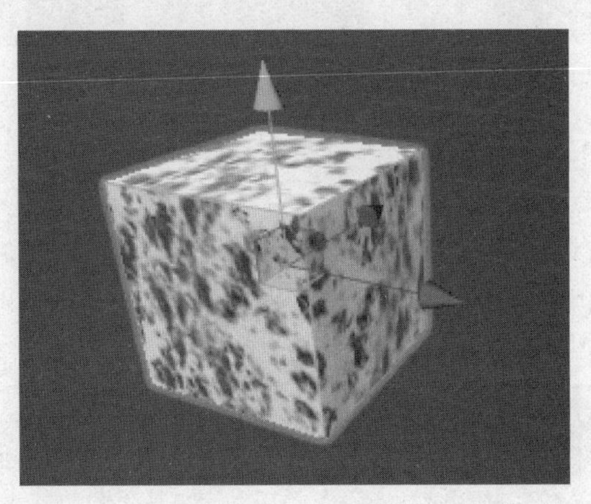

图 5.29 移动物体

这三个箭头分别表示 X 轴正方向、Y 轴正方向、Z 轴正方向。利用鼠标选中 X、Y、Z 轴箭头来移动物体位置,若单击中央则三个轴一起移动。

(3) 旋转工具。单击旋转工具图标或使用快捷键 Alt+E,可以旋转选中的物体。使用该工具的时候,物体周围会有三个线圈,如图 5.30 所示。

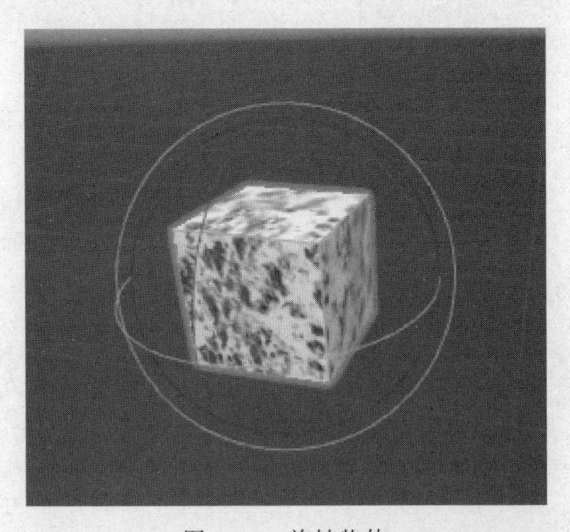

图 5.30 旋转物体

这三个线圈分别代表 X 轴旋转、Y 轴旋转、Z 轴旋转。用鼠标选中线圈(不要松开),再移动鼠标进行旋转物体操作。

(4) 缩放工具。单击缩放图标或者按快捷键 R,可以实现物体的缩小或者放大。选中该工具后,单击要缩放的物体,如图 5.31 所示。

图 5.31 缩放物体

选中图 5.31 中的三条轴可分别进行 X 轴方向、Y 轴方向、Z 轴方向的缩放。选中中央则代表整体缩放。

(5) Gizmo 工具。这是一些快速操作的小工具,例如,Scene Gizmo 是在 Scene 视图右上角显示的小工具,它主要由 6 个圆锥体和 1 个立方体构成,如图 5.32 所示。

单击不同的轴可实现相应方向的切换。单击 Scene 视图左上角的 Shaded 按钮,进入 Scene 视图的渲染模式菜单,如图 5.33 所示。

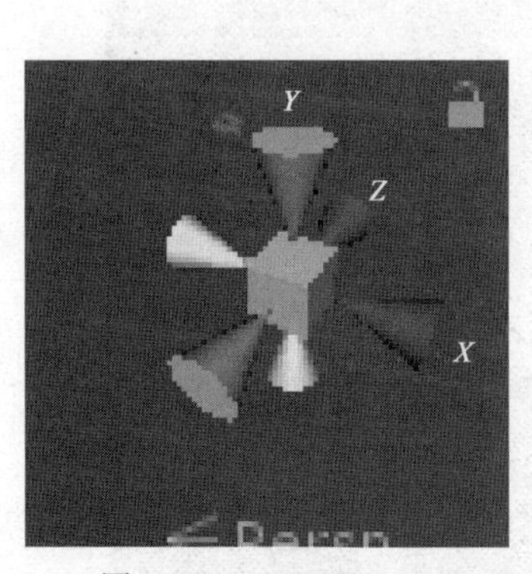

图 5.32 Scene Gizmo

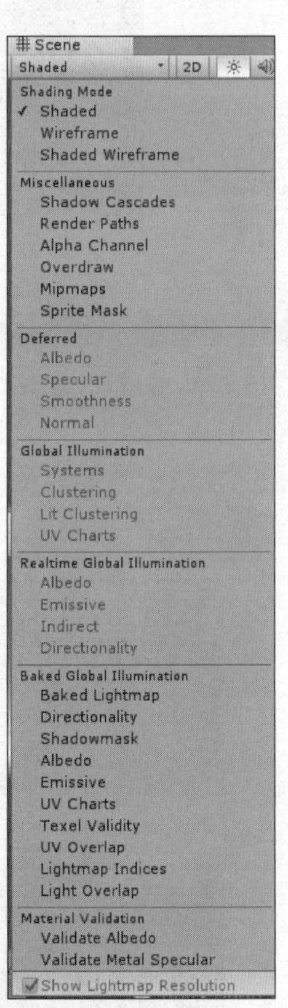

图 5.33 Scene Gizmo 菜单

默认的渲染模式是 Textured 模式，所有游戏对象的贴图都正常显示，如图 5.34 所示。

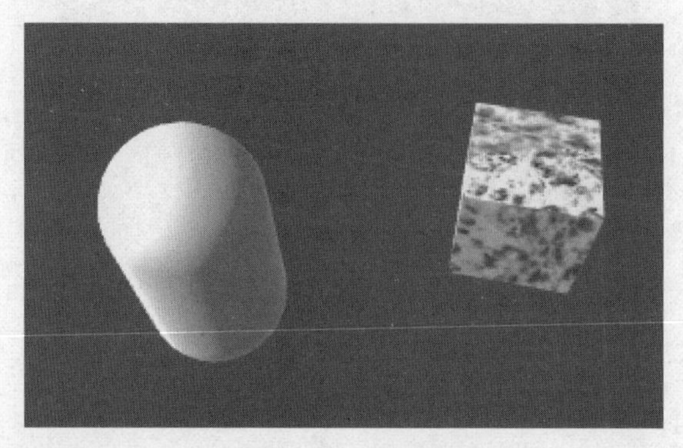

图 5.34　Textured 模式

此外还有 Wireframe 渲染模式，所有游戏对象的贴图都不显示，仅将游戏对象的网格模型以线框的形式呈现，如图 5.35 所示。

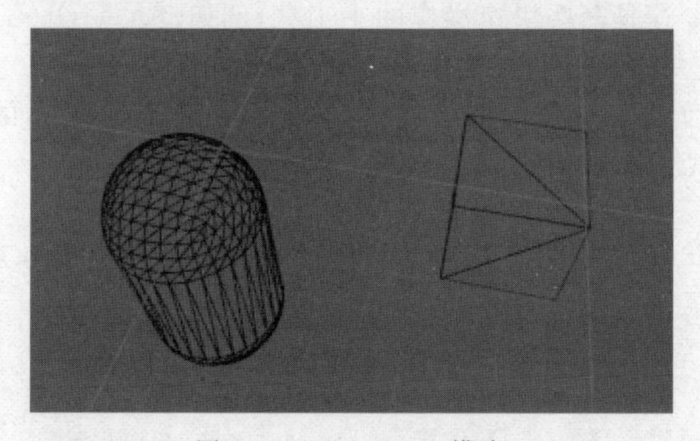

图 5.35　Wireframe 模式

在 Game 视图中显示游戏运行时的图像。运行游戏后，即可在 Game 视图看到游戏效果。Game 视图的显示取决于相机所观察到的景象。通常游戏工程中会有多个摄像机协同工作，此时显示的内容是多个相机的叠加。

单击 Game 视图标签下的按钮，会显示分辨率菜单，可以选择其中一项指定 Game 视图下的游戏画面的分辨率，如图 5.36 所示。

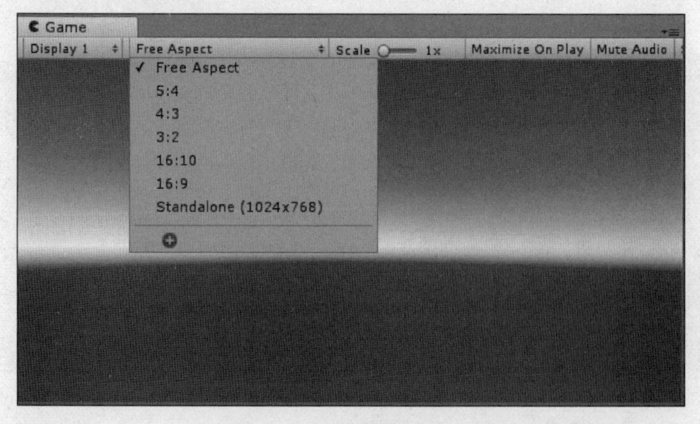

图 5.36　分辨率菜单

Game 视图工具栏如图 5.37 所示。其中右边两个按键的作用如下。

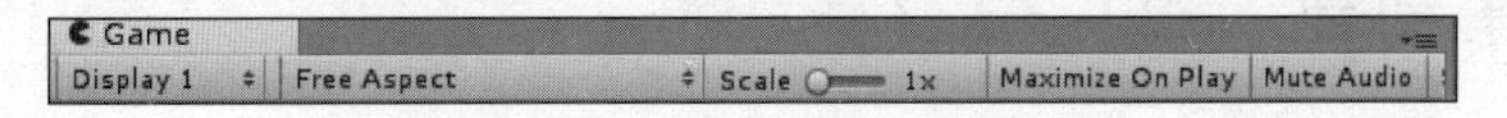

图 5.37　Game 视图右侧菜单

Maximize On Play：是否在运行时最大化显示。

Mute Audio：是否静音。

步骤 6：创建预制体

(1) 场景中创建 Cube，然后在 Project 视图中右击，再选择 Create→Prefab 命令，即可成功创建一个预制体，并改名为 Cube，如图 5.38 所示。

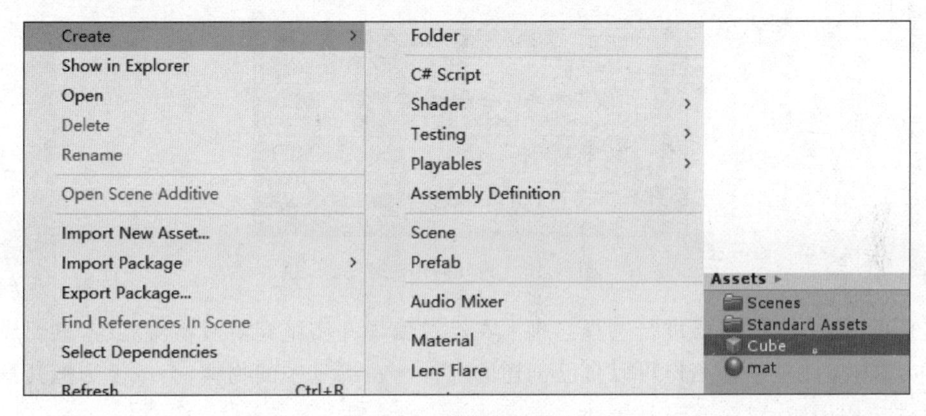

图 5.38　创建预制体(1)

(2) 把 Hierarchy 视图中的 Cube 拖动到 Project 视图中的 Cube 上，完成预制体的制作并和 Cube 预制体相关联。此时颜色会由灰色变为蓝色。单击 Hierarchy 视图中的 Cube，在 Inspector 中单击 Select 按钮，这时会高亮显示对应的预制体，如图 5.39 所示。

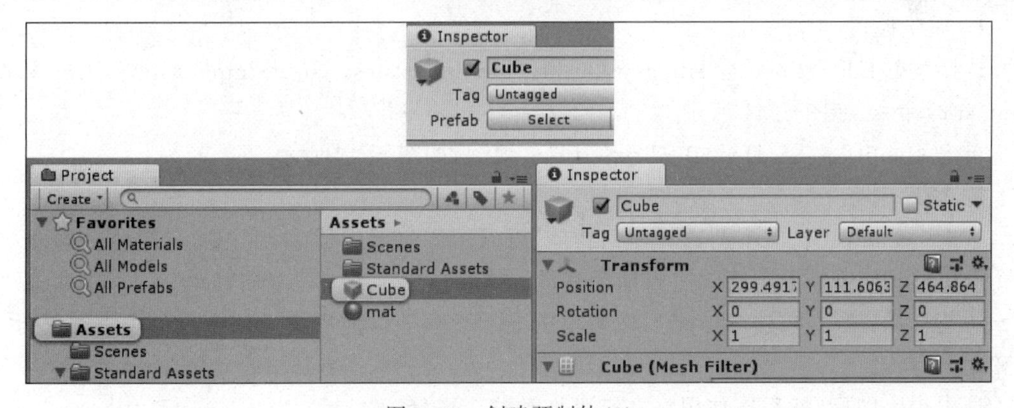

图 5.39　创建预制体(2)

(3) 预制体的实例化。实例化的过程就是将预制体复制一份放入场景里。具体地，在 Project 视图中选中 Cube，并拖动到 Inspector 视图中，可直接实例化一个对象。该操作并不是简单的复制，而是具有相关性的。

5.2 场景创建

5.2.1 游戏物体与组件

游戏物体是一个具有一定功能(组件)的模型,由以下两部分组成。

(1) 物体(基本框架):只是一个实体,但不能动,如汽车。

(2) 组件(功能):实现各种功能的代码,如汽车的“驾驶功能”组件可以使汽车运动起来,汽车的“刚体”组件使汽车具有碰撞功能。

每个物体必须包含一个 Transform 组件,如图 5.40 所示。

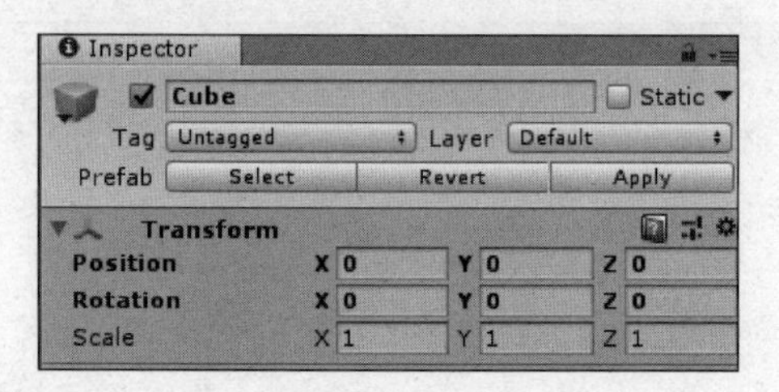

图 5.40 Transform 组件

其他的组件,根据需要进行选择。脚本在经过编译并实施到游戏物体之后,也变成了一种组件,脚本组件是一种用户可以自己创建的组件。在场景中的物体,会按规则把其身上的所有组件应用一遍,以改变自身属性。

5.2.2 场景视图操作

在场景视图中可以进行设置图像质量、场景浏览、设置灯光、设置摄像机等操作。下面分别进行介绍。

1. 质量设置

选择菜单 Edit→Project Settings→Quality(Levels: Fastest、Fast、Simple、Good、Beautiful、Fantastic)命令,如图 5.41 所示。

单击 Quality 命令,打开 QualitySettings 视图,如图 5.42 所示。

2. 场景浏览

选中 Scene 视图,但不要选择任何物体,可以用方向键进行前、后、左、右移动。

慢速移动:单击上下箭头进行前后移动;单击左右箭头进行左右移动。

快速移动:一直按住 Shift 键,然后单击上下箭头进行前后移动;单击左右箭头进行左右移动。

选中小手图标,然后按住鼠标左键可拖动整个场景。

滚动鼠标中轮,则整个场景前后移动。

按住鼠标右键,则可旋转整个场景。

此外还可以采用飞行模式进行场景浏览:按住鼠标右键,按 W、A、S、D 键可前、后、左、右浏览当前场景,按 Q、E 键可上下移动场景。

按住 Shift+Ctrl 组合键,即可移动物体。

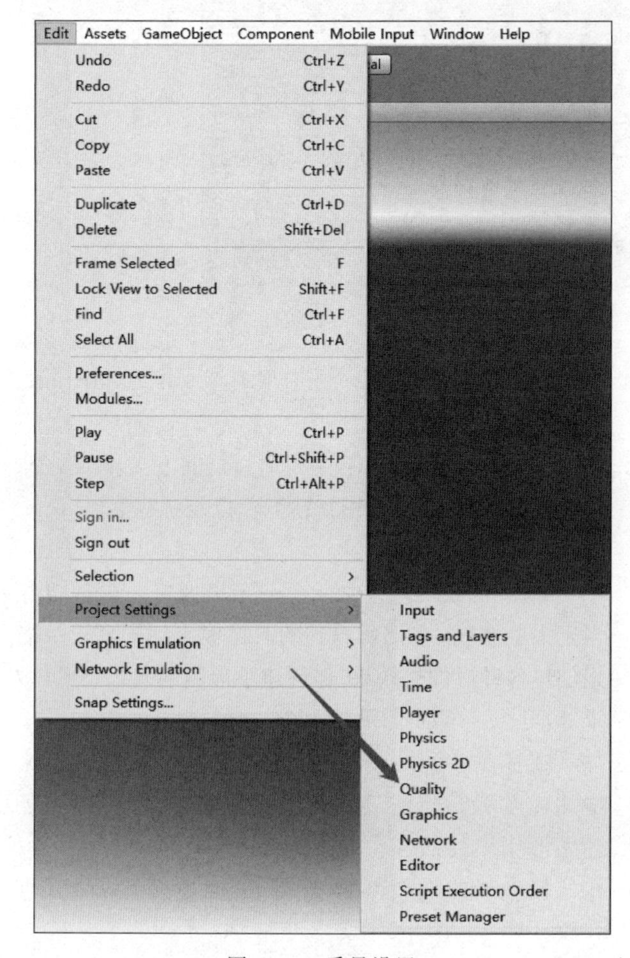

图 5.41　质量设置

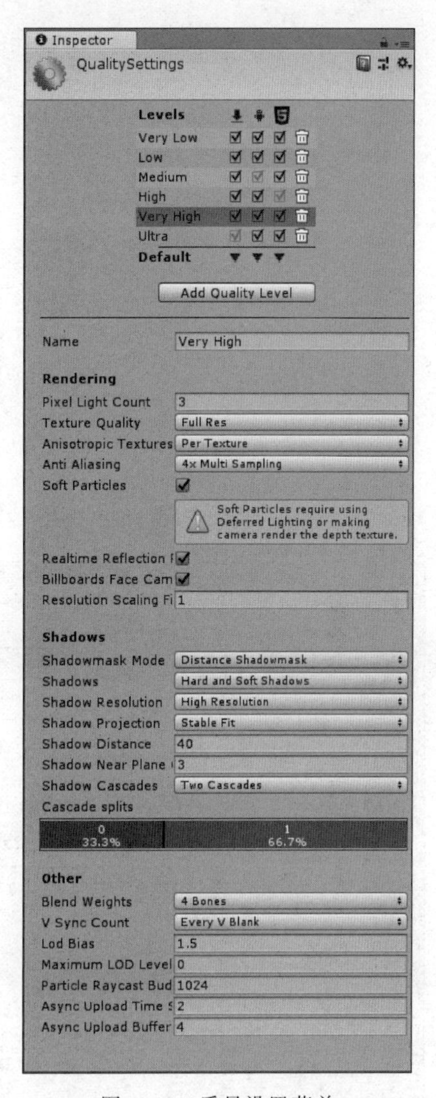

图 5.42　质量设置菜单

3. 设置灯光

场景的颜色和基调由灯光定义。

灯光类型如图 5.43 所示，其中包括：

(1) 点灯光(Point)：模拟蜡烛和灯泡的效果。

(2) 聚光灯(Spot)：模拟手电筒或汽车头灯的效果。

(3) 方向灯(Directional)：可平行的发射光线，可以模拟太阳的效果。

(4) 区域灯(Area <baked only>)：主要在创建灯光贴图时使用。

(5) 在灯光的属性中，可以设置灯光的阴影(Shadow Type：No Shadows、Hard Shadows、Soft Shadows)。

(6) 绘制光晕项(Draw Halo)：打开灯光的光晕效果。

(7) 渲染模式(Render Mode)：通过灯光设置影响灯光的显示效果及操作效率。Auto

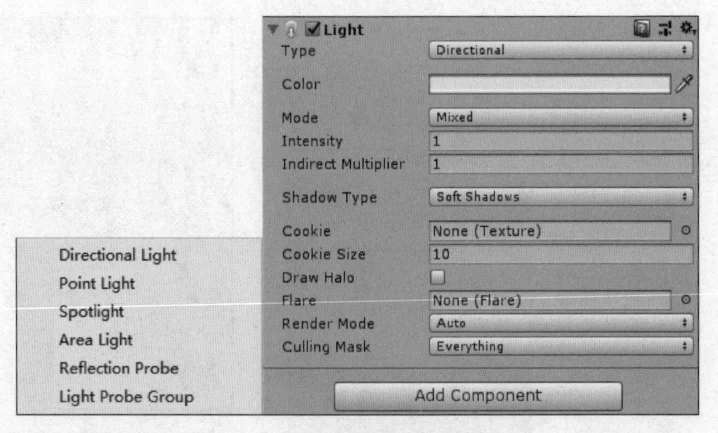

图 5.43　灯光类型

项是在游戏运行时，根据用户设置的质量来决定其渲染效果。可选项有 Auto、Important、Not Important。

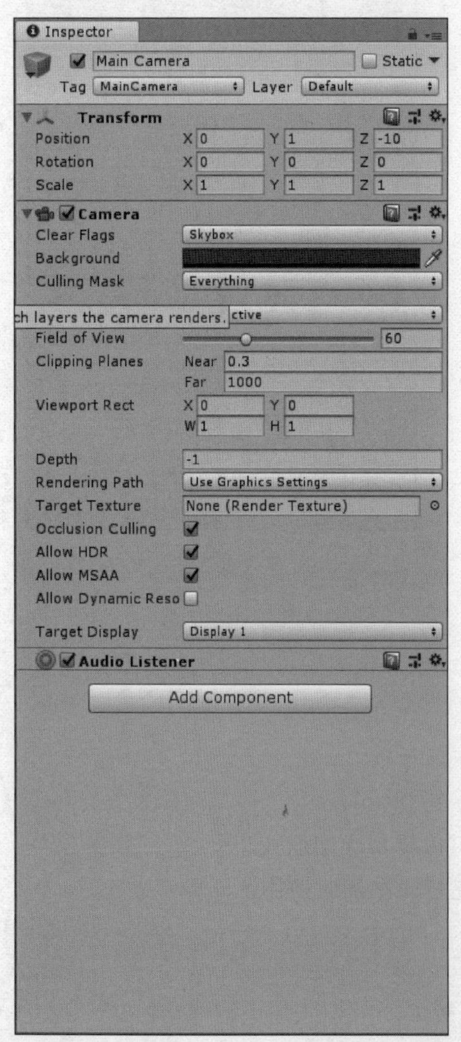

图 5.44　摄像机

(8) Culling Mask：主要通过层的方式，设置场景中的哪些物体可以被此灯光照亮，以及哪些不可以。

4. 设置摄像机

每一个场景中至少存在一个摄像机。摄像机相当于人的眼睛，它把所看到的影像输出到屏幕上。若想创建各种摄像机效果，如创建小地图的效果、分屏效果等，可在一个场景中使用多个摄像机。

在赛车类游戏中，可以使用大的摄像机视野来增加速度感。此外，还可以使用正交摄像机视图创建图形用户界面。

摄像机的设置界面如图 5.44 所示，下面分别介绍。

(1) Clear Flags(清除标签项)：主要设置摄像机在渲染过程中如何设置其背景，以及在渲染过程中如何产生颜色、深度信息等。其中，主要选项如下。

① Skybox(天空盒)和实体颜色项(Solid Color)：主要设置摄像机在渲染过程中对于屏幕中不存在物体的部分，也就是场景空白地方的处理。例如，若场景中的某些部分不存在物体时，可以使用天空盒项使其成为天空盒的内容，或者也可以直接设置这些不存在物体的部位为实体颜色，也就是此处设置的背景颜色。

② Depth only(深度项)：常用于一个场景中存在多个摄像机的情况，此时可以设置摄像机的渲染顺序，进而将一个摄像机的内容叠加在另外一个摄像机上。

③ Don't Clear(不进行清除项)：既不会清除摄像机的颜色信息，也不会清除摄像机的深度信息。这样可将每一帧的渲染都叠加在上一帧上，从而形成一种涂抹拖尾的效果(仅在一些特殊的材质效果中使用此项)。

④ Culling Mask(剔除遮罩)：主要通过层的方式，设置场景中的哪些物体可以被渲染，以及哪些不可以。

⑤ Projection(投影项)：设置当前的摄像机是透视摄像机还是正交摄像机。

⑥ Clipping Planes(剪切平面项)：主要设置摄像机远近剪切平面的位置。只有在两个剪切平面中的物体才会被摄像机渲染，即被看到。

(2) Viewport Rect(视图矩形)：主要用于场景中存在多个摄像机时，设置其中一个摄像机视口的长方形尺寸，使其更好地叠加在另一个画面上。例如，显示小地图效果时，可调节此项中的 W 值，使其视图变小，以显示在另外一个摄像机的视角中。

(3) Depth(深度)：用于场景中有多个摄像机的情况，深度值较大的摄像机渲染的画面一定会叠加在深度值小的摄像机渲染的画面上。

(4) Rendering Path(渲染路径)：用于设置整个场景的渲染质量。

(5) Target Texture(目标纹理)：把当前摄像机渲染的内容保存在一个纹理中，然后此纹理可以实施在其他表面上，创建如水面的反射效果。

(6) Allow HDR：用于打开 HDR 效果。

5.2.3 游戏地形

本节介绍游戏地形的创建。

步骤 1：创建一个新工程

单击菜单栏 Assets→Import Package，选择 Characters(人物)和 Environment(环境)命令，如图 5.45 所示。

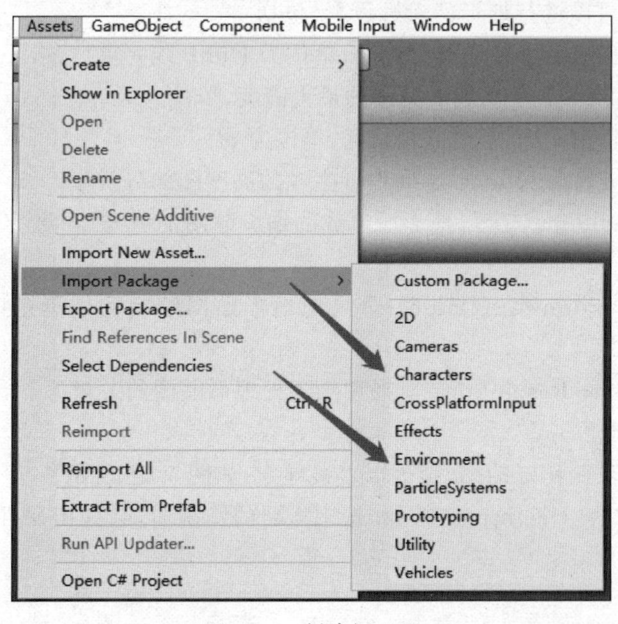

图 5.45　创建新工程

步骤 2：导入资源文件

单击后弹出如图 5.46 所示框，单击 Import 按钮。

步骤 3：设置地形参数

成功导入资源文件后，如图 5.47 所示。

此时，在 Standard Assets 里面会有 Characters 和 Environment 选项，接下来，在 Hierarchy 面板上右击选择 3D Object→Terrain。这样面板 Hierarchy 中就会出现新建的地形了。

单击地形 Terrain，在 Inspector 视图中会显示其地形工具，如图 5.48 所示。

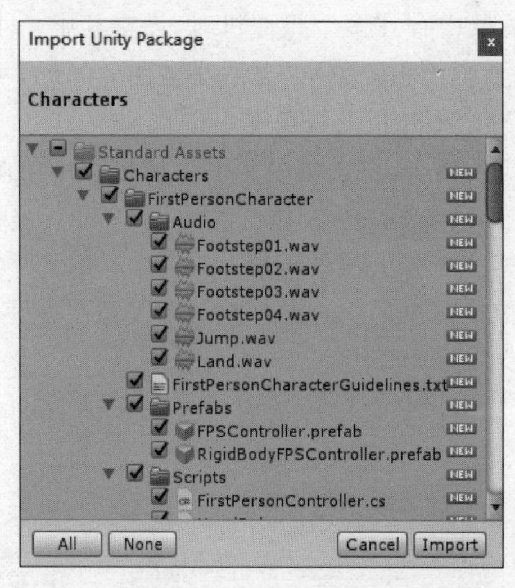

图 5.46 导入游戏地形

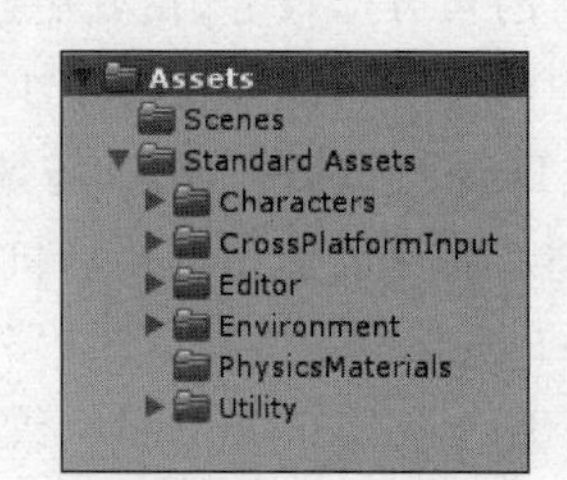

图 5.47 导入成功

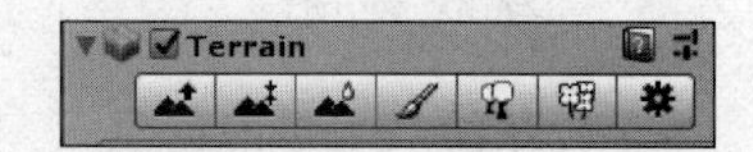

图 5.48 地形工具

在该工具栏最右边的齿轮图标表示地形设置，单击会出现如图 5.49 所示视图。

在这个窗口中可以进行地形的参数设置，包括：

(1) Terrain Width：全局地形总宽度，单位为 Unity 统一单位(m)。

(2) Terrain Height：全局地形允许的最大高度，单位为 m。

(3) Terrain Length：全局地形总长度，单位为 m。

(4) Heightmap Resolution：全局地形生成的高度图的分辨率。

(5) Detail Resolution：全局地形所生成的细节贴图的分辨率，数字越小性能越好。但是也要考虑质量。

(6) Control Texture Resolution：全局把地形贴图绘制到地形上时所使用的贴图分辨率。

(7) Base Texture Resolution：全局用于远处地形贴图的分辨率。

步骤 4：定制地形

如果有美术人员制作好的图，则可以直接导入，如图 5.50 所示。

单击 Import Raw Heightmap 按钮，选中需要的资源后，会弹出属性设置框，如图 5.51 所示。

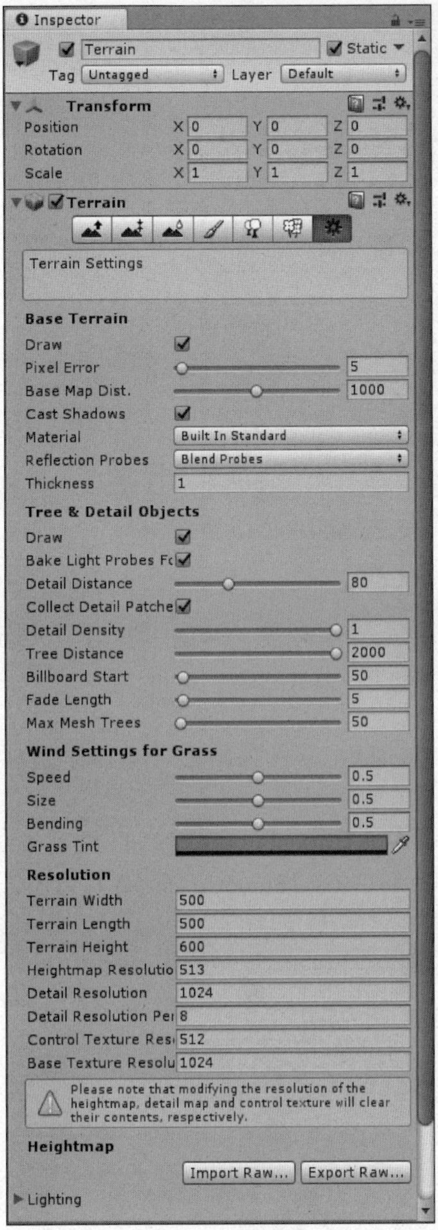

图 5.49　设置地形参数

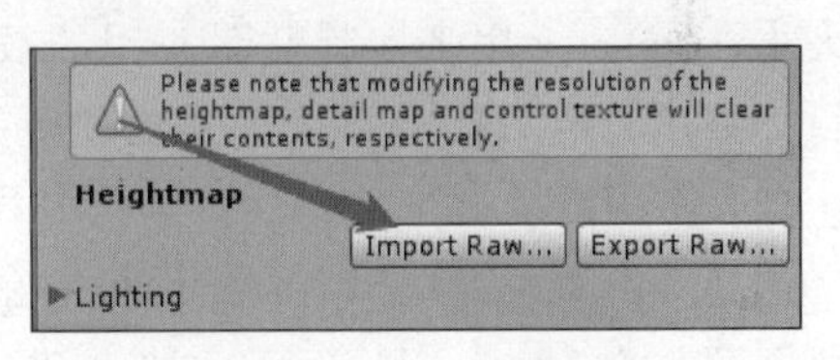

图 5.50　导入地形

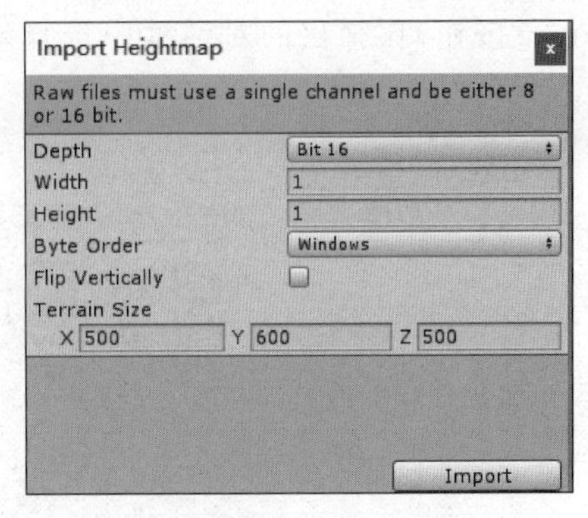

图 5.51　属性设置

步骤 5：绘制地形

(1) 在 Hierarchy 面板中选中地形。在 Inspector 视图中查看信息，以下 7 个横排按钮就是绘制地形工具，如图 5.52 所示。

Paint Texture 功能从左往右依次是提高和降低高度（此功能配合 Shift 键可以使地形瞬间平整），绘制目标高度、平滑高度，绘制地形，绘制树木，绘制花草，设置。

Brushes 区包含各种样式的笔刷，可以用来控制贴图和地形风格。

Details 区包含笔刷设置，可以通过 Edit Details 添加笔刷材质。Brush Size 用来控制笔

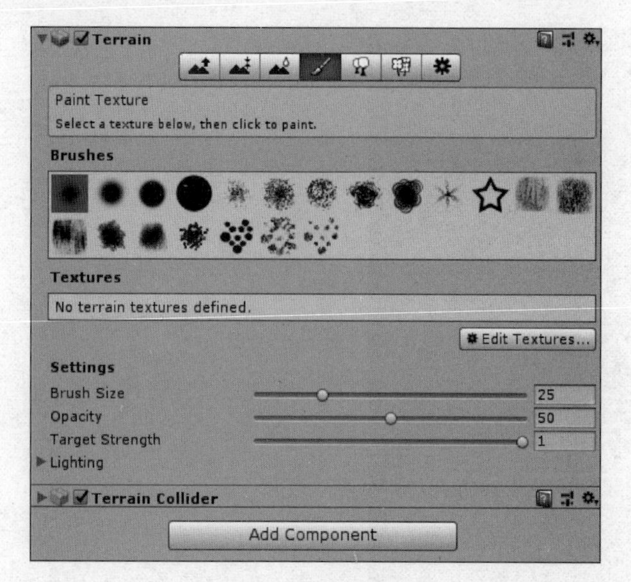

图 5.52　绘制地形工具

刷大小；Opacity 用来控制贴图使用的纹理的透明度或者说浓度；Target Strength 用来调整目标强度，强度越小，那么贴图纹理所产生的影响越小。

(2) 使用系统自带的材质为地形贴图。

创建 Terrain 后，在 Project 面板右击选择 Import Package→Terrain Assets(包含树木、绿草资源)，在 Hierarchy 面板中选中 Terrain。

在 Inspector 面板中的 Terrain 下选择笔刷。单击 Edit Texture 按钮，再单击 Add Texture 按钮，在弹出的对话框中选择左边的 Albedo(RGB)Smoothness(A)，如图 5.53 所示。

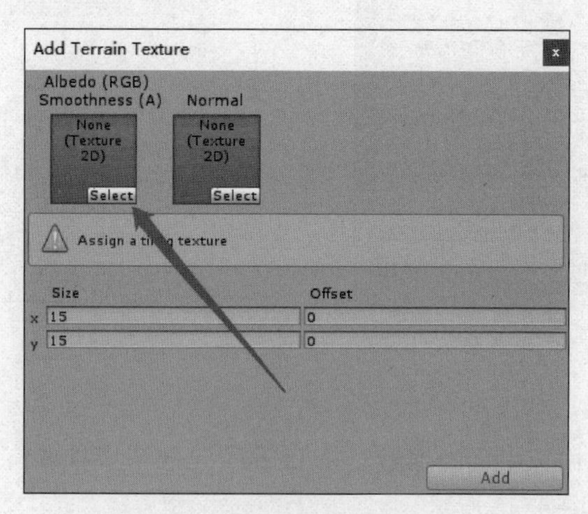

图 5.53　加入地形纹理

(3) 弹出材质列表，选择其中之一，根据地形贴上材质。第一次是完全覆盖，以后的导入材质不再覆盖首次的材质，可通过画笔控制进行材质覆盖。如图 5.54 所示，单击图 5.53 中的 Select 按钮后，选择一张图片。如果是第一张图片，将完全覆盖地形。

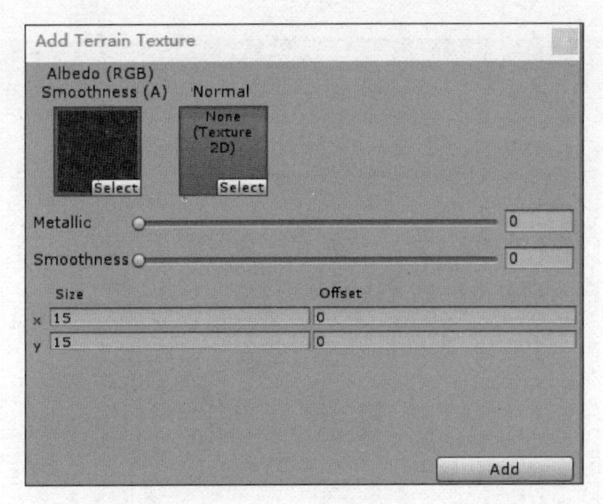

图 5.54　选择图片

(4) 选择图片。单击 Add 按钮后的效果如图 5.55 所示。

图 5.55　地形效果

例如要在地形图上绘制山脉,单击地形工具的第二个按钮,如图 5.56 所示,在 Brushes 中选择自己喜欢的风格,这里的 Height 设置为 100,然后单击 Flatten 按钮。整个地形的绘制只需要单击一次 Flatten 按钮。

这个时候用鼠标左键就可以在地形上绘制山脉了。要注意的是,这个时候 Height 默认值是 100(相当于平面),如果绘制山脉,可以手动输入数值大于 100 即可;如果要绘制深坑或者沟渠,输入的数值要低于 100,最低不能低于 0。也可以用 Height 右边的滑块来调节高度。效果图如图 5.57 所示。

可以看到,鼠标在地形上操作的时候,当高度或者深度达到 Height 值时,就会变成平面。改变 Height 的高度或者深度就可以继续操作了(注:若不想改变数值,不要单击 Flatten 按钮)。

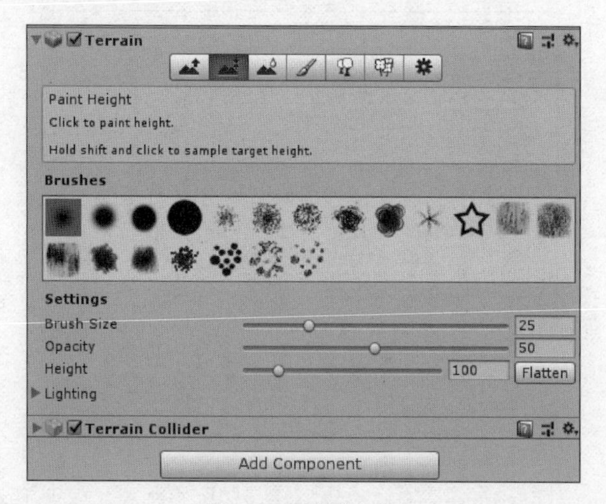

图 5.56　地形工具

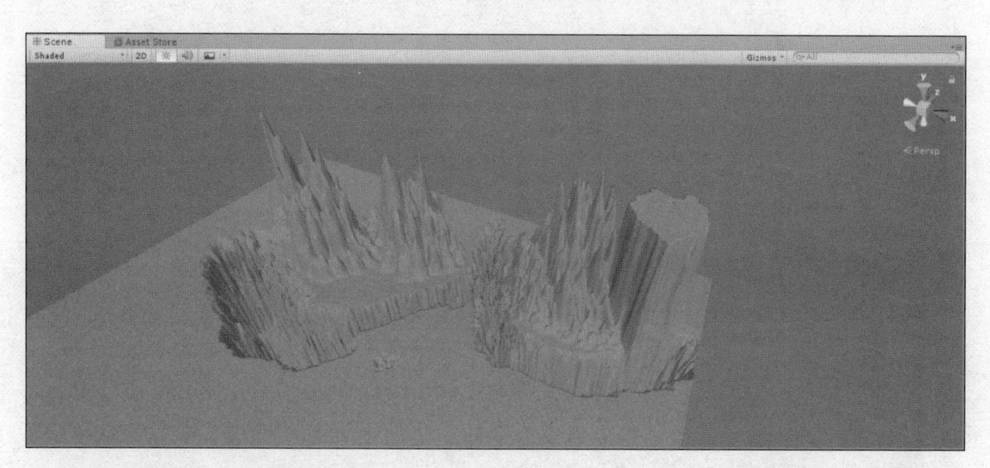

图 5.57　地形效果

绘制完山脉和沟渠后，如果想改变山体颜色，可以继续单击 Edit Textures 按钮。单击 Add Texture→Select→挑选图片。选完图片后再单击该图片，如图 5.58 所示。

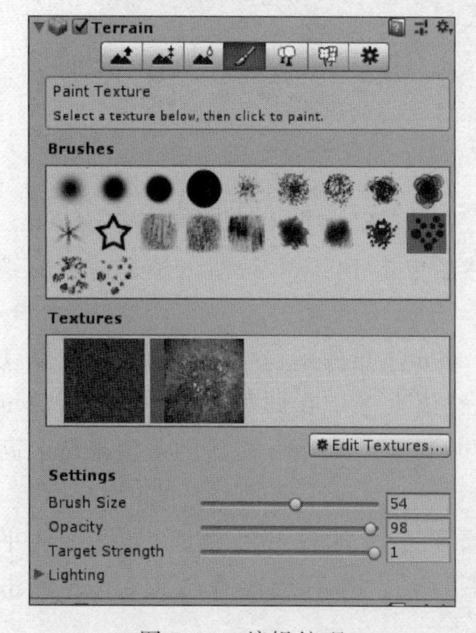

图 5.58　编辑纹理

由此可见，选中图片后，图片会呈现高亮状态。此时可给山脉添加颜色。因为不是第一张添加的图片，所以不会是全局图片，可以通过 Brush Size 调节上色范围和通过 Opacity 改变上色力度。山脉涂色效果如图 5.59 所示。

如图 5.59 所示，左边是 Opacity 值设为 5 后涂的，右边是值设为 90 后涂的，两者的颜色浓度是不一样的。如果想继续涂上不同的颜色，可以选择继续添加图片。另外，还可以通过改变 Target Strength 值改变纹理强度。

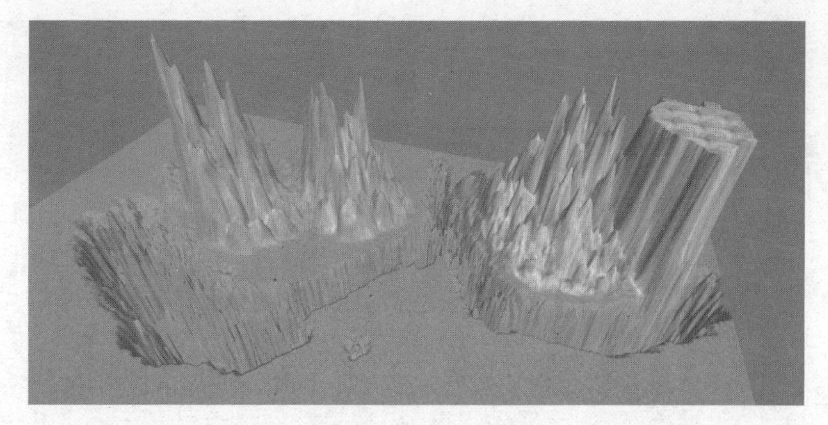

图 5.59　地形效果

(5) 删除图片的操作,如图 5.60 所示,单击 Remove Texture 按钮。

(6) 添加树木：在工具栏单击树木按钮。单击 Edit Tress→Add Tree 命令,弹出的对话框选择如图 5.61 所示,单击 Tree Prefab 右边的圆形按钮,可在里面选择自己喜欢的树木风格。

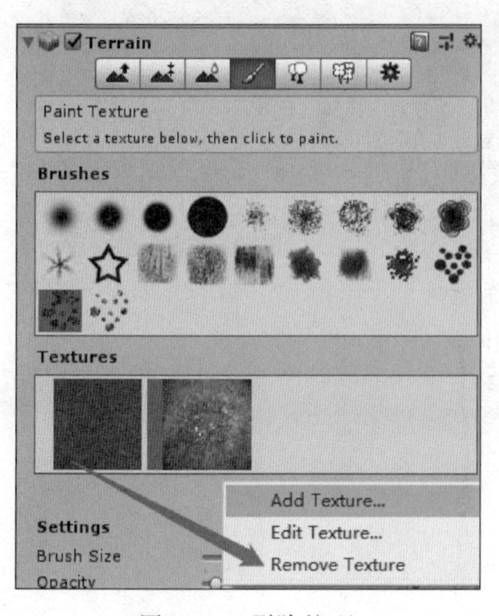

图 5.60　删除纹理

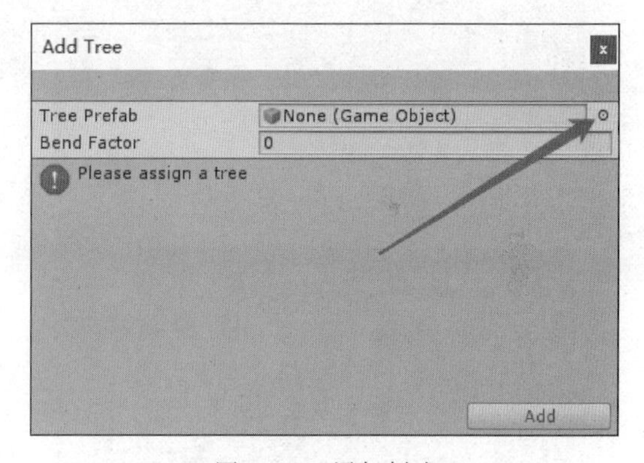

图 5.61　添加树木

然后在地形上单击,通过修改 Tree Density(树的密度)和 Brush Size(范围)改变种树的范围和大小,如图 5.62 所示。

关于 Tree 的 Settings 参数详解如下。

Bush Size：笔刷的半径,以地形单位 m 计算。

Tree Density：树木密度,值越大树木越多。

Color Variation：每棵树的颜色所能够使用的随机变量值。

Tree Height：树的基准高度。

Tree Height-Variation：树高的随机变量。

Tree Width：树的基准宽度。

Tree Width-Variation：树宽的随机变量。

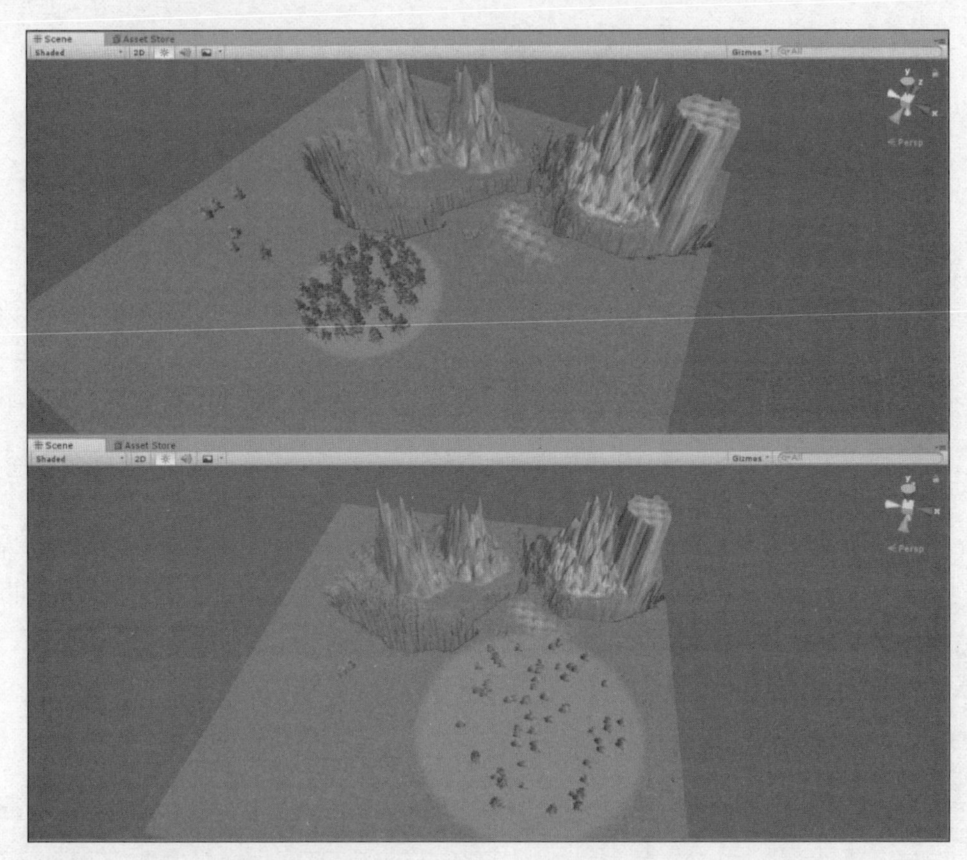

图 5.62　添加了树木的效果

(7) 添加草,如图 5.63 和图 5.64 所示。

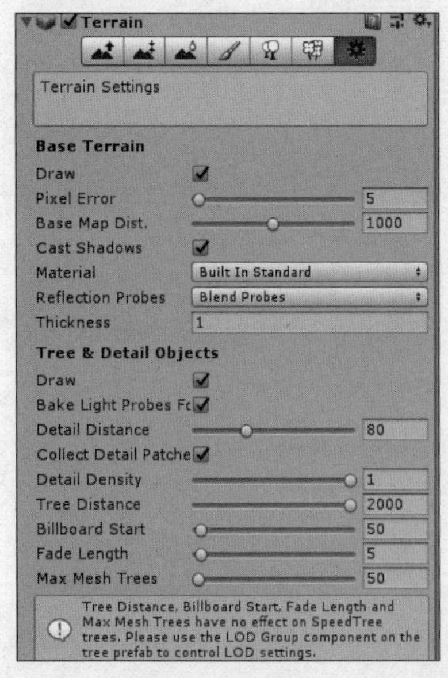

图 5.63　添加草

图 5.64　草地设置

以下 3 项都是地形基本渲染设置。

Pixel Error：像素误差，较高的值可能渲染较快，但是贴图可能不是非常精确。

Base Map Dist：若贴图到摄像机的距离超过此值，会使地形贴图以低分辨率显示。

Cast Shadows：让地形产生阴影，例如山峰产生的阴影。

以下 6 个参数为树木或者细节对象渲染参数设置。Draw 选项表示是否渲染除地形以外的对象。当需要在各种物体的地形上调整时，非常有用。

Detail Distance：当距摄像机超过这一距离时，细节停止显示。

Detail Density：详细密度。更细小的渲染粒度。

Tree Distance：当距摄像机的距离超过该值时，树木停止显示。

Billboard Start：当距摄像机的距离超过该值时，树木以广告牌形式开始显示。

Fade Length：树木从网格过渡到广告牌的距离。

Max Mesh Trees：使用网格形式进行渲染的最大树木数量。

以下 4 项为风力设置参数。

Speed：风吹过草地的速度。

Size：同一时间受到风影响草的数量。

Bending：草跟随风进行弯曲的强度。

Grass Tint：对于地形上使用的所有草和细节网格的总体渲染颜色。

单击 Edit Details→Add Grass Texture 命令后会弹出一个对话框，如图 5.65 所示。

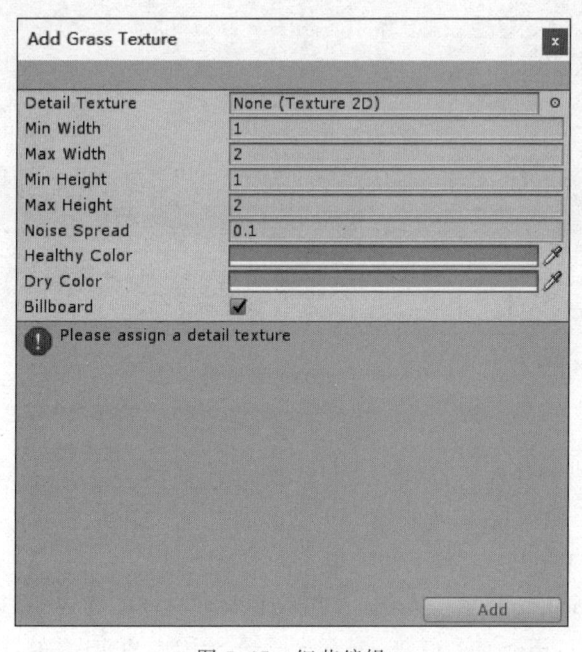

图 5.65　细节编辑

单击 Detail Texture 右边的圆形按钮，选择草的图片。草的图片如图 5.66 所示。

然后改变尺寸，单击 Add 按钮，效果如图 5.67 所示。

(8) 添加 Wind(风)：在 Hierarchy 面板上右击，选择 3D Object→Wind Zone 选项，如图 5.68 所示。

就可以看到树木和草随风摆动,形成很真实的三维场景效果。

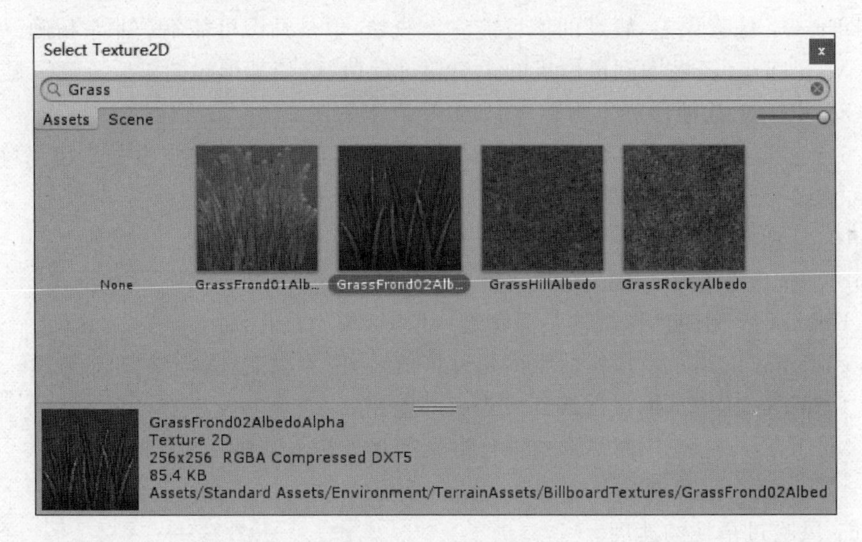

图 5.66 选择草纹理

图 5.67 添加了草地的效果

(9) 游戏体验。

如果想以第一人称视角体验,如图 5.69 所示,依次选择 Standard Assets→Characters→FirstPersonCharacter→Prefabs,找到第一人称控制器,将 FPSController 直接拖入场景中即可使用。也可以通过 Project 工程下的搜索功能直接查找。

这里的 FPSController 是第一人称控制器,上面有写好的脚本,可以直接用 W、A、S、D 按键控制前、后、左、右,用 Space 键跳,按着快捷键 Shift+W 加速跑,用鼠标控制朝向。如果想要改变速度,则选中 FPSController,查看 Inspector 中的脚本,对速度进行修改,如图 5.70 所示。

最后直接单击 Play 按钮运行,进行游戏体验。

这样,一个简单的游戏场景就完成了。

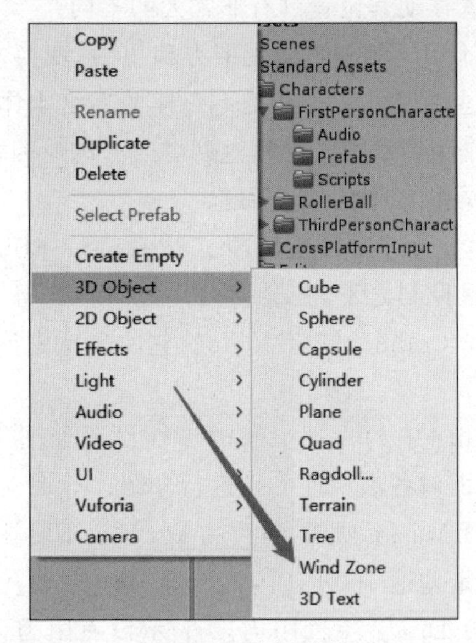

图 5.68　编辑风力

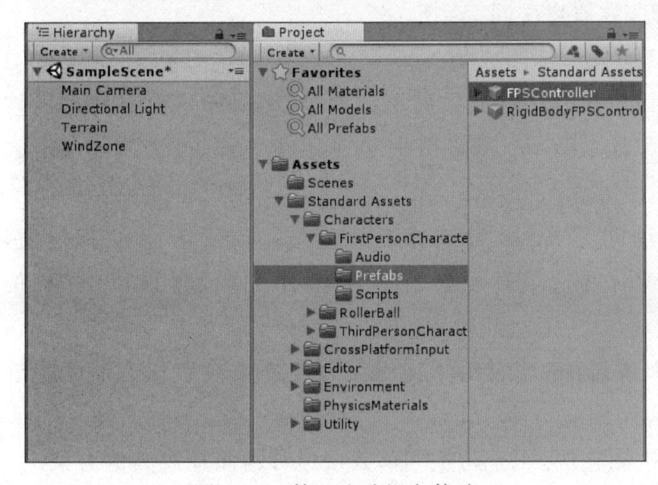

图 5.69　第一人称视角体验

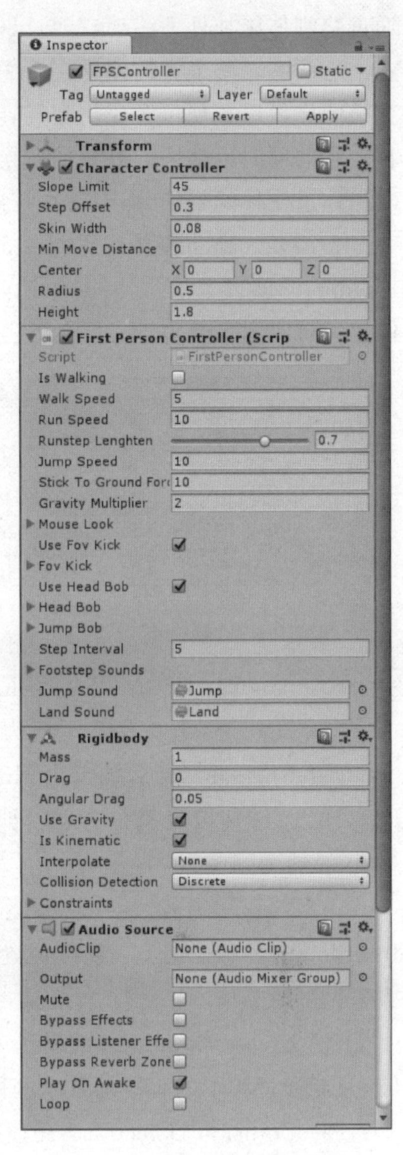

图 5.70　FPSController 设置

5.3　物理引擎

刚体能让游戏对象被物理引擎所控制，它能通过受到推力和扭力实现真实的物理表现效果。所有游戏对象必须包含刚体组件实现重力，并通过脚本施加力或者与其他对象进行交互，这一切都通过 NVIDIA 公司的 PhysX 物理引擎实现。

5.3.1　属性

刚体让你的游戏对象处于物理引擎的控制之下，从而实现真实碰撞及其他各种效果。

通过给刚体施加外力移动它，与以前的通过设置移动其位置具有非常大的不同。

这两者之间最大的差异在于力(Forces)的使用，刚体能接受推力和扭力，变换不可以。变换同样可以实现位置变化与旋转，但这与通过物理引擎实现是不一样的。给刚体施加力移动它的同时也会影响对象的变换数值，这也是为什么只能使用这两者之一的原因，如果同时操作了刚体的变换，那么在执行碰撞和其他操作的时候会出问题。

必须显式地将刚体组件添加到游戏对象上，通过选择菜单项 Component→Physics→Rigidbody 即可添加，之后对象就处于物理引擎控制之下，其会受到重力的影响而下落，也能够通过脚本来受力，不过可能还需要添加一个 Collider 或者 Joint 让它的表现更符合你的期望。

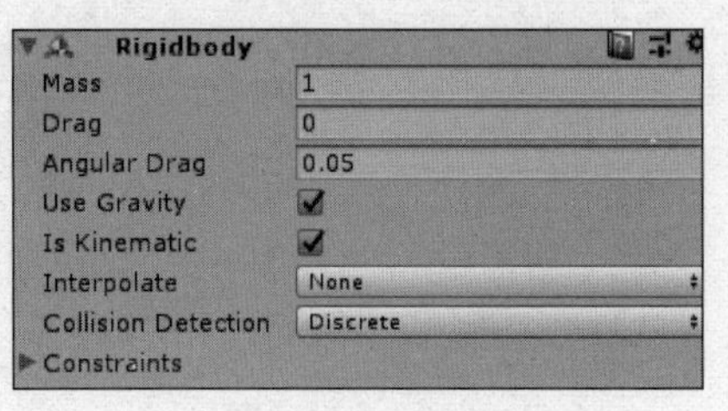

图 5.71　属性设置

Unity 中的物理引擎的属性设置如图 5.71 所示。下面对各项属性分别进行介绍。

(1) Mass：质量，单位为 kg，建议不要让对象之间的质量差达 100 倍以上。

(2) Drag：空气阻力，0 表示没有阻力，infinity 表示立即停止移动。

(3) Angular Drag：扭力的阻力，数值意义同上。

(4) Use Gravity：是否受重力影响。

(5) Is Kinematic：是否为 Kinematic 刚体，如果启用该参数，则对象不会被物理所控制，只能通过直接设置位置、旋转和缩放操作，一般用来实现移动平台，或者带有 Hinge Joint 的动画刚体。

(6) Interpolate：如果刚体运动时有抖动，尝试修改此参数，None 表示没有插值，Interpolate 表示根据上一帧的位置来做平滑插值，Extrapolate 表示根据预测的下一帧的位置来做平滑插值。

(7) Freeze Rotation：如果选中该选项，那么刚体将不会因为外力或者扭力而发生旋转，只能通过脚本的旋转函数来进行操作。

(8) Collision Detection：碰撞检测算法，用于防止刚体因快速移动而穿过其他对象。

(9) Constraints：刚体运动的约束，包括位置约束和旋转约束，勾选表示在该坐标上不允许进行此类操作。

5.3.2　详细描述

本节对其他在 Unity 中被使用的物理引擎属性进行详细描述。

(1) Parenting：当一个对象处于物理引擎控制之下时，它的运动将会与其父对象的移动半独立开。如果移动任意父对象，将会拉动刚体子对象。另外，刚体在重力及碰撞影响下还会下落。

(2) Scripting：控制刚体的方法主要是通过脚本来施加推力和扭力，通过在刚体对象上调用 AddForce()和 AddTorque()方法。再次注意，当使用物理引擎来控制刚体的时候，不要直接操作对象的变换数值。

(3) Animation：主要用于创建纸娃娃效果，完成在动画与物理控制之间的切换。可以将刚体设置为 Is Kinematic，当设置为 Kinematic 模式时，它将不再受到外力影响。这时只能通过变换方式来操作对象，但是 Kinematic 刚体还会影响其他刚体，但它自己不会再受物理引擎控制。例如，连在 Kinematic 刚体上的 Joints 还会继续影响连接的另一个非 Kinematic 刚体，同时也能够给其他刚体产生碰撞力。

(4) Colliders：碰撞体是另一类必须手动添加的组件，用来让对象能够发生碰撞。当两个刚体接触到一起的时候，除非两个刚体都设置了碰撞属性，否则物理引擎是不会计算它们的碰撞的。没有碰撞的刚体在进行物理模拟的时候将会简单地穿过其他刚体。

(5) Composed Colliders：由多个基本的碰撞体对象组合而成，形成一个独立的碰撞体对象。当你有一个复杂的模型，而又不能使用 Mesh Collider 的时候就可以使用组合碰撞体。

(6) Continuous Collision Detection：CCD 用来防止快速移动的物体穿过其他对象。

当使用默认的离散式碰撞检测时，如果前一帧对象在墙这一面，下一帧对象已到了墙的另一面，那么碰撞检测算法将检测不到碰撞的发生。若将该对象的碰撞检测属性设置为 Continuous，这时碰撞检测算法将会防止对象穿过所有的静态碰撞体；设置为 Continuous Dynamic 还将会防止穿过其他设置为 Continuous 或者 Continuous Dynamic 的刚体。CCD 只支持 Box、Sphere 和 Capsule 的碰撞体。

(7) Use The Right Size：当使用物理引擎的时候，游戏对象的大小比刚体的质量更重要。如果发现刚体的行为不是你所期望的，比如移动太慢、漂浮，或者不能正确地进行碰撞，可尝试修改模型的缩放值。Unity 的默认单位是 unit(1unit＝1m)，物理引擎的计算也是按照这个单位来的。例如，一个摩天大楼的倒塌与一个由积木搭成的玩具房子的倒塌是完全不一样的，因此不同大小的对象在建模时都应该按照统一的比例。

对于一个人类角色模型来说，假设他有 2m 高，可以创建一个默认高度为 1m 的 Box 来作为参照物，所以一个角色应该是 Box 的两倍高。当然，如果不能直接修改模型本身，也可以通过修改导入模型的缩放来调整比例。在 Project 面板中选中模型，调整其 Importer 属性，注意不是变换里的缩放。如果你的游戏需要实例化具有不同缩放值的对象，也可以调整变换里的缩放值，但是物理引擎在创建这个对象的时候会额外多做一点儿工作，这可能会影响其性能，但并不会太严重。同样要注意的是，如果这个对象具有父对象，non-uniform scales 也会引起一些问题。基于以上原因，尽量在制作模型的时候就按照 Unity 的比例来建模。

(8) Hints：两个刚体的相对质量决定它们在碰撞的时候将会如何反应。给刚体设置更大的质量并不会让它下降得更快，如果要实现这个目的，可使用 Drag 参数。低的阻力值使得对象看起来更重，反之更轻。典型的 Drag 值为 0.001(固体金属)～10(羽毛)。如果想同时使用变换和物理来控制对象，那么给它一个刚体组件并将其设置为 Kinematic。如果想通过变换来移动对象，同时又想收到对象的碰撞消息，那么必须给它一个刚体组件。

(9) Mass(质量)：在物理学中，质量越大，惯性越大。这里的单位可以自己统一规定，但是官方给出的建议是场景中的物体质量最好不要相差 100 倍以上，主要防止两个质量相差太大的物体碰撞后会产生过大的速度，从而影响游戏性能。

(10) Drag(阻力)：这里指的是空气阻力，当游戏物体受到某个作用力的时候，这个值越大越难移动。如果设置成无限的话，物体会立即停止移动。

(11) Angular Drag(角阻力)：同样指的是空气阻力，只不过是用来阻碍物体旋转的。如果设置成无限的话，物体会立即停止旋转。

(12) Use Gravity(使用重力)：勾选此项，游戏对象就会受到重力影响。

(13) Is Kinematic(是否动态)：勾选此项，表示游戏对象不受物理引擎的影响，但这不等同于没有刚体组件。这通常用于需要用动画控制的刚体，这样就不会因为惯性而受影响。

(14) Interplate(差值类型)：如果刚体移动时运动不是很平滑，可以选择以下一种平滑方式。

① None(无差值)：不使用差值平滑。

② Interpolate(差值)：根据上一帧来平滑移动。

③ Extrapolate(推算)：根据推算下一帧物体的位置来平滑移动。

(15) Collision Detection(碰撞检测方式)。

① Discrete(离散)：默认的碰撞检测方式。当物体 A 运动很快的时候，有可能前一帧还在 B 物体的前面，后一帧就在 B 物体后面了，这种情况下不会触发碰撞事件，所以如果需要检测这种情况，那就必须使用后两种检测方式。

② Continuous(连续)：这种方式可以与有静态网格碰撞器的游戏对象进行碰撞检测。

③ Continuous Dynamic(动态连续)：这种方式可以与所有设置了 2 或 3 方式的游戏对象进行碰撞检测。

(16) Freeze Position/Rotation(冻结位置/旋转)：可以对物体在 X、Y、Z 三个轴上的位置/旋转进行锁定，其不会受到相应的力而轻易改变，但可以通过脚本来修改。

(17) 最后顺便再提一下恒力组件(Constant Force)，由于比较容易理解在此就不做详细介绍了。恒力组件一共有 4 个参数，分别是 Force/Relative Force(世界/相对作用力)、Torque/Relative Torque(世界/相对扭力)。这些参数代表了附加在刚体上的 X、Y、Z 轴方向恒力的大小，另外还要注意必须是刚体才可以添加恒力。有兴趣可以自己尝试一下给物体一个 Y 轴方向的力，物体就会像火箭一样飞向天空。

5.3.3 碰撞器

碰撞体的类型包括以下 6 种。

(1) 盒子碰撞器：Box Collider。

(2) 球体碰撞器：Sphere Collider。

(3) 胶囊碰撞器：Capsule Collider。

(4) 网络碰撞器：Mesh Collider。

(5) 车轮碰撞器：Wheel Collider。

(6) 地形碰撞器：Terrain Collider。

在碰撞器之间可以添加物理材质，用于设定物理碰撞后的效果。添加完成后，它将开始相互反弹，反弹的力度是由物理材质决定的，如图5.72所示。

碰撞检测：两个游戏对象必须有Collider。对于双方都要检测的物体，至少其中一个必须是刚体。如果刚体是运动的，那么在双方都没有设置碰撞体的Is Trigger属性的时候，双方都可以通过OnCollisionEnter函数检测碰撞；如果至少一个碰撞体的Is Trigger被设置，那么双方可以通过OnTriggerEnter检测碰撞。

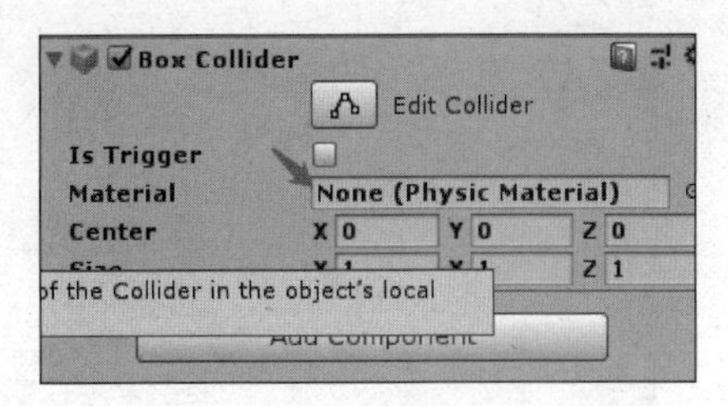

图5.72　碰撞检测设置

Is Trigger(触发器)：碰撞器的某一属性，用于判断是否使用触发器。

触发器事件：使用触发器时需在物体上绑定Rigibody(刚体)组件。若无刚体，那么碰撞触发事件为OnCollisionEnter()，若Is Trigger勾选之后碰撞触发事件为OnTriggerEnter()。

了解了相关的属性和组件后，下面用几个简单的例子讲解。

1. 跳跳球

(1) 首先在Hierarchy面板中右击，选择3D Object里面的地面Plane和Sphere，然后把Sphere调到适当的位置，如图5.73所示。

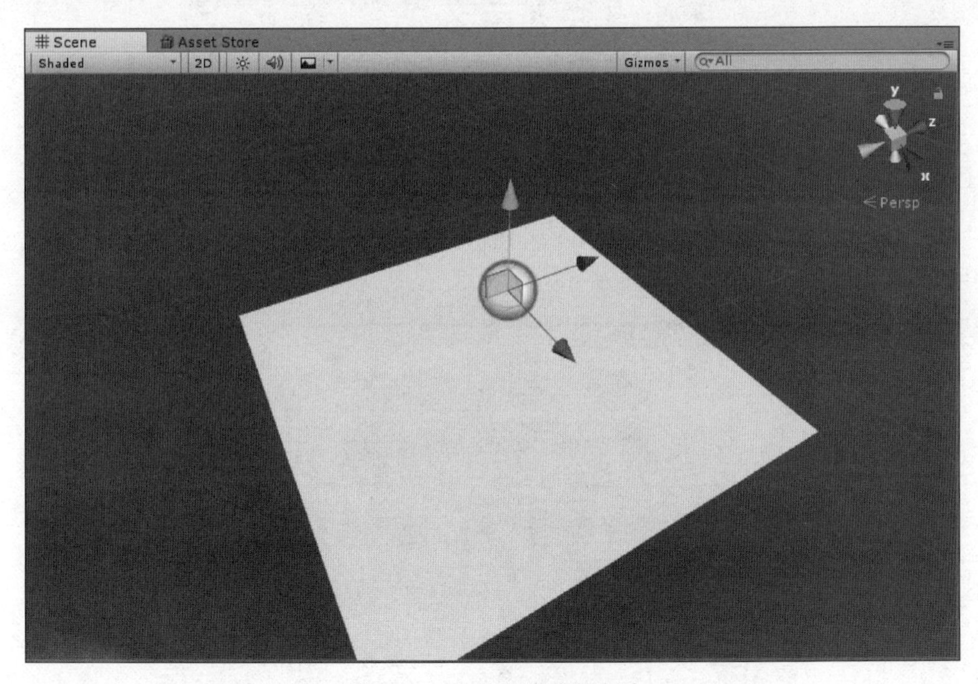

图5.73　跳跳球的碰撞检测

(2) 然后在Project工程中右击，新建物理材质球Physic Material，如图5.74所示。

① Dynamic Friction：动态摩擦力的值通常为0～1。值为0的效果像冰，而设为1时，物体运动将很快停止，除非有很大的外力或重力来推动它。

② Static Friction：静态摩擦力的值同样为0～1，用于表示物体在表面静止的摩擦力。当值为0时，效果像冰；当值为1时，物体移动十分困难。

③ Bounciness：表面的弹力(反弹系数)。0代表不反弹，1代表反弹将没有任何能量损失。

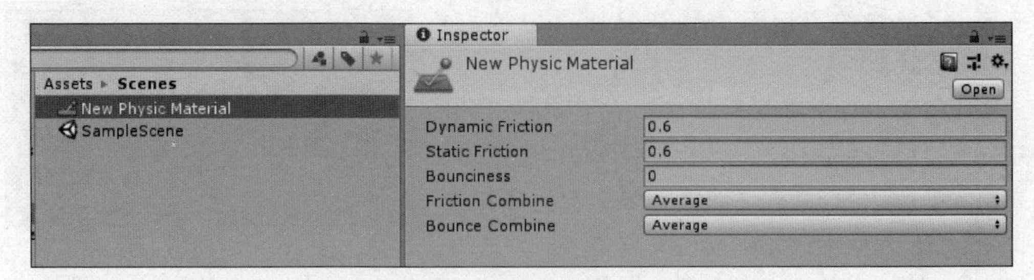

图 5.74　物理材质选择

④ Friction Combine：摩擦力结合模式。定义两个碰撞物体的摩擦力是如何结合起来并相互作用的。

反弹球的物理材质设置如图 5.75 所示。

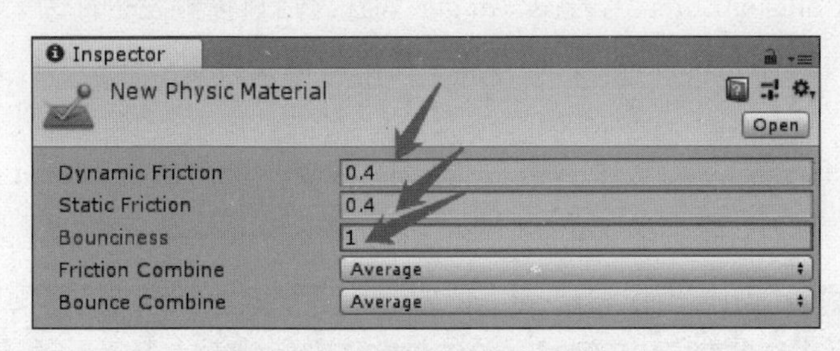

图 5.75　反弹球的物理材质设置

(3) 把物理材质球拖动给 Sphere，并且给 Sphere 添加一个刚体。添加刚体有以下两种方式。

第一种：选中要添加刚体的物体，在属性 Inspector 中找到 Add Component，单击后在搜索框里填入刚体名称，如图 5.76 所示。

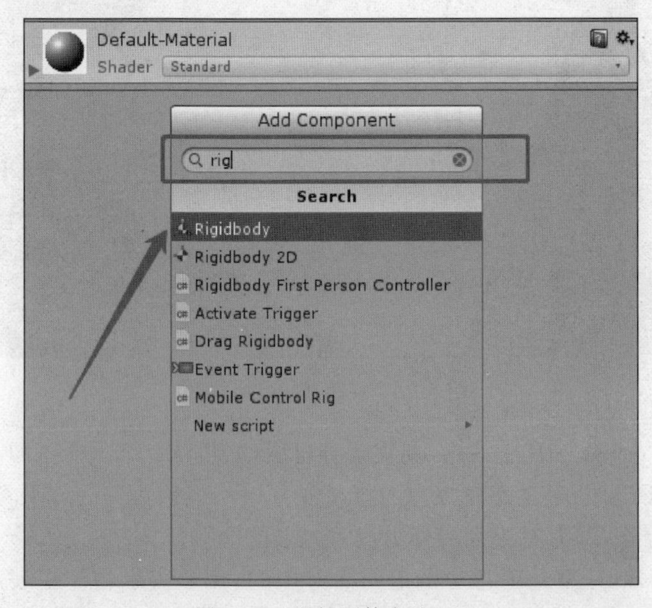

图 5.76　添加刚体方法(1)

第二种：选中要添加刚体的物体后，单击菜单栏 Component→Physics→Rigidbody 命令，如图 5.77 所示。

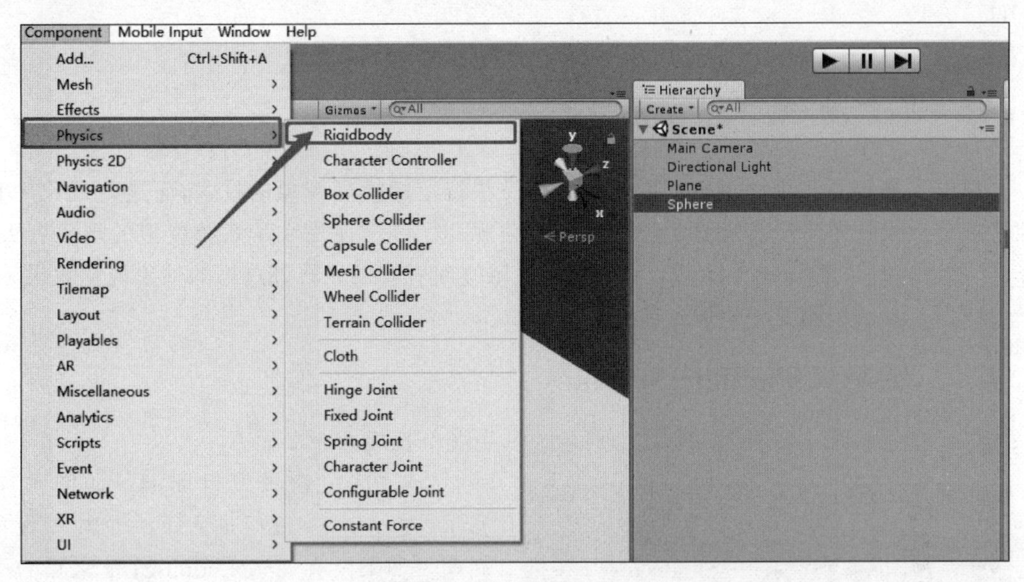

图 5.77　添加刚体方法(2)

(4) 添加完刚体后，物体就拥有了重力系统，这时单击 Play 按钮，物体就可以在地面 Plane 上跳动了。小球会不停地跳动，并且每次累加一定的量向上跳动。

2. 正方体和球体的碰撞

(1) 创建几个 Cube 和一个 Sphere，都添加上刚体 Rigidbody。其中一个作为斜坡使用，如图 5.78 所示。

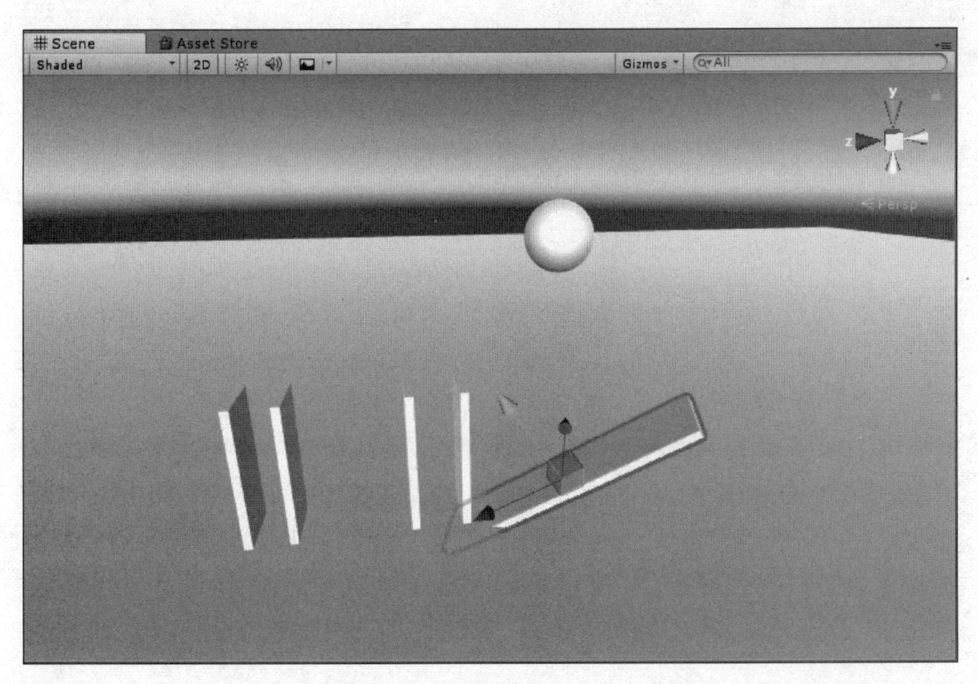

图 5.78　添加刚体方法(3)

(2) 单击 Play 按钮，运行后便会模拟现实生活中的碰撞。因为这些三维物体和地面 Plane 都带有 Box Collider、Capsule Collider 或 Mesh Collider 等属性，所以能产生碰撞效果。

5.4 粒子系统

粒子系统表示三维计算机图形学中模拟一些特定的模糊现象的技术，而这些现象用其他传统的渲染技术难以实现真实感的物理运动规律。经常使用粒子系统模拟的现象有火、爆炸、烟、水流、火花、落叶、云、雾、雪、尘、流星尾迹或者像发光轨迹这样的抽象视觉效果等。

在 Unity 的编辑器中集成了粒子系统模块。

5.4.1 主面板 Particle System

打开粒子系统主面板，如图 5.79 所示。其中各个选项的含义如下。

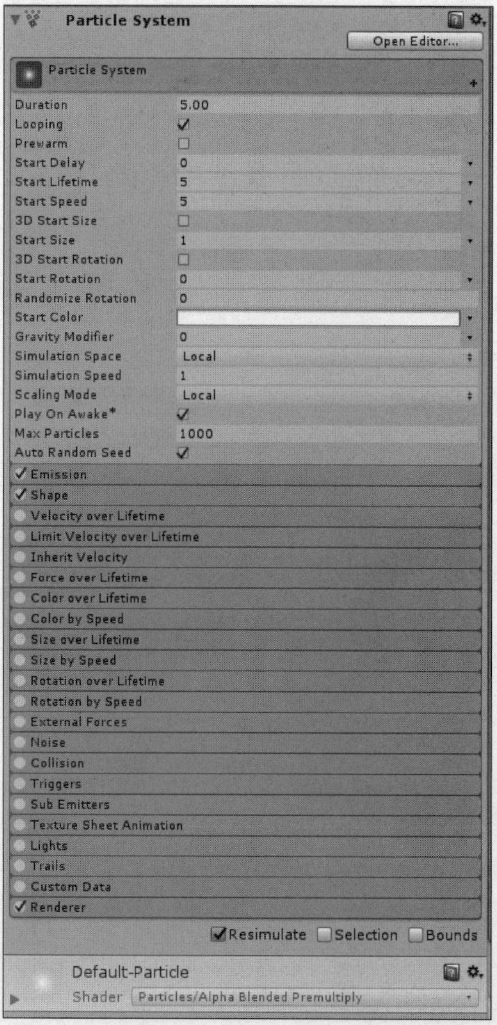

图 5.79 粒子系统主面板

Duration：粒子发射周期。如图 5.79 所示，在发射 5s 以后进入下一个粒子发射周期。如果没有勾选 Looping，5s 之后粒子会停止发射。

Looping：粒子按照周期循环发射。

Prewarm：预热系统。例如，有一个空间大小的粒子系统，若想在最开始的时候让粒子充满空间，但是粒子发射速度有限时，应该勾选 Prewarm。

Start Delay：粒子延时发射。勾选后，延长一段时间才开始发射。

Start Lifetime：粒子从发生到消失的时间长短。

Start Speed：粒子初始发生时的速度。

3D Start Size：用于粒子在某一个方向上的扩大。

Start Size：粒子初始的大小。

3D Start Rotation：用于粒子在某一个方向上的旋转。

Start Rotation：粒子初始旋转。

Randomize Rotation：随机旋转粒子方向。在三维圆形粒子的情况下，无用处。

Start Color：粒子初始颜色，可以调整加上渐变色。

Gravity Modifier：重力修正。

Simulation Space：设为 Local，此时粒

子会跟随父级物体移动；设为 World，此时粒子不会跟随父级移动；设为 Custom，粒子会跟着指定的物体移动。

Simulation Speed：根据 Update 模拟的速度。

5.4.2 Emission 模块

在上述主面板中，包含一个 Emission 模块，它的各个选项的含义如下。

Rate Over Time：单位时间内生成粒子的数量。

Rate Over Distance：随着移动距离产生的粒子数量。只有当粒子系统移动时，才发射粒子。

Time：从第几秒开始。

Min：最小粒子数量。

Max：最大粒子数量。粒子的数量会在 Min 与 Max 之间随机设置。

Cycles：在一个周期中循环的次数。

Interval：两次 Cycles 的相隔时间。

粒子发射模块的示意图，如图 5.80 所示。

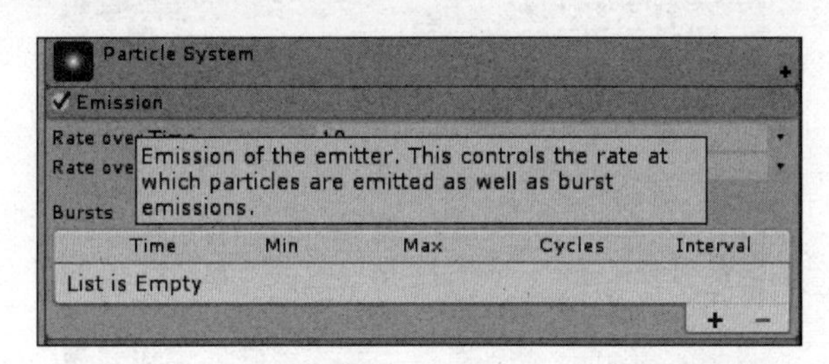

图 5.80　发射模块

如果使用 Trails 模块，必须在 Renderer 中给 Trail Material 赋值。

Ratio：分配给某个粒子拖尾的概率。

Lifetime：存在拖尾的时间间隔。

Minimum Vertex Distance：定义粒子在其 Trail 接收到新顶点之前必须行进的距离。接受新顶点以为其重新定位 Trail。

Texture Mode：以下选项设置纹理模式。

World Space：如果选用，即使应用 Local Simulation Space，Trail 顶点也不会随着粒子系统的物体移动。同时，Trail 会进入世界坐标系，且忽略任何粒子系统的移动。

Die with Particles：Trail 跟随粒子系统销毁。

Size affects Width：如果勾选的话，Trail 的宽度会乘以粒子系统的尺寸。

Size affects Lifetime：Trail 的 Lifetime 乘以粒子系统的尺寸。

Inherit Particle Color：Trail 的颜色会根据粒子的颜色调整。

Color over Trail：用于控制 Trail 在曲线上的颜色。

Width over Trail：用于控制 Trail 在曲线上的宽度。

Trails 模块如图 5.81 所示。

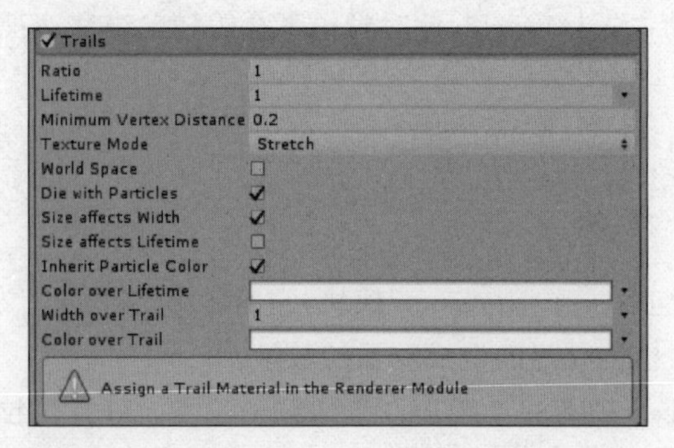

图 5.81　Trails 模块

5.4.3　粒子系统参数设置

粒子系统的参数主要是定义粒子发射器的形状，控制发射方向位置等。粒子发射器的形状(Shape)包括球体(Sphere)、半球体(Hemisphere)、圆锥(Cone)、立方体(Box)、网格(Mesh)。可沿着表面法线或随机方向施加初始力。设置界面如图 5.82 所示。

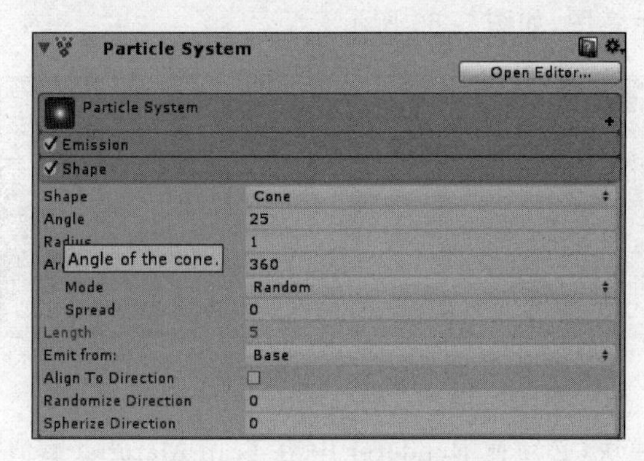

图 5.82　粒子系统参数设置

下面分别对不同形状的粒子发射器的参数设置进行介绍。

1. 球体(Sphere)

Radius：球体的半径。

Emit from Shell：从球体外壳发射。如果禁用此项，粒子将从球体内部发射。

Align To Direction：是否沿着球体表面法线方向发射。

Randomize Direction：粒子是在随机方向还是沿着球体表面法线方向发射。

2. 半球体(Hemisphere)

Radius：半球体的半径。

Emit from Shell：从半球体外壳发射。如果禁用此项，粒子将从半球体内部发射。

Randomize Direction：随机方向，粒子是在随机方向还是沿着半球体表面法线方向发射。

3. 圆锥(Cone)

Angle：锥形斜面和垂直方向的夹角。如果角度为 0 就是圆柱，粒子将在一个方向发射。

Radius：发射点的半径(锥形底面的半径)。如果值接近零，则将从一点发射。

Length：圆锥的高——地面和顶面的距离。受 Emit From 参数影响，仅从内部

(Volume)或内部外壳(Volume Shell)发出时可用。

Emit from：确定从哪里发射出。可能的值有底部(Base)、底部外壳(Base Shell)、内部(Volume)和内部外壳(Volume Shell)。

Base：粒子从圆锥体底面的任意位置沿着体积方向发射出去。

Base Shell：从地面的周长边沿着侧表面的方向发射。

Randomize Direction：随机方向。

4. 立方体(Box)

Box X：立方体 X 轴，立方体 X 轴的缩放。

Box Y：立方体 Y 轴，立方体 Y 轴的缩放。

Box Z：立方体 Z 轴，立方体 Z 轴的缩放。

Randomize Direction：随机方向，粒子是在随机方向还是沿着立方体 Z 轴方向发射。

5. 网格(Mesh)

Type：发射类型，粒子可从顶点(Vertex)、边(Edge)或面(Triangle)发射。

Mesh：网格选择，即发射形状。

Velocity over Lifetime：生命周期内的速度。直接动画化粒子的速率，演示简单的视觉行为(例如飘荡的烟雾)，分为 X、Y、Z 轴来调节，正数改变正方向的速度，负数改变负方向的速度。

Space：Local/World，速度值为本地坐标系还是世界坐标系中的值。

Limit velocity over lifetime：生命周期内的速度限制，基本上用于模拟阻力。如果超过设定的限定速度，就会抑制或固定速率。

Separate Axis：分离轴。用于设置每个轴控制。

Speed：限制的速度。

Dampen：阻尼，范围为 0～1，控制应减慢的超过速率的幅度。例如，阻尼为 1 的时候，表示生命周期结束的时候，将超过的速率减慢为 0，也就是速度降到限定的速度；当值为 0.5 的时候，则将超过的速率减慢至原来的一半。

5.4.4 粒子动画

对粒子动画的设置，如图 5.83 所示。

Grid：用网格实现。

Sprite：通过相同尺寸的 Sprite 实现粒子动画。

Tiles：网格的行列数。

Animation：以下选项设置动画效果。

Whole Sheet：动画作用于整个表格。

Single Row：动画只用于单独一行。有一个随机的选项可以选择或者是选择单独的一行来作动画。

Frame over Time：根据时间播放帧，横坐标是时间(s)，纵坐标是帧数。

Start Frame：开始帧。

Cycles：在 1s 之内循环播放的次数。

Flip U：翻转 U。

Flip V：翻转 V。

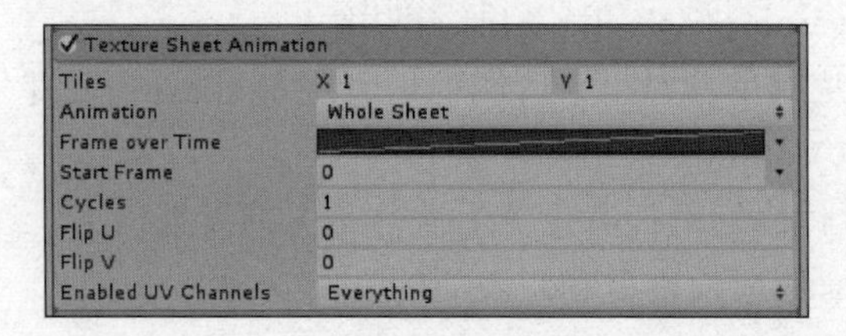

图 5.83　粒子动画

5.4.5　碰撞检测

粒子系统的碰撞行为包括两种：跟平面碰撞，跟世界里的物体碰撞。

现在以平面碰撞为例进行介绍。

在图 5.84 中单击右面的+按钮可添加一个 Plane 碰撞体，在 Hierarchy 视图中粒子系统的子物体中出现。对平面碰撞的参数设置如下。

Visualization：选择碰撞体出现的形式。

Grid：Scene 视图中可以看到网格，Game 视图中什么也没有。

Solid：Scene 和 Game 视图中都会看到一个平面。

Scale Plane：碰撞体的大小。

Visualize Bounds：是否显示粒子的碰撞体。

Dampen：阻尼(取值 0～1，值为 1 时，粒子被吸附在碰撞体面上)。

Bounce：弹力系数。

Lifetime Loss：碰撞后粒子损失多少生命时间。

Min Kill Speed：粒子碰撞损失多少速度。

Radius Scale：碰撞偏移(值越大，粒子与碰撞体发生碰撞的点越远离碰撞体)。

Send Collision Message：是否发送碰撞事件。

5.4.6　新建粒子发射器

用于设置粒子生命过程中是否产生新的发射器。

在图 5.84 中单击右面的+按钮便可以新建粒子发射器，在 Hierarchy 视图中粒子系统的子物体中出现，可以像一个新的粒子系统一样去编辑。单击圆圈可选择已创建好的粒子系统。

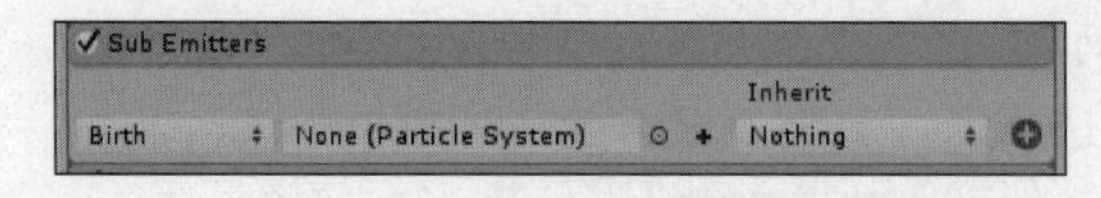

图 5.84　粒子发射器设置

在新建的粒子发射器设置界面可以做如下设置。

Color：设置颜色。

Speed Range：速度的取值范围(在这个区间里的速度分别对应上面的颜色)。

Size over Lifetime：粒子生命周期中的大小模块(基本操作与颜色一样)。

Size by Speed：粒子大小随速度的变化模块(基本操作与颜色一样)。

Rotation over Lifetime：粒子生命周期中的旋转模块(基本操作与颜色一样)。

Rotation by Speed：粒子的旋转随速度的变化模块(基本操作与颜色一样)。

Inherit Velocity：继承速度(基本不用)。

External Forces：外部作用力模块(可控制风域的倍增系数)。

Color by Speed：用于设置粒子在整个生命周期中颜色的变化，基本操作与 Start Color 一样，如图 5.85 所示。

图 5.85　设置颜色

Force over Lifetime：设置粒子在 X、Y、Z 轴的力，如图 5.86 所示。其中，Space 表示坐标系。力是有加速度的，所以粒子的速度不同于 Velocity over Lifetime 模块速度固定，而是变化的，所以可用于模拟风。

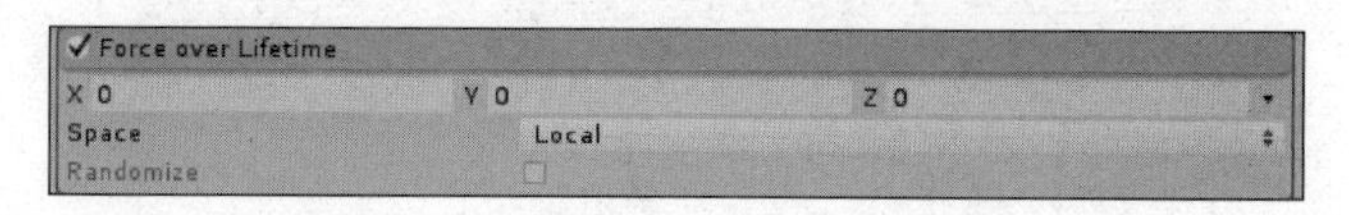

图 5.86　设置粒子在 X、Y、Z 轴的力

Limit Velocity over Lifetime 设置粒子在 X、Y、Z 轴的速度，如图 5.87 所示。

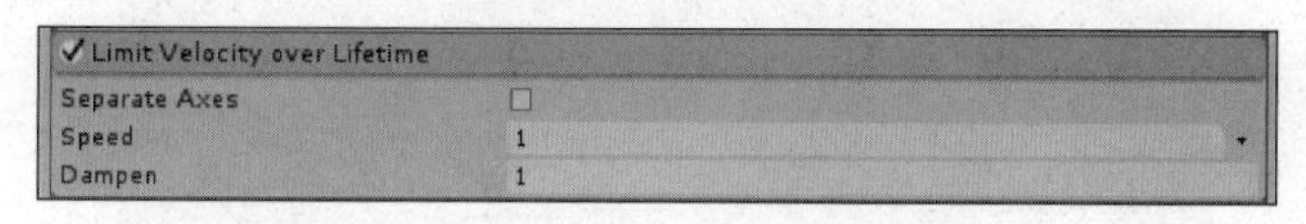

图 5.87　设置粒子在 X、Y、Z 轴的速度

(1) Separate Axes：是否限制轴的速度。

(2) Speed：粒子的发射速度。

(3) Dampen：阻尼(取值为 0～1)。

5.4.7　粒子系统实例

下面通过一个实例练习新建一个粒子系统。

首先在 Hierarchy 中右击，单击 Particle System 选项，然后在 Inspector 面板中修改相关参数，Start Size 和 Start Color 分别修改为 0.5 和绿色，如图 5.88 所示。

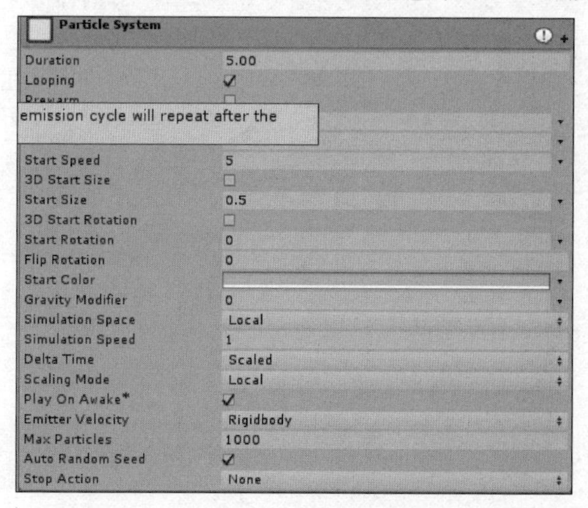

图 5.88　设置粒子渲染模式(1)

在 Shape 中选择 Hemisphere（当然也可以选择自己喜欢的形状，修改出更美的效果），如图 5.89 所示。

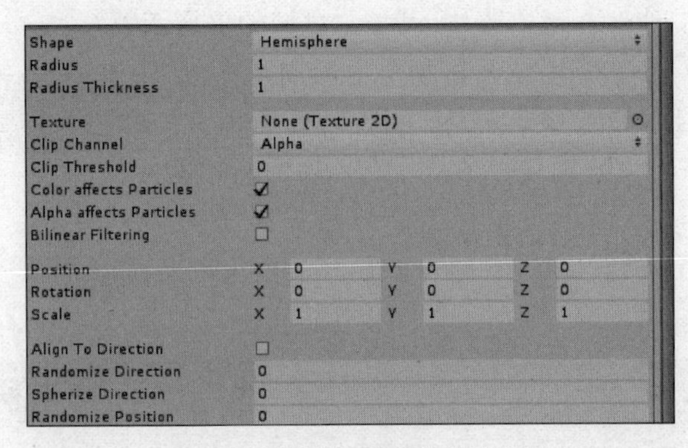

图 5.89　设置粒子渲染模式(2)

Color over Trail 选择绿色，如图 5.90 所示。

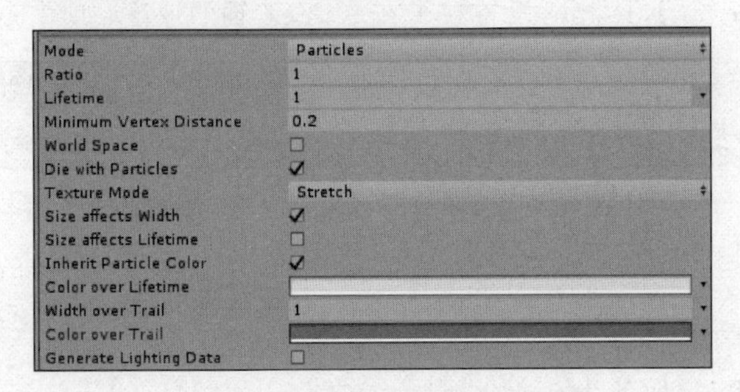

图 5.90　设置粒子渲染模式(3)

然后在 Project 工程中创建一个材质球 Material，并改变其 Shader 类型，如图 5.91 所示。

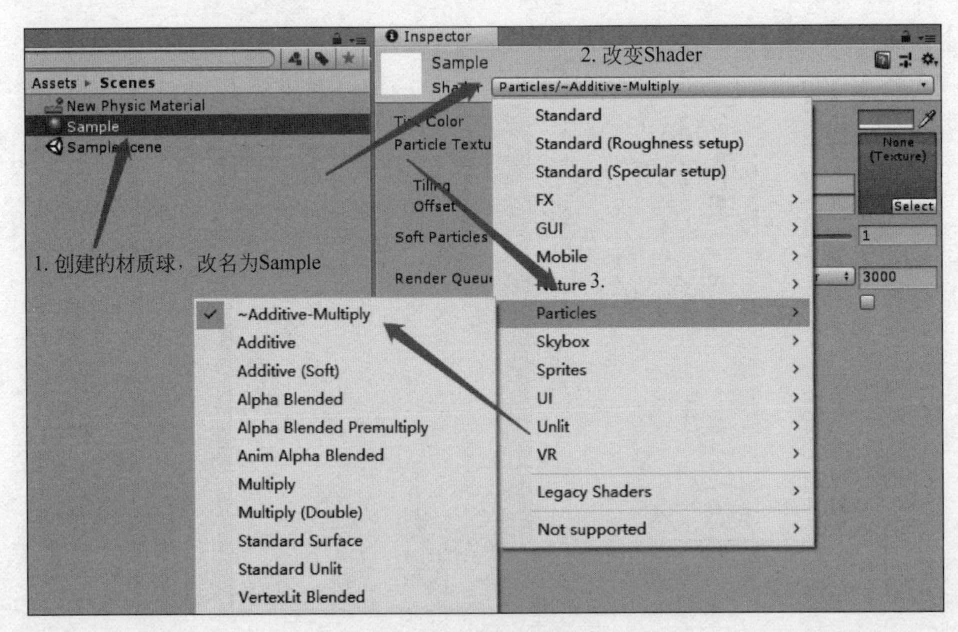

图 5.91　设置粒子渲染模式(4)

修改完后设置为相应的粒子系统。这样就可以修改粒子系统 Trail 的颜色了。效果如图 5.92 所示。

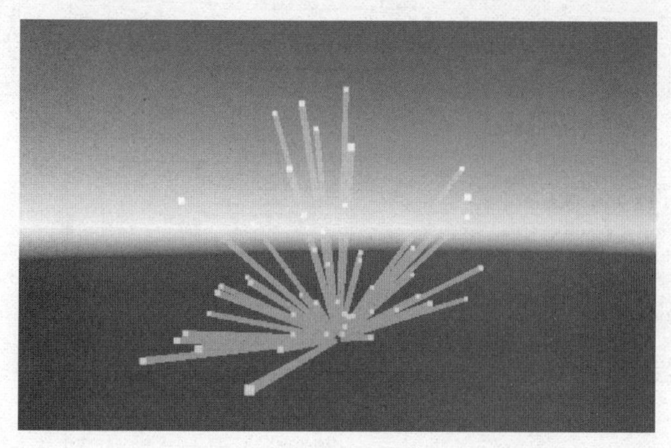

图 5.92　设置粒子渲染效果

5.5　Unity 脚本

脚本是一款游戏的灵魂。Unity 3D 脚本用于界定用户在游戏中的行为，是游戏制作中不可或缺的一部分，它能实现各个文本的数据交互并监控游戏运行状态。

5.5.1　按顺序创建脚本

在了解 Unity 脚本之前，先看看官方给的创建脚本的顺序表格，如图 5.93 所示。

按照这个脚本的创建顺序，首先创建三个 Cube，如图 5.94 所示。

再创建三个脚本，选择 Create→C# Script 命令，如图 5.95 所示。

效果如图 5.96 所示。

可以看出，不管运行多少次，执行顺序是不会改变的。接着再做一个测试，把 Exec 的 Update()方法注释，运行后效果如图 5.97 所示。

Exec 即便删除了 Update()方法，它也不会直接执行 LateUpdate()方法，而是等待 Exec1 和 Exec2 中的 Update()方法都执行完毕以后，再去执行所有的 LateUpdate()方法。

通过这两个例子，就可以很清楚地断定 Unity 后台是如何执行脚本的。每个脚本的 Awake()、Start()、Update()、LateUpdate()、FixedUpdate()等，所有的方法在后台都会被汇总到一起。

```
后台的 Awake()
{
//这里暂时按照图 5.93 中的脚本执行顺序,后面会谈到其实可以自定义该顺序
脚本 2 中的 Awake();
脚本 1 中的 Awake();
脚本 0 中的 Awake();
}
```

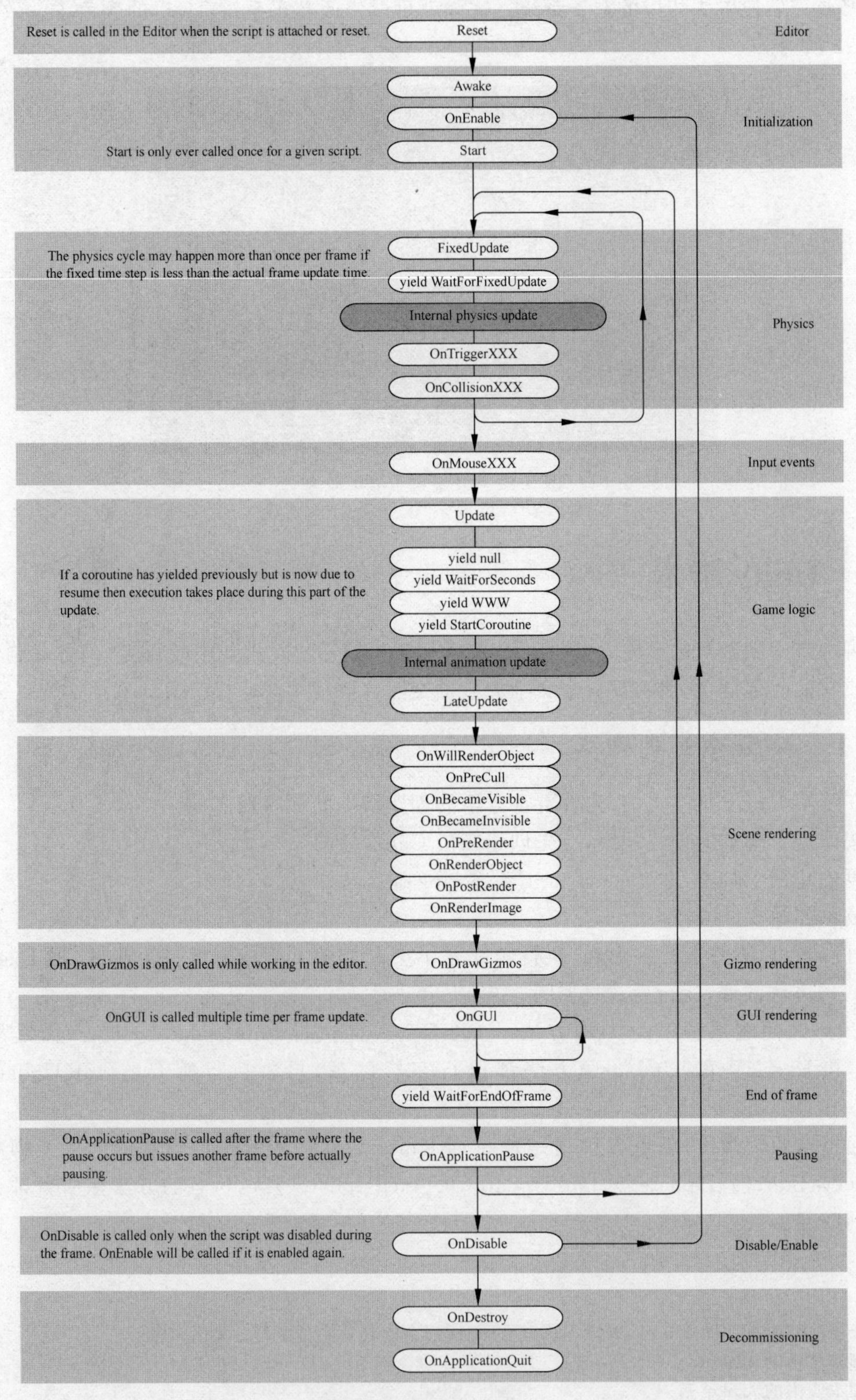
Reset is called in the Editor when the script is attached or reset.
Reset
Editor
Awake
OnEnable
Start is only ever called once for a given script.
Start
Initialization
The physics cycle may happen more than once per frame if the fixed time step is less than the actual frame update time.
FixedUpdate
yield WaitForFixedUpdate
Internal physics update
OnTriggerXXX
OnCollisionXXX
Physics
OnMouseXXX
Input events
Update
If a coroutine has yielded previously but is now due to resume then execution takes place during this part of the update.
yield null
yield WaitForSeconds
yield WWW
yield StartCoroutine
Internal animation update
LateUpdate
Game logic
OnWillRenderObject
OnPreCull
OnBecameVisible
OnBecameInvisible
OnPreRender
OnRenderObject
OnPostRender
OnRenderImage
Scene rendering
OnDrawGizmos is only called while working in the editor.
OnDrawGizmos
Gizmo rendering
OnGUI is called multiple time per frame update.
OnGUI
GUI rendering
yield WaitForEndOfFrame
End of frame
OnApplicationPause is called after the frame where the pause occurs but issues another frame before actually pausing.
OnApplicationPause
Pausing
OnDisable is called only when the script was disabled during the frame. OnEnable will be called if it is enabled again.
OnDisable
Disable/Enable
OnDestroy
OnApplicationQuit
Decommissioning

图 5.93　脚本创建顺序

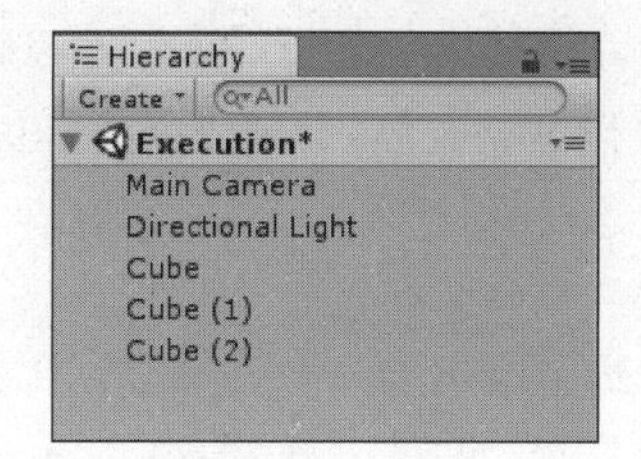

图 5.94　创建三个 Cube

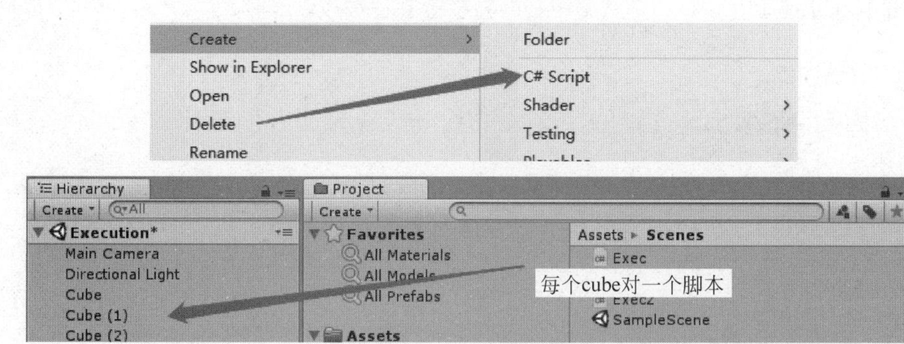

图 5.95　创建三个脚本

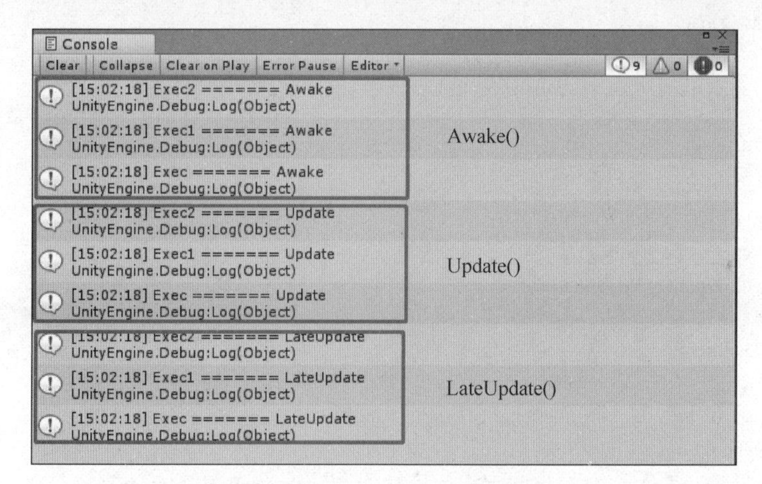

图 5.96　创建三个脚本后的效果

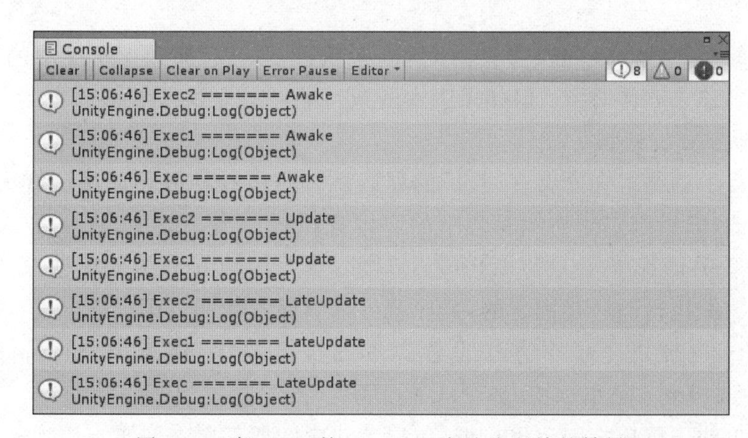

图 5.97　把 Exec 的 Update()方法注释掉的结果

后台的方法 Awake、Update、LateUpdate 等，都是按照顺序，等所有游戏对象上脚本中的 Awake 执行完毕之后，再去执行 Start、Update、LateUpdate 等方法的。

```
后台的 Update( )
{
//这里暂时按照图 5.93 中的脚本执行顺序,后面会谈到其实可以自定义该顺序
脚本 2 中的 Update();
脚本 1 中的 Update();
脚本 0 中的 Update();
}
```

5.5.2 执行顺序

现在考虑实现这样一种情况：在脚本 0 的 Awake()方法中创建一个立方体对象，然后在脚本 2 的 Awake()方法中去获取这个立方体对象。代码如下。

```
using UnityEngine;
using System.Collections;
public class Exec : MonoBehaviour
{
    void Awake()
    {
        GameObject.CreatePrimitive(PrimitiveType.Cube);
    }
}
//Exec2.cs
using UnityEngine;
using System.Collections;
public class Exec2 : MonoBehaviour
{
    void Awake()
    {
        GameObject go = GameObject.Find("Cube");
        Debug.Log(go.name);
    }
}
```

如果脚本的执行顺序是先执行 Exec，然后再执行 Exec2，那么 Exec2 中的 Awake 就可以正确地获取到该立方体对象；但如果脚本的执行顺序是先执行 Exec2，然后是 Exec，那么 Exec2 肯定会报空指针错误。

在实际项目中的脚本会非常多，它们的先后执行顺序往往并不明确。有人认为是按照栈结构来执行的，即后绑定到游戏对象上的脚本先执行。但一般地，建议在 Awake()方法中创建游戏对象或 Resources.Load(Prefab)对象，然后在 Start()方法中获取游戏对象或者组件。事件函数的执行顺序是固定的，这样就可以确保万无一失了。

另外，Unity 也提供了一个方法设置脚本的执行顺序，在 Edit→Project Settings→Script Execution Order 菜单项中，如图 5.98 所示。

单击右下角的＋按钮将弹出下拉框，包括游戏中的所有脚本。脚本添加完毕后，可以用

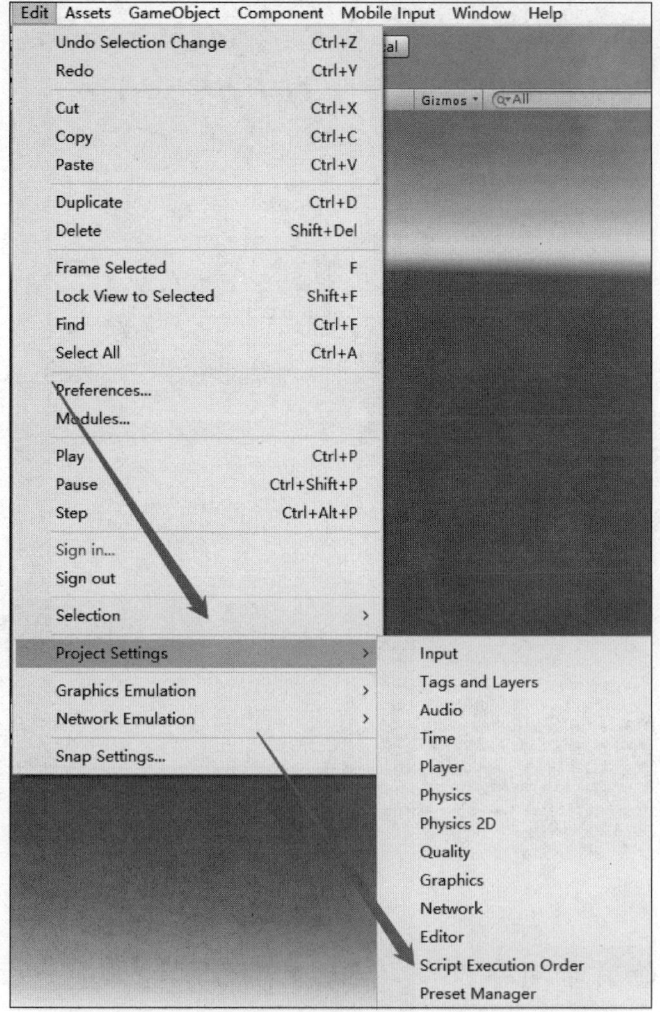

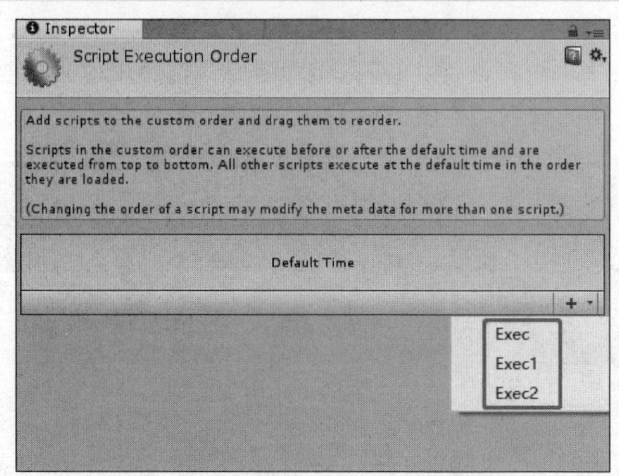

图 5.98　Inspector 面板

鼠标拖动脚本来为脚本排序，脚本名后面的数字越小，脚本越靠上，越先执行。其中，Default Time 表示没有设置脚本执行顺序的那些脚本的执行顺序，如图 5.99 所示。

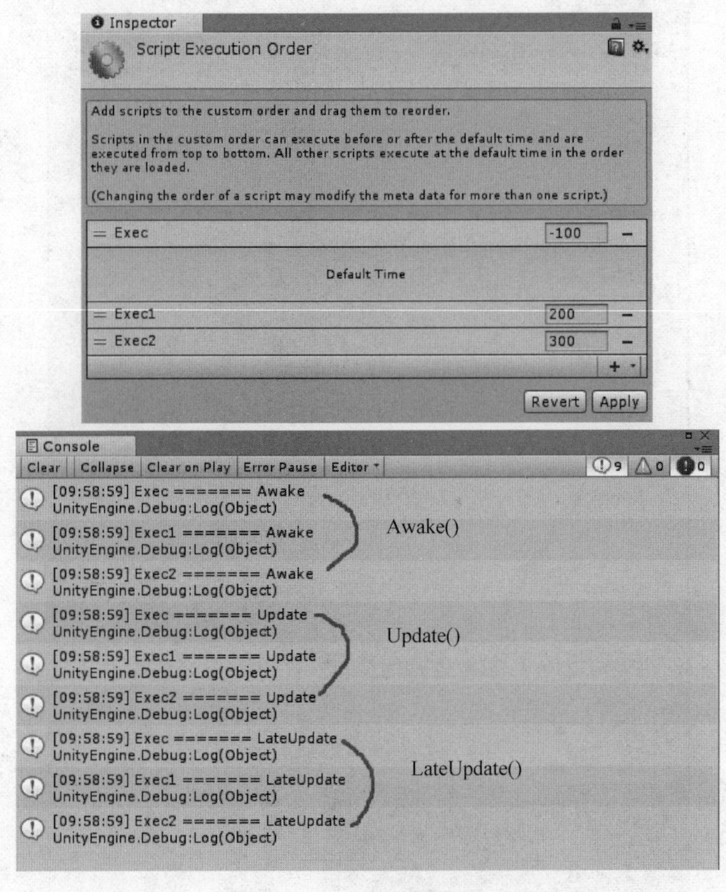

图 5.99 为脚本排序

5.5.3 脚本的编译顺序

由于脚本的编译顺序会涉及特殊文件夹，比如上面提到的 Plugins、Editor 还有 Standard Assets 等标准的资源文件夹，所以脚本的放置位置就非常重要了。下面用一个例子来说明不同文件夹中的脚本的编译顺序，如图 5.100 所示。

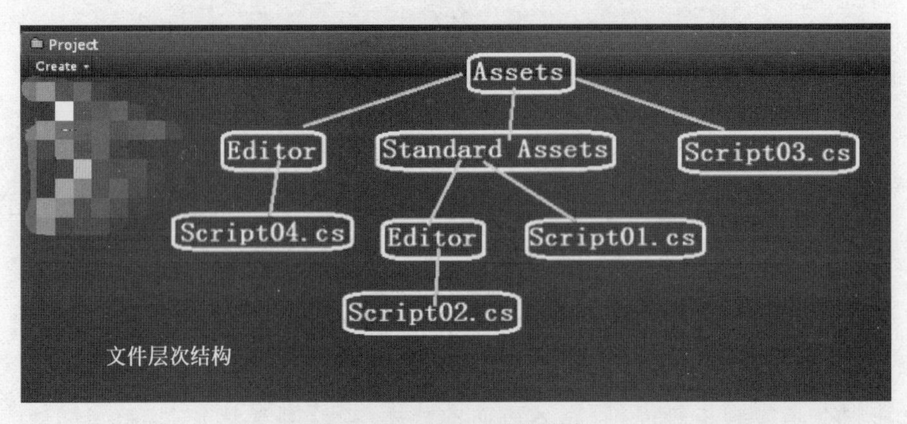

图 5.100 脚本的编译顺序

在项目中建立了如图 5.100 所示的文件夹层次结构，并在编译项目之后，会在项目文件夹中生成一些包含 Editor、firstpass 这些字样的项目文件。产生的项目文件结构如图 5.101 所示。

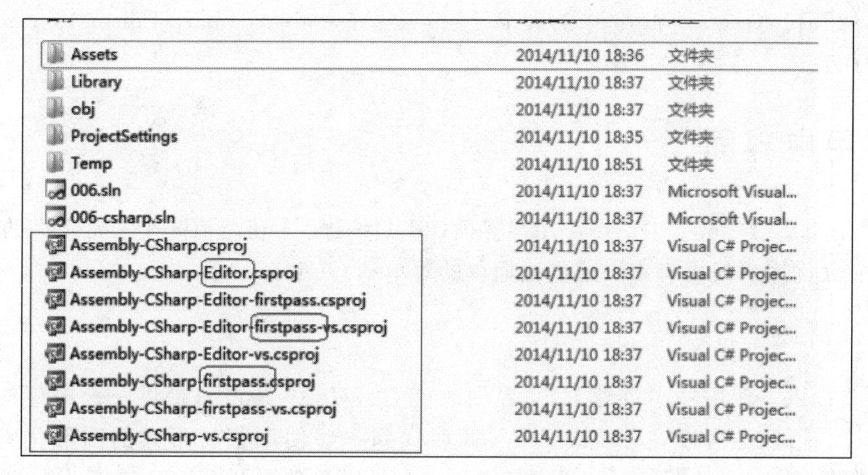

图 5.101　产生的项目文件

下面来详细探讨一下这些字样的具体意思，以及它们与脚本的编译顺序的联系。

(1) 首先从脚本语言类型来看，Unity3D 支持 3 种脚本语言，都会被编译成 CLI 的 DLL。

如果项目中包含 C＃脚本，那么 Unity3D 会产生以 Assembly-CSharp 为前缀的工程，名字中包含 vs 的是给 Virtual Studio 使用的，不包含 vs 的是给 MonoDevelop 使用的。

项目中的脚本语言的工程前缀和工程后缀如下。

① C＃ Assembly-CSharp csproj。

② UnityScript Assembly-UnityScript unityproj。

③ Boo Assembly-Boo booproj。

如果项目中这 3 种脚本都存在，那么 Unity 将会生成 3 种前缀类型的工程。

(2) 对于每一种脚本语言，根据脚本放置的位置(部分根据脚本的作用，比如编辑器扩展脚本，就必须放在 Editor 文件夹下)，Unity 会生成 4 种后缀的工程。其中，firstpass 表示先编译，Editor 表示放在 Editor 文件夹下的脚本。

在上面的示例中，得到了两套项目工程文件，分别被 Virtual Studio 和 MonoDevelop 使用(后缀包不包含 vs)。为简单起见，我们只分析 vs 项目，得到的文件列表如下。

Assembly-CSharp-firstpass-vs. csproj

Assembly-CSharp-Editor-firstpass-vs. csproj

Assembly-CSharp-vs. csproj

Assembly-CSharp-Editor-vs. csproj

它们的编译顺序如下。

(1) 所有在 Standard Assets、Pro Standard Assets 或者 Plugins 文件夹中的脚本会产生一个 Assembly-CSharp-firstpass-vs. csproj 文件，并且先编译。

(2) 所有在 Standard Assets/Editor、Pro Standard Assets/Editor 或者 Plugins/Editor

文件夹中的脚本产生 Assembly-CSharp-Editor-firstpass-vs. csproj 工程文件，接着编译。

(3) 所有在 Assets/Editor 外面的，并且不在(1)和(2)中的脚本文件(一般这些脚本就是我们自己写的非编辑器扩展脚本)会产生 Assembly-CSharp-vs. csproj 工程文件，被编译。

(4) 所有在 Assets/Editor 中的脚本产生一个 Assembly-CSharp-Editor-vs. csproj 工程文件，被编译。

5.6 用户界面

本节主要介绍 Unity 中的图形用户界面(GUI)编程。Unity 有一个非常强大的 GUI 脚本 API，它允许用户使用脚本快速创建简单的菜单和 GUI。

5.6.1 简述

Unity 提供了使用脚本创建 GUI 界面的能力。Unity 并没有提供一套原生的可视化 GUI 开发工具，但是可以在 Unity Asset 商店找到一些使用某种形式的图形化脚本编写 GUI 的工具。Autodesk Scaleform 也提供了一个可以单独购买并整合进 Unity 的插件，如果读者对 Scaleform 插件的 Unity 版本感兴趣，可以用 Scaleform Unity Plugin。

Unity 提供了两个主要的类来创建 GUI。其中，GUI 类用于 GUI 控件的固定布局，GUILayout 类用于创建手动放置的 GUI 控件。这两个类之间的区别将在后面详细讲述。

Unity 也提供了 GUISkin 资源。它可以被应用于给定的 GUI 控件，且提供一种通用的外观和感觉。一个 GUISkin 只是 GUIStyle 对象的集合。每个 GUIStyle 对象定义了单个 GUI 控件的样式，比如按钮、标签或者文本域。

GUIText 组件可被用于渲染单个的文本元素，GUITexture 组件可以被用于渲染二维材质到屏幕。GUIText 和 GUITexture 都适用于为游戏绘制 GUI 元素(就像 HUD)，但这些组件不适用于在游戏中绘制菜单。对于游戏中的菜单(如等级选择和选项设置页面)应该使用 GUI 和 GUILayout 类。

这些不同的类、资源和组件在每一个本文中都会阐述。

5.6.2 创建菜单

首先讲述一下如何使用 GUI 和 GUILayout 在 Unity 中创建菜单，并展示如何使用 GUISkin 和 GUIStyle 自定义 GUI 控件的外观。

1. OnGUI

GUI 的渲染是通过创建脚本并定义 OnGUI()函数执行的。所有的 GUI 渲染都应该在该函数中执行或者在一个被 OnGUI()调用的函数中执行。

例如在下面的代码中，给出了一个包含 OnGUI()函数的类。

```
Demo.cs
using System.Collections;
using System.Collections.Generic;
using UnityEngine;
public class Demo : MonoBehaviour {
    //初始化
```

```
    void Start () {
    }
    //更新
    void Update () {
    }
    void OnGUI()
    {
        float buttonWidth = 100;
        float buttonHeight = 50;
        float buttonX = (Screen.width - buttonWidth) / 2.0f;
        float buttonY = (Screen.height - buttonHeight) / 2.0f;
        //在屏幕中间绘制一个 button 组件
        if (GUI.Button(new Rect(buttonX, buttonY, buttonWidth, buttonHeight), "Press Me!"))
        {
            //在调试控制台打印一些文字
            Debug.Log("Thanks!");
        }
    }
}
```

程序代码和运行效果分别如图 5.102 和图 5.103 所示。

```
Assembly-CSharp                                         Demo
1   using System.Collections;
2   using System.Collections.Generic;
3   using UnityEngine;
4
5   public class Demo : MonoBehaviour {
6
7       // Use this for initialization
8       void Start () {
9
10      }
11
12      // Update is called once per frame
13      void Update () {
14
15      }
16      void OnGUI()
17      {
18          float  buttonWidth = 100;
19          float buttonHeight = 50;
20
21          float buttonX = (Screen.width - buttonWidth) / 2.0f;
22          float buttonY = (Screen.height - buttonHeight) / 2.0f;
23
24          //在屏幕中间绘制一个button组件
25          if (GUI.Button(new Rect(buttonX, buttonY, buttonWidth, buttonHeight), "Press Me!"))
26          {
27              //在调试控制台打印一些文字
28              Debug.Log("Thanks!");
29          }
30      }
31  }
32
```

图 5.102　创建界面的代码

2. GUIStyle

大多数通用控件,比如按钮和标签,允许在控件上呈现指定的文本或者材质。如果想在一个控件上指定文本与材质,那么必须使用 GUIContent 结构。这个类与 GUIStyle 具有紧密合作关系。GUIContent 定义渲染什么,GUIStyle 定义怎样渲染。

图 5.103　运行效果

例如,要为一个 Button 项添加图片文字信息,可以采用如下代码。

```
using System.Collections;
using System.Collections.Generic;
using UnityEngine;
public class DemoTwo : MonoBehaviour {
    public GUISkin Mygui;
    string text = "hello text";
    // 初始化
    void Start(){
    }
    // 更新
    void Update() {
    }
    void OnGUI()
    {
        GUI.skin = Mygui;
        float buttonWidth = 180;
        float buttonHeight = 50;
        float buttonX = (Screen.width - buttonWidth) / 2.0f;
        float buttonY = (Screen.height - buttonHeight) / 2.0f;
        GUI.Button(new Rect(buttonX, buttonY, buttonWidth, buttonHeight), text,"Photo");
    }
}
```

3. GUISkin

在 Project 工程面板中右击,单击 Create 命令,创建 GUISkin,如图 5.104 所示。

运行效果如图 5.105 所示,由于采用了 GUISkin,Button 显示出了被改变的形状和文字信息。

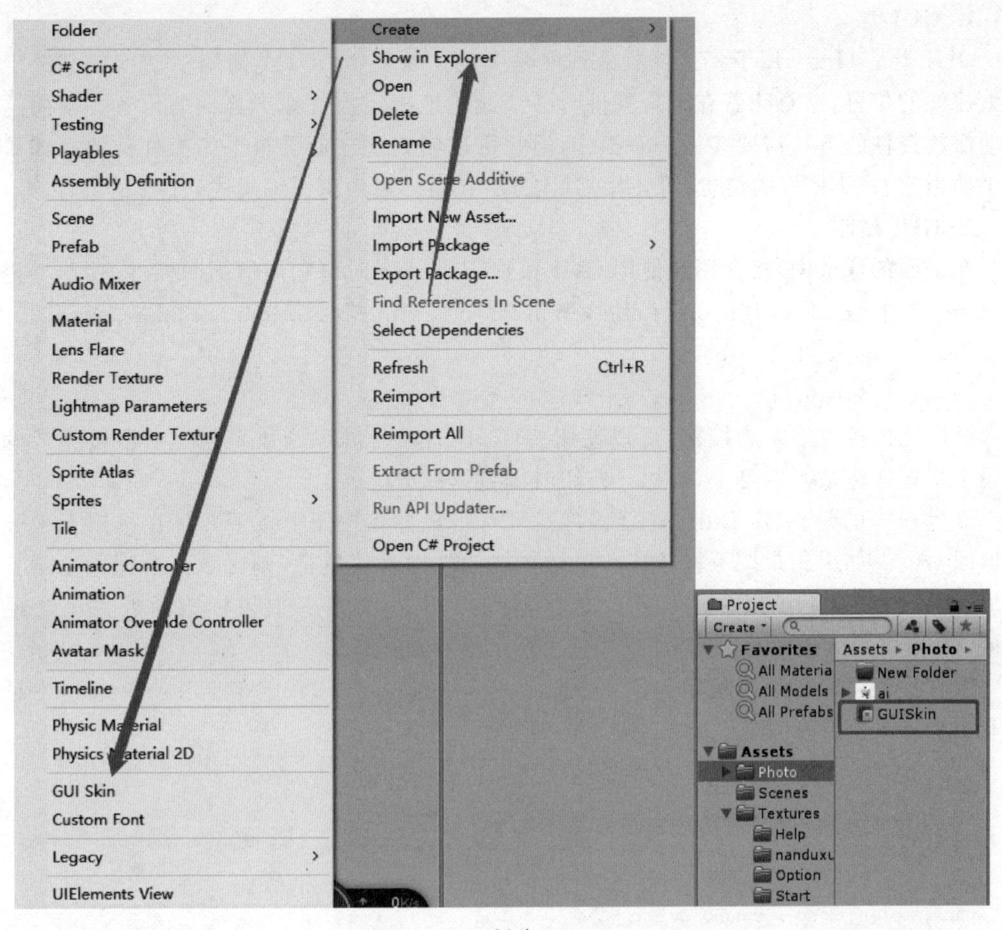

图 5.104　创建 GUISkin

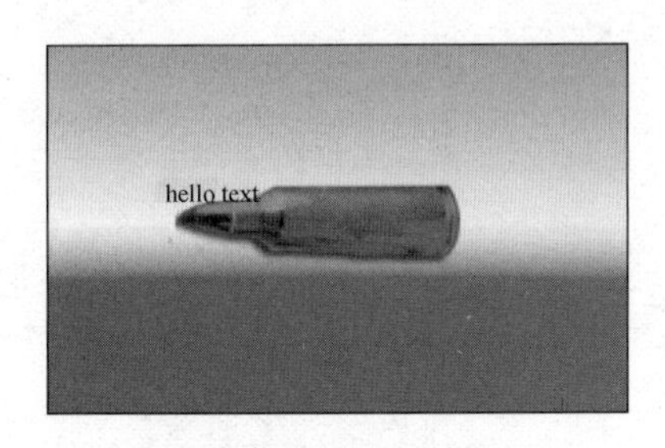

图 5.105　运行效果

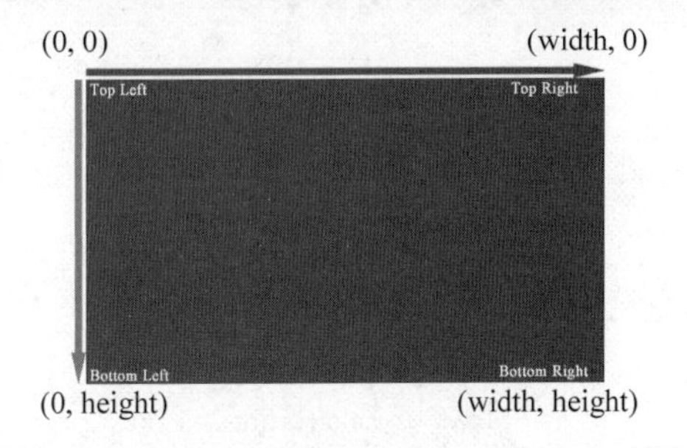

图 5.106　Screen. Width 和 Screen. Height 属性可以被用于检视当前屏幕的范围

5.6.3　放置控件

使用 GUI 类时，必须手动地摆放屏幕上的控件。控件使用 GUI 静态函数的 position 参数来摆放。为了在屏幕上摆放控件，必须将一个 Rect 结构作为第一个参数传递给 GUI 控件函数。Rect 结构为控件定义了 X、Y、Width、Height 属性，单位都是像素，如图 5.106 所示。

1. GUI 类

GUI 类是 Unity 用于将控件渲染到屏幕上的主要类。GUI 类使用手动摆放来决定屏幕上控件的位置,这意味着在渲染控件时必须显式地指定控件在屏幕上的位置。使用这种手动摆放控件的方法需要多做一些工作,但它可以精确地控制屏幕上的控件位置。如果不想手动指定 GUI 控件的位置,可使用 GUILayout 类。后面将详细阐述 GUILayout。

2. GUI 控件

在下面的章节中,将介绍在使用 GUI 和 GUILayout 时可利用的不同控件,这些类提供的默认控件是 Box,Button,Label,Window,Texture,ScrollBars,Sliders,TextField,TextArea,Toggle 和 Toolbar。

1) GUI. Button

最常用的控件之一为按钮,可以使用 GUI. Button()静态函数来创建一个按钮。此函数用于将按钮渲染到屏幕上,当松开按钮时函数返回 true。

值得一提的是 GUI. Button()函数,其只有当鼠标在按钮上按下并且在按钮上松开时才返回 true。如果用户按下按钮移动鼠标在按钮外面释放鼠标,则函数不会返回 true。同样地,如果用户按下了鼠标之后将光标移动到按钮上,然后释放鼠标该函数也不会返回 true。要使该函数返回 true,必须在按钮上按下并释放鼠标。

以下代码可用于使用按钮创建一个简单的等级选择屏幕(假定在 Build Settings 对话框中有多个场景文件要设置)。

```
using System.Collections;
using System.Collections.Generic;
using UnityEngine;

public class Demo : MonoBehaviour {
    // 初始化
    void Start () {
    }
    // 更新
    void Update ()
    {
    }
    void OnGUI()
    {
        float groundWidth = 120;
        float groundHeight = 150;
        float screenWidth = Screen.width;
        float screenHeight = Screen.height;
        float groupx = (screenWidth - groundWidth) / 2;
        float groupy = (screenHeight - groundHeight) / 2;
        GUI.BeginGroup(new Rect(groupX, groupY, groundWidth, groundHeight));
        GUI.Box(new Rect(0, 0, groundWidth, groundHeight), "Option Select");
        if (GUI.Button(new Rect(10, 30, 100, 30), "Level 1"))
        {
            Application.LoadLevel(1);
        }
        if (GUI.Button(new Rect(10, 70, 100, 30), "Level 2"))
```

```
        {
            Application.LoadLevel(2);
        }
        if (GUI.Button(new Rect(10, 110, 100, 30), "Level 3"))
        {
            Application.LoadLevel(3);
        }
        GUI.EndGroup();
    }
}
```

运行效果如图 5.107 所示。

2) GUI. Label()

GUI. Label()静态函数用于绘制一个标签。标签通常是在屏幕上指定位置绘制的文字。标签控件最常用的是在菜单屏幕中指定选项名称(比如文本框和文本域)。标签可包含文字、材质或者两者兼有(使用之前讲过的GUIContent 结构)。

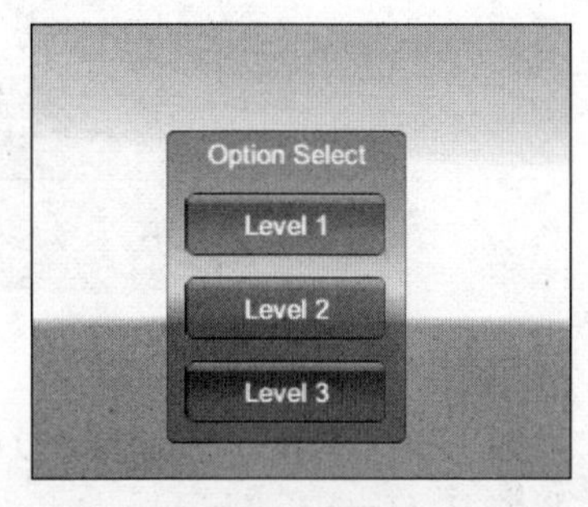

图 5.107　运行效果

下面的例子在屏幕上显示绘制了两个选项。选项名称和滑块的值使用标签呈现。

```
using System.Collections;
using System.Collections.Generic;
using UnityEngine;
public class Demo : MonoBehaviour {
    // 初始化
    void Start () {
    }

    // 更新
    void Update ()
    {
    }
    private float masterVolume = 1.0f;
    private float sfxVolume = 1.0f;
    void OnGUI()
    {
        float groupWidth = 380;
        float groupHeight = 110;
        float screenWidth = Screen.width;
        float screenHeight = Screen.height;
        float groupX = (screenWidth - groupWidth) / 2;
        float groupY = (screenHeight - groupHeight) / 2;
        GUI.BeginGroup(new Rect(groupX, groupY, groupWidth, groupHeight));
        GUI.Box(new Rect(0, 0, groupWidth, groupHeight), "Audio Settings");
        GUI.Label(new Rect(10, 30, 100, 30), "Master Volume");
        masterVolume = GUI.HorizontalSlider(new Rect(120, 35, 200, 30), masterVolume, 0.0f, 1.0f);
        GUI.Label(new Rect(330, 30, 50, 30), "(" + masterVolume.ToString("f2") + ")");
        GUI.Label(new Rect(10, 70, 100, 30), "Effect Volume");
```

```
            sfxVolume = GUI.HorizontalSlider(new Rect(120, 75, 200, 30), sfxVolume, 0.0f, 1.0f);
            GUI.Label(new Rect(330, 70, 50, 30), "(" + sfxVolume.ToString("f2") + ")");
            GUI.EndGroup();
        }
}
```


运行效果如图 5.108 所示。

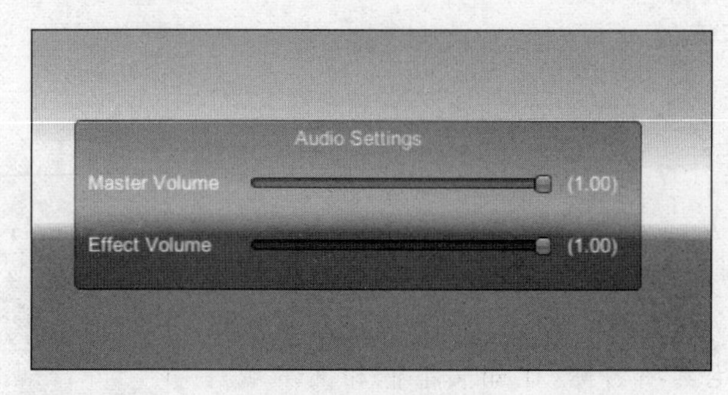

图 5.108　运行效果

3）GUI. HorizontalSlider()和 GUI. VerticalSlider()

GUI. HorizontalSlider()和 GUI. VerticalSlider()这两个静态函数可分别用于绘制水平和竖直滑块。滑块用于指定在一定范围内的一个数值。在上面的例子中，使用了两个水平滑块来指定主音量和音效，范围为 0～1。

Slider 函数接受当前滑块值、滑块最小值和滑块最大值。上面的例子展示了如何使用水平滑块，而竖直滑块使用的是同样的参数，只是滑块是竖直绘制而不是水平绘制。

下面的例子展示了使用竖直滑块来创建一个音频均衡器。

```
using System.Collections;
using System.Collections.Generic;
using UnityEngine;
public class Demo : MonoBehaviour {
    // 初始化
    void Start () {
    }
    // 更新
    void Update ()
        {
    }
private float[] equalizerValues = new float[10];
void OnGUI()
    {
        float groupWidth = 320;
        float groupHeight = 260;
        float screenWidth = Screen.width;
        float screenHeight = Screen.height;
        float groupX = (screenWidth - groupWidth) / 2;
        float groupY = (screenHeight - groupHeight) / 2;
        GUI.BeginGroup(new Rect(groupX, groupY, groupWidth, groupHeight));
        GUI.Box(new Rect(0, 0, groupWidth, groupHeight), "Equalizer");
```

```
        for (var i = 0; i < equalizerValues.Length; i++)
        {
                equalizerValues[i] = GUI.VerticalSlider(new Rect(i * 30 + 20, 30, 20, 200),
                equalizerValues[i], 0.0f, 1.0f);
        }
        GUI.EndGroup();
    }
}
```

运行效果如图 5.109 所示。

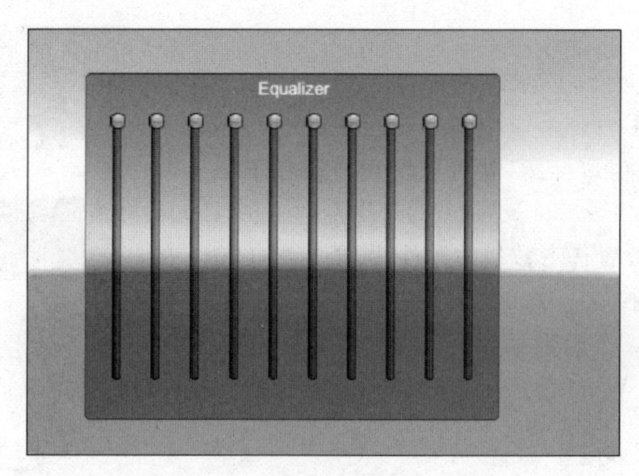

图 5.109　运行效果

当使用水平滑块时,最小值在滑块的左边,最大值在滑块的右边。当使用竖直滑块时,最小值在顶部,最大值在滑块底部。

4) GUI. Window()和 GUI. DragWindow()

GUI 类提供了在屏幕上绘制窗口的函数,窗口可以使用外部函数(除了 OnGUI)来渲染窗口的内容。如果在窗口的回调函数中使用 GUI. DragWindow()函数,那窗口将会是可拖动的。

下面的代码创建了一个简单而可拖动的窗口。

```
using System;
using System.Collections;
using System.Collections.Generic;
using UnityEngine;
public class Demo : MonoBehaviour {
    // 初始化
    void Start () {
            }
        // 更新
    void Update ()
          {
    }
    //窗口的初始位置以及大小
private Rect windowRect0 = new Rect(20, 20, 150, 0);
void OnGUI()
```

```
    {
        //渲染窗口 ID 为 0
        windowRect0 = GUILayout.Window(0, windowRect0, WindowFunction, "Draggable Window");
    }
public void WindowFunction(int id)
    {
        GUILayout.Label("This is a draggable window!");
        //窗口的拖条(drag - strip),坐标相对于窗口的左上角
GUI.DragWindow(new Rect(0, 0, 150, 20));
    }
}
```

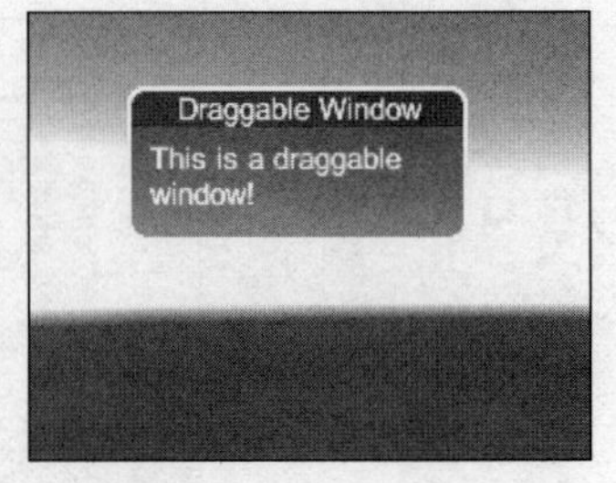

图 5.110 运行效果

运行效果如图 5.110 所示。

如果在新场景中将脚本应用到 GameObject 上,就会看到窗口,单击并拖动窗口标题,就可以实现窗口在屏幕上的拖动。

在窗口中可以放置任意数量的控件,如果想要 Unity 在窗口中自动布局控件(类似例子中一样),应该使用 GUILayout.Window()函数而不是 GUI.Window()函数。当使用 GUILayout.Window()函数时,Unity 会自动修改窗口的高度以适应内容。

5.6.4 自动布局

前面展示的例子都是用 GUI 类来创建菜单的。GUI 类需要手动地在屏幕上放置控件。在某些情况下,手动摆放控件很有用,但如果想要 Unity 自动布局控件,则需要使用 GUILayout 类。这个类提供了许多像 GUI 一样的功能,但无须指定控件的大小。

默认情况下,当使用 GUILayout 函数时所有视图中的组件都会竖直排列。可以使用 GUILayout.BeginHorizontal 和 GUILayout.EndHorizontal 静态函数使控件相邻排放。每出现一次 GUILayout.BeginVertical 必须有相应的 GUILayout.EndVertical 与其对应;每出现一次 GUILayout.BeginHorizontal 则必须有相应的 GUILayoutHorizontal 与其对应。

下面的例子展示了如何使用竖直和水平布局来创建复杂的表格。

```
using System;
using System.Collections;
using System.Collections.Generic;
using UnityEngine;
public class Demo : MonoBehaviour {
    // 初始化
    void Start () {
    }
    // 更新
    void Update ()
    {
    }
    private string firstName = "First Name";
    private string lastName = "Last Name";
```

```
private uint age = 0;
private bool submitted = false;
private Rect windowRect0;
void OnGUI()
{
    var screenWidth = Screen.width;
    var screenHeight = Screen.height;
    var windowWidth = 300;
    var windowHeight = 180;
    var windowX = (screenWidth - windowWidth) / 2;
    var windowY = (screenHeight - windowHeight) / 2;
    //将窗口放置到屏幕中间
    windowRect0 = new Rect(windowX, windowY, windowWidth, windowHeight);
    GUILayout.Window(0, windowRect0, UserForm, "User information");
}
void UserForm(int id)
{
    GUILayout.BeginVertical();
    //姓
    GUILayout.BeginHorizontal();
    GUILayout.Label("First Name", GUILayout.Width(80));
    firstName = GUILayout.TextField(firstName);
    GUILayout.EndHorizontal();
    //名
    GUILayout.BeginHorizontal();
    GUILayout.Label("Last Name", GUILayout.Width(80));
    lastName = GUILayout.TextField(lastName);
    GUILayout.EndHorizontal();
    //年龄
    GUILayout.BeginHorizontal();
    GUILayout.Label("Age", GUILayout.Width(80));
    var ageText = GUILayout.TextField(age.ToString());
    uint newAge = age;
    if (uint.TryParse(ageText,out newAge))
    {
        age = newAge;
    }
    GUILayout.EndHorizontal();
    if (GUILayout.Button("Submit"))
    {
        submitted = true;
    }
    if (GUILayout.Button("Reset"))
    {
        firstName = "First Name";
        lastName = "Last Name";
        age = 0;
        submitted = false;
    }
    if (submitted)
    {
```

```
            GUILayout.Label("submitted!");
        }
        GUILayout.EndVertical();
    }
}
```


运行效果如图 5.111 所示。

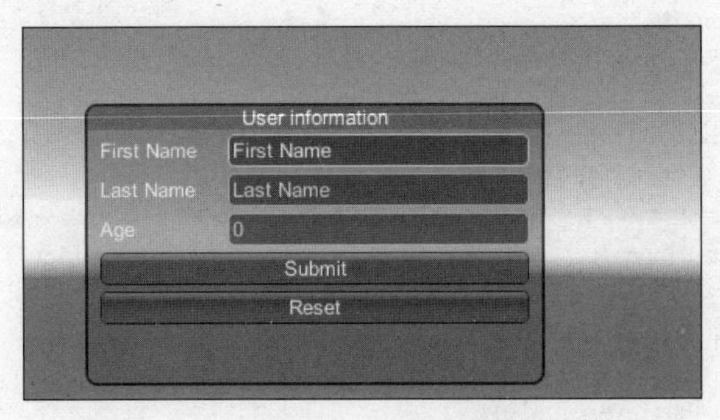

图 5.111　运行效果

所有此类函数都可以被用于创建组(或者可以自动布局的区域),这些组或者区域可以保证将在特定区域内的控件聚合起来。

5.6.5　样式和皮肤

Unity 为所有的 GUI 控件提供了默认的外观。对于一个快速解决方案,默认的样式足够使用了,但大部分人都不希望在将要面市的游戏中使用 Unity 的默认 GUI 样式。这时候就需要使用自定义的 GUISkin 更改按钮、标签、滑块和滚动条的外观。

GUISkin 是一个套件,可以从主菜单中选择 Assets→Create→GUISkin 命令创建它,如图 5.112 所示。

如果在项目视图里选择了 GUISkin,可以为你创建的多种控件编辑单独的样式设置。

若想将默认皮肤替换掉而使用自定义的皮肤,需在 GUI 脚本里面设置 GUI。Skin 属性为自定义的皮肤。将 GUI. Skin 属性设置为 null 将还原回默认的 GUISkin。

GUIStyle 是一系列 GUISkin 样式的集合。GUIStyle 定义了一个控件所有可变状态的样式。一个控件有以下几种状态。

(1) 正常状态:控件的默认状态。鼠标既没有悬停到控件上,控件也没有获得系统焦点。

(2) 悬停状态:鼠标当前悬停在控件上。

(3) 注视状态:当前正选择控件,选中的控件将会接受键盘输入。

(4) 活动状态:控件被单击,此状态对于按钮、滑块和滚动条都是合法的。

GUIStyle 可以在没有 GUISkin 的情况下使用以便改写控件的样式。若使用 GUIStyle,只要在脚本中创建一个 GUIStyle 类型的公开变量即可。

在目前的游戏市场上,手游依然是市场上的主力军。然而,只有快速上线,玩法系统完善的游戏才能在国内市场中占据份额。在手游开发过程中,搭建 UI 系统是非常基本且重要的技能。

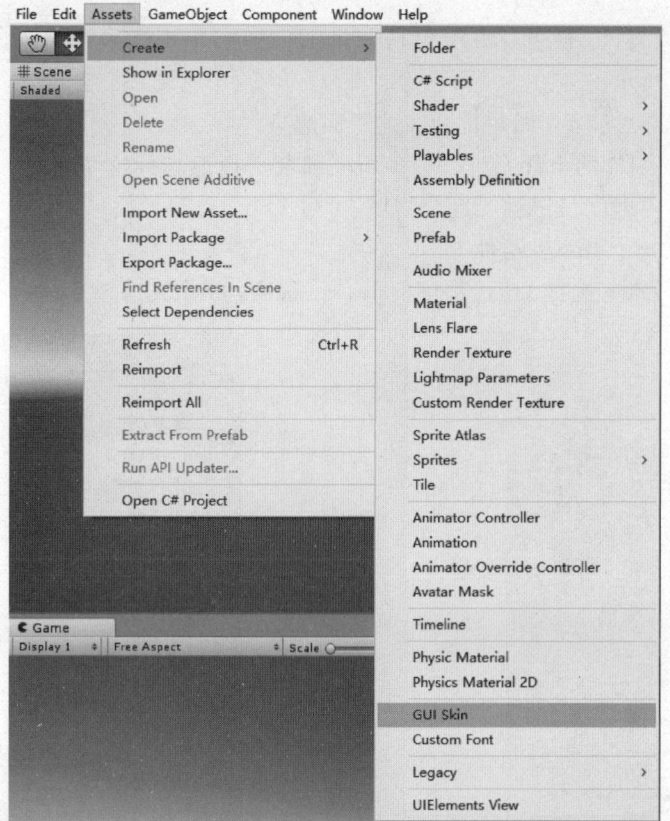

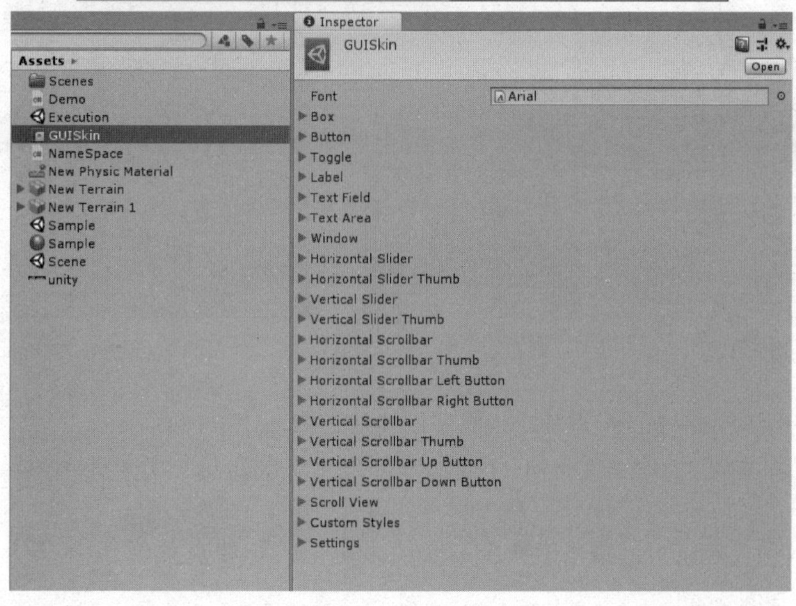

图 5.112　创建 GUISkin

最简单的事要做好也是有难度的。UI 这块的变动通常也是整个游戏中最烦琐的一块，如果没有一个合理的设计思路和管理方案，后期将会陷入无止境的调试优化之中。下面开始从 Unity 中的 UGUI 系统进行讲解。

步骤 1：创建一个 UI 画布

直接新建场景，右击 Hierarchy 窗口，选择 UI 选项，单击列表中出现的 Canvas（画布）选项，如图 5.113 所示。

Canvas：UI 的画布，UI 图片都会在这下面渲染。

EventSystem：UI 的事件系统。很多新手都会选择遗忘掉这个组件，结果导致制作的按钮无法单击，其原因就是误删了这个物体。

步骤 2：创建一个 Image 组件

在 Canvas 上右击，选择 UI 选项中的 Image 选项，如图 5.114 所示。

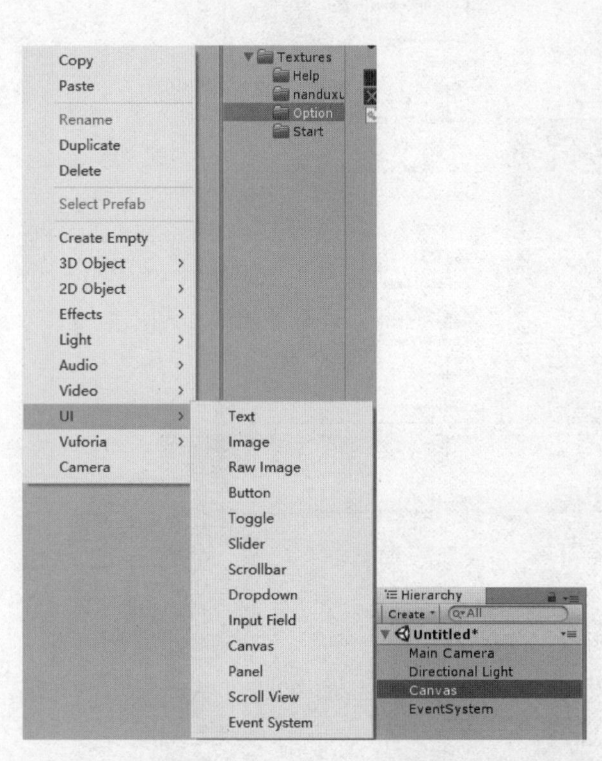

图 5.113　创建一个 UI 画布

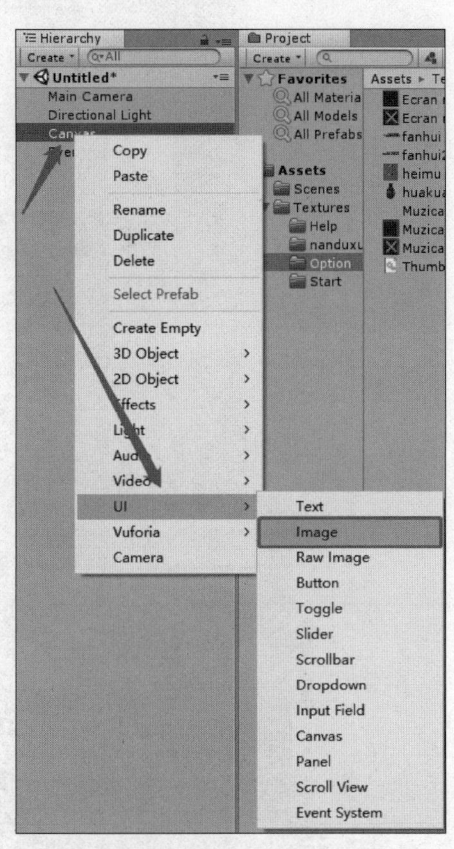

图 5.114　创建一个 Image 画布

此时，一个默认的 Image 图片出现在了游戏框之中，如图 5.115 所示。

注意：*UI 的图片只会在 Canvas 下才能看得见。若将 Image 移出 Canvas，镜头内的图片将会消失。*

UI 的 Rect Transform 组件中涵盖了位置、旋转、缩放、锚点等信息，如图 5.116 所示。对各项的介绍如下。

（1）Width 和 Height：一般 UI 里面放大和缩小图片的宽度和高度都是以此来控制的，而不是直接调整缩放值。

（2）Anchors：锚点位置。当屏幕的宽高变化时，若依旧希望 UI 按照预想的正常显示，就需要通过锚点来定位。

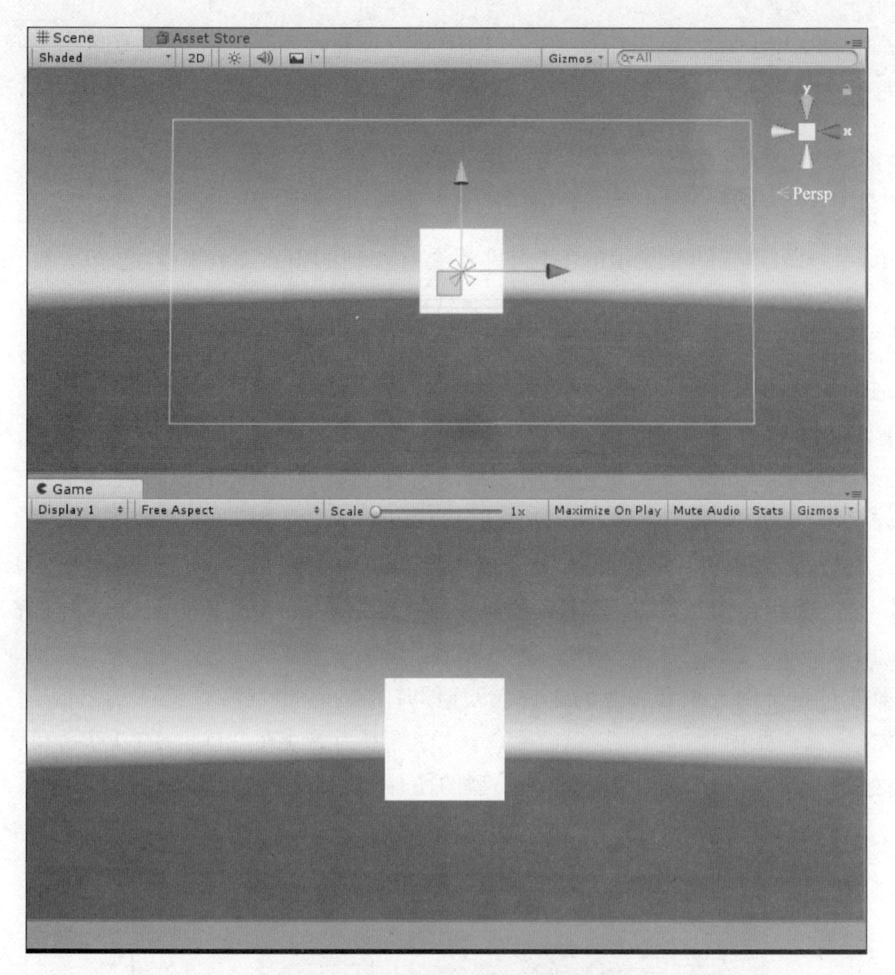

图 5.115　效果

图 5.116　设置 Rect Transform 组件参数

(3) Pivot：中心点。该属性定义图片的中心点位置，(0.5,0.5)刚好为图片中心。若想左右拉长一个横条，想让它只在右边增长，修改中心点位置(0,0.5)，中心点位于最左边，调整 Width 就会只看到横条在右方向的长度变化。

5.6.6 Image 组件

Unity 中大多用于图片显示的 UI 组件都会有基础的 Image 组件。这个基础 Image 组件提供了如下属性。

(1) Source Image：UI 显示的图片资源，注意这里只能支持 Sprite 类型的图片，后面会介绍 Sprite 类型的图片的设置。

(2) Color：修改图片的颜色。

(3) Material：Unity 支持自定义图片材质实现复杂的效果，不填则默认只用 Unity 已经设置好的 UI 材质效果。在游戏设计中几乎不会修改此内容。

(4) Raycast Target：勾选此选项后，UI 将会响应射线单击，单击到这个 UI 物体的时候，事件管理器会知道单击了什么物体。该参数与 Button 组件配合，即可完成单击操作。

下面通过一个例子来看如何创建一个 UI 图片。

首先，导入一张图片，选择 Texture Type 的类型为 Sprite(2D and UI)后，单击 Apply 按钮。这时 Unity 会修改图片为 Sprite 类型的图片，只有这种类型才能放入 Image 组件中，如图 5.117 所示。

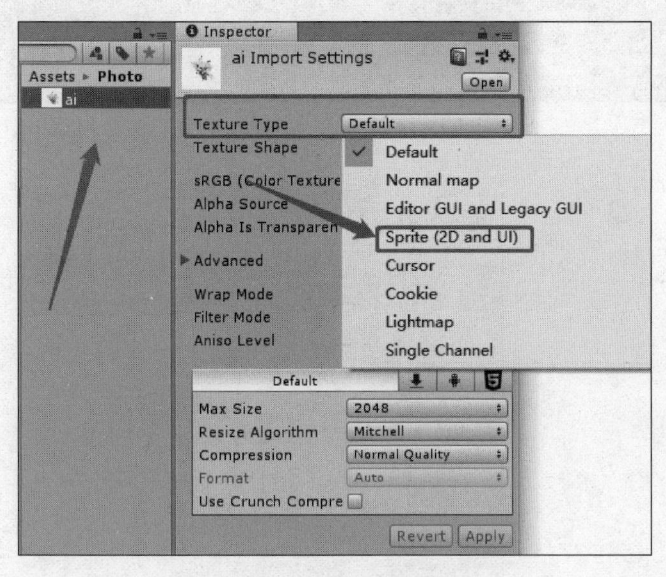

图 5.117 创建一个 UI 图片(1)

然后，直接将图片拖入 Image 的 Source Image 中，图片便渲染出来了，此时图片采用的是 100×100 像素。若单击 Image 新出来的按钮就可以设置为图片本身的像素尺寸，如图 5.118 所示。

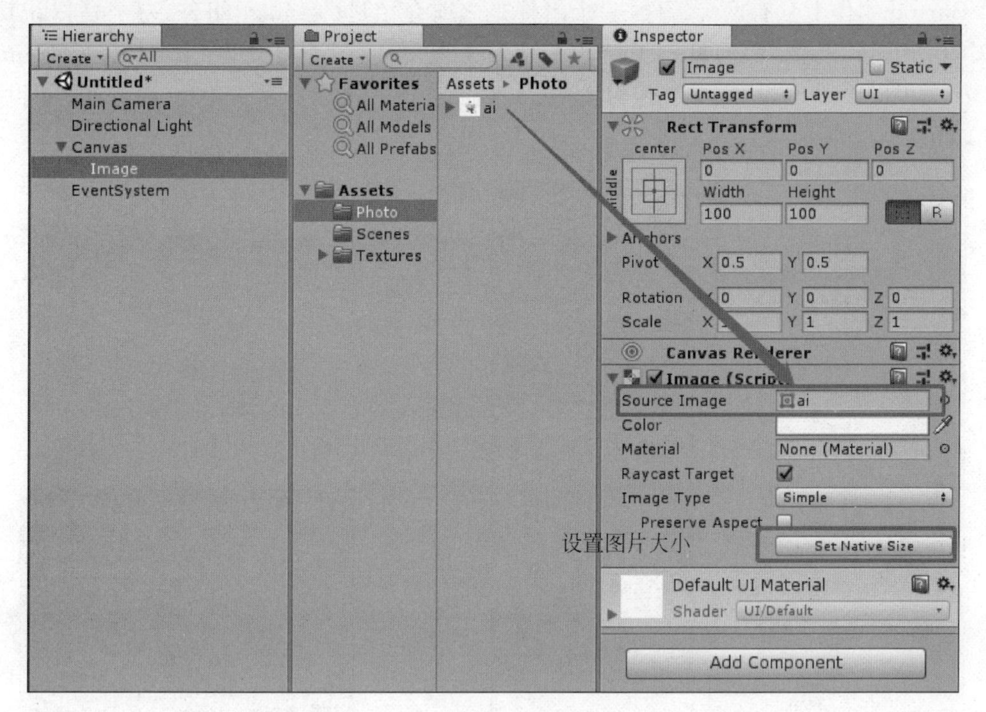

图 5.118　创建一个 UI 图片(2)

单击 Set Native Size 按钮,图片效果如图 5.119 所示。

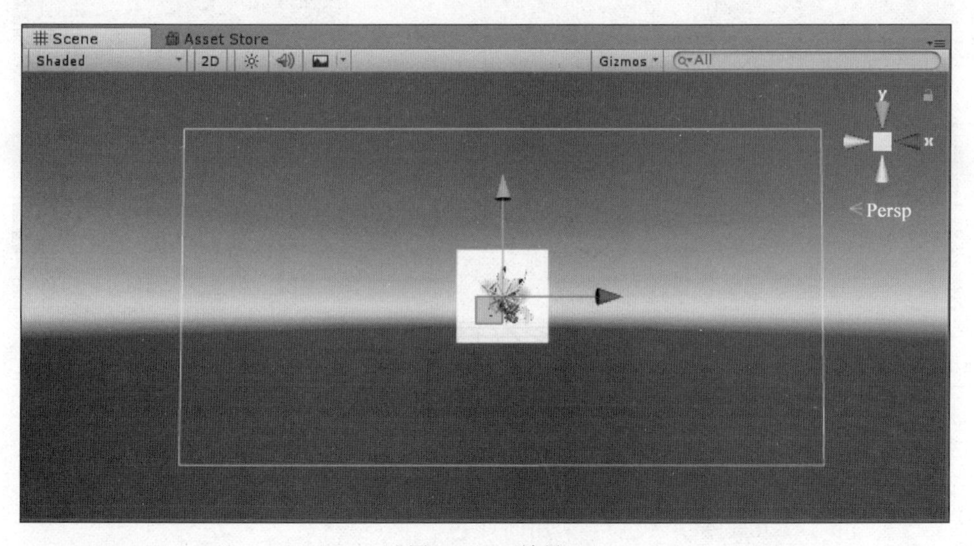

图 5.119　效果

如果要创建一个 Button 按钮,可以右击选择 UI 中的 Button 选项,如图 5.120 所示。

创建出来的 Button 只有 Button 和 Text 两个物体,Text 是 Unity 的文字显示组件, Button 的功能本身和 Text 没有任何关联,因此这里可以将 Text 删除掉(Unity 将 Text 和 Button 一起创建主要是因为按钮带文字更加常见)。

Button 物体上只有两个组件,一个组件是之前介绍过的 Image 组件,一个是按钮功能相关的 Button 组件。我们将一张新的图导入工程,修改图片格式为 Sprite 后拖到 Image 上,然后单击 Set Native Size 按钮修改 Rect Transform 中的宽度和高度,使其和原图片相同,如图 5.121 所示。

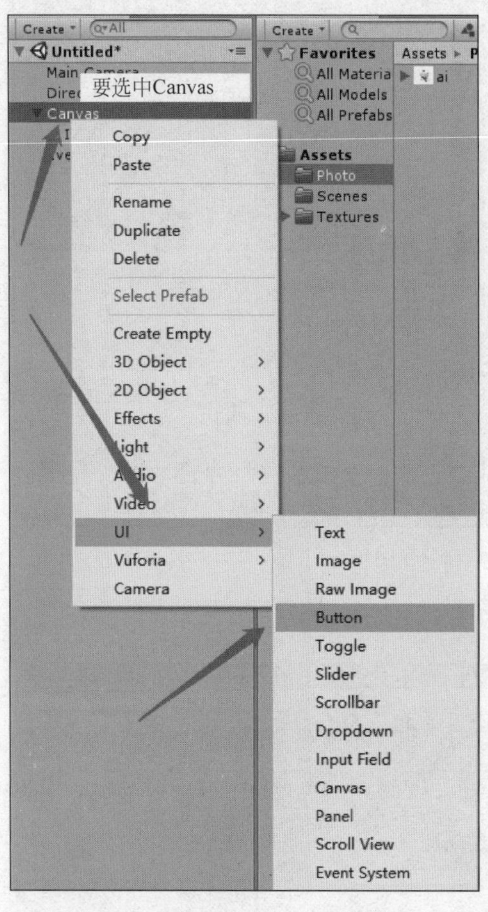

图 5.120　创建一个 Button 组件(1)

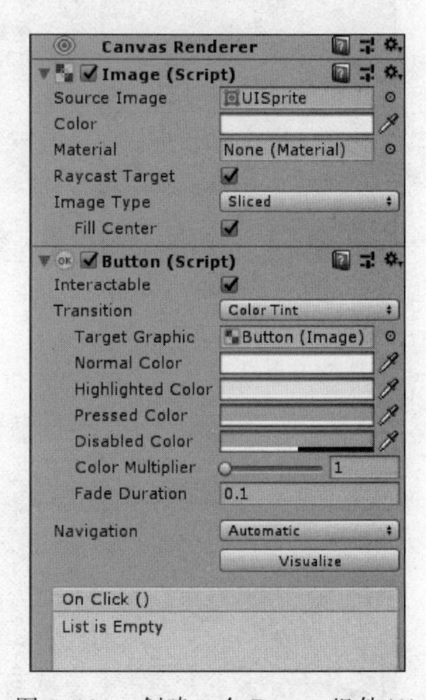

图 5.121　创建一个 Button 组件(2)

各个参数的含义如下。

(1) Normal Color(默认颜色):初始状态的颜色。

(2) Highlighted Color(高亮颜色):选中状态或是鼠标靠近会进入高亮状态。

(3) Pressed Color(按下颜色):单击或是按钮处于选中状态时按下 Enter 键。

(4) Disabled Color(禁用颜色):禁用时颜色。

(5) Color Multiplier(颜色切换系数):颜色切换速度,越大则颜色在几种状态间变化速度越快。

(6) Color Tint(颜色改变过渡模式):颜色变化的过渡模式。

(7) Fade Duration(衰落延时):颜色变化的延时时间,越大则变化越不明显。

(8) Interactable(是否可用):勾选,按钮可用;取消勾选,按钮不可用,并进入 Disabled 状态。

(9) Transition(过渡方式)：按钮在状态改变时自身的过渡方式：Color Tint(颜色改变)、Sprite Swap(图片切换)、Animation(执行动画)。

(10) Target Graphic(过渡效果作用目标)：可以是任一 Graphic 对象，如图 5.122 所示。

其中，通过设置 Navigation 来定义如何通过键盘、手柄来切换 Button 的焦点，使其进入下一个 Button。

图 5.122 中通过 On Click 设置鼠标被单击时触发的事件。也可以直接通过 Inspector 窗口设定鼠标被单击的事件，如图 5.123 所示。

图 5.122　创建一个 Button 组件(3)

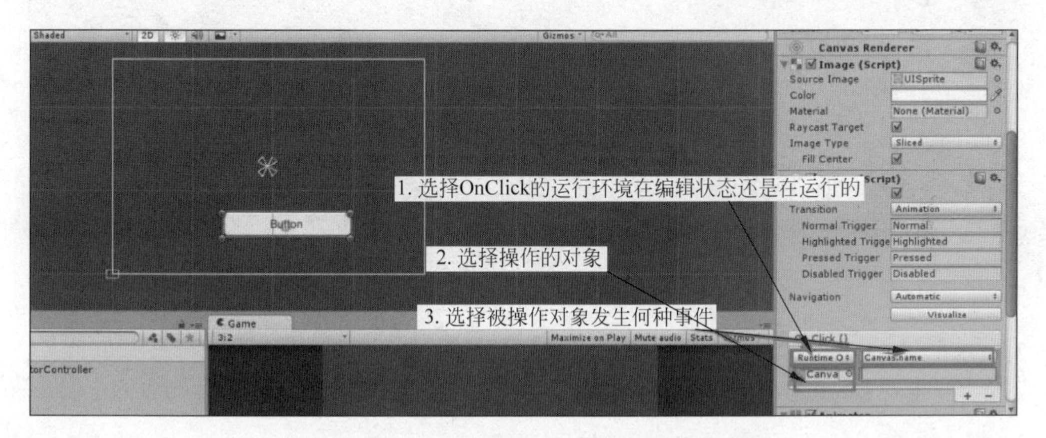

图 5.123　Inspector 窗口设定鼠标被单击的事件

5.6.7　Text 组件

Text 组件负责显示 Unity 中的文本信息。首先在 UI 中创建出 Text，如图 5.124 所示。

由于参数还未开始设置，因此上面的 Text 创建出来不明显。首先来看下 Text 组件的参数。

(1) Font：字体设置，Unity 默认字体是 Arial，可从计算机中选取其他字体替换，也可以从网上下载放在 Unity 中替换，如图 5.125 所示。

(2) Font Style：字体的加粗、倾斜等设置。

(3) Font Size：字体大小设置，注意如果字体设置过大，超过了 Rect Transform 设置的宽度或高度将不会显示字体(很多时候美术 PS 中的字体大小和 Unity 的字体大小有区别，应该统一使用像素单位)。

(4) Line Spacing：行间距，即当前字体大小的倍数。

(5) Rich Text：富文本选项。如果勾选该选项，可以通过加入颜色命令字符来修改字体颜色(如＜color＝＃525252＞变色的内容＜/color＞)。游戏公告的编辑就需要该功能。

(6) Alignment：设置文件上下左右居中等对齐效果。

(7) Align By Geometry：几何对齐，图文混排的时候需要该功能配合。

图 5.124　创建一个 Text 组件

图 5.125　设置 Text 组件的参数

(8) Horizontal Overflow 和 Vertical Overflow 分别为水平和竖直换行，如果选择 Wrap 和 Truncate 选项，内容将会束缚在规定宽度高度之内；如果选择 Overflow 选项，内容将会超出设定的边界。

(9) Best Fit：勾选此选项，字体将会以 Rect Transform 的宽度、高度为边界，动态修改字体大小让所有内容刚好填充满整个框。

(10) Color：字体颜色。若用了富文本修改颜色，则不会改变用到了富文本的字体颜色。

(11) Raycast Target：和 Image 一样，勾选该选项后，UI 会屏蔽射线，鼠标单击到这个字体的时候下面如果有按钮区域，响应将会被中止。

简单处理UI的遮挡关系：UGUI中的层级是根据Hierarchy中物体的上下关系来决定的。Button在Image的下面，所以游戏窗口中Button遮挡了Image。

如图5.126所示对Button进行了修改。

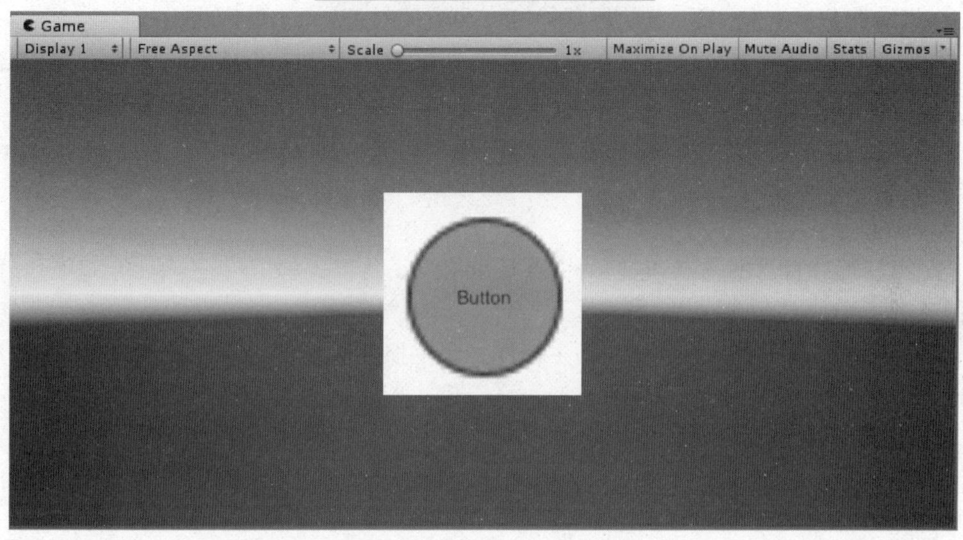

图5.126　处理UI的遮挡关系

首先是修改UGUI的自适应。游戏中的分辨率自适应主要做两方面的工作：调整画布组件和调整锚点。

(1) 调整画布组件。

UGUI中Canvas Scaler组件是调整整体缩放的，有三种模式，如图5.127所示。

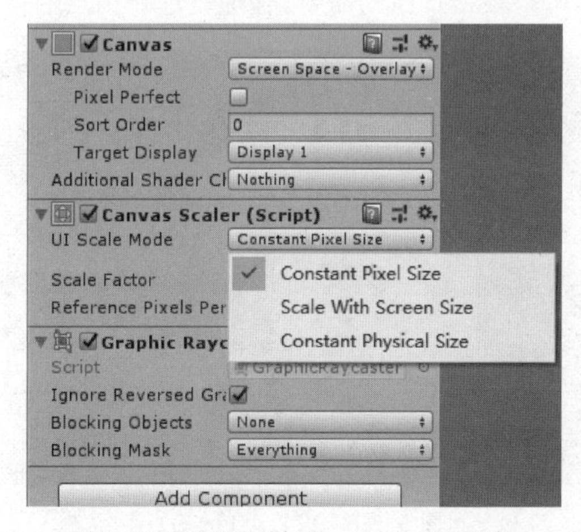

图5.127　UGUI中Canvas Scaler组件

Constant Pixel Size：固定像素尺寸。在任何分辨率下都不会进行缩放拉伸，只能通过改变 Scale Factor 才能进行(如果需要制作屏幕的分辨率自适应，不推荐使用)。

Constant Physical Size：保持物理上不变的方式，无论场景怎样变化，应用场景较少。

Scale With Screen Size：根据屏幕尺寸缩放，应用场景较多，主要应用在分辨率自适应上，下面是对其参数的详细讲解。

Reference Resolution：开发时分辨率，后续缩放的主要参考对象，一般使用主流分辨率，如 1920×1080、1136×640 等。

Screen Match Mode 的三种模式如下。

① Match Width Or Height：屏幕的宽度和高度对 UI 大小的影响。

② Expand：缩放不裁剪。当屏幕分辨率和设定不同时，选择变化较小的方向进行缩放。

③ Shrink：缩放裁剪。当屏幕分辨率和设定不同时，选择变化较大的方向进行缩放。一般默认选择就可以。

(2) 调整锚点。

每个 UI 都有自己的锚点，它们的锚点是由 4 个三角形表示，并且还有 4 个基准点(用来控制 UI 的大小)。

这时 Button 是子控件，Canvas 是主控件。当主控件被设置为自动拉伸时，子控件和锚点的距离(不是比例)将会永远保持不变。

经过总结得出锚点的设置规律如下。

① 当 4 个锚点在一起时，UI 不会因为窗口的改变而被压缩变形，但是它可能超出主控件。

② 当 4 个锚点全部分开时，UI 对象会随着父节点的改变而改变。

③ 当锚点左右两边分开时，UI 对象的高不会随着父节点的改变而改变，宽会随着父节点的改变而改变。

④ 当锚点上下两边分开时，UI 对象的宽不会随着父节点的改变而改变，高会随着父节点的改变而改变。

在做自适应屏幕时，可以根据自己的需要，合理地选择锚点的位置，如图 5.128 所示。

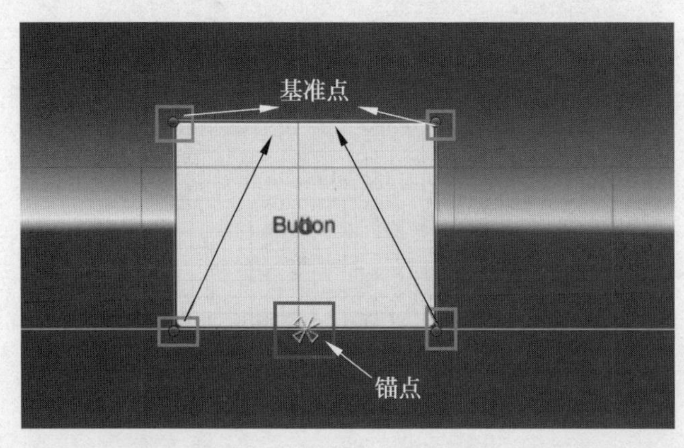

图 5.128　设置 UI 的锚点

5.6.8 创建一个界面

首先创建一个新场景,改名字为 UGui,如图 5.129 所示。

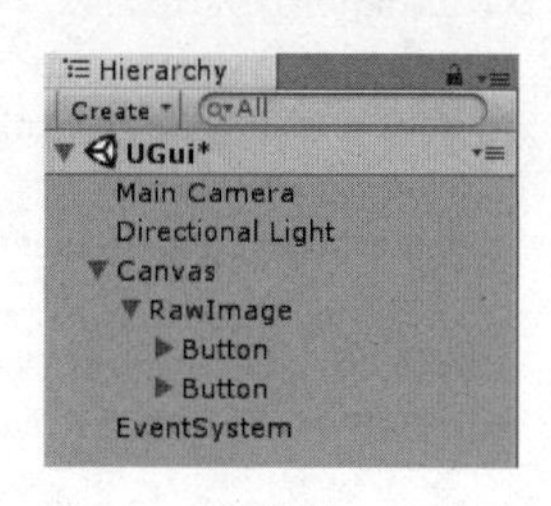

图 5.129 创建一个界面

在 Hierarchy 场景中创建 Canvas,然后在 Canvas 里面添加 RawImage,最后在 RawImage 里面添加两个 Button。首先给 RawImage 添加图片,此处随便使用一张图片,效果如图 5.130 所示。

给 Button 添加图片,然后在 Button 下面的 Text 中写“百度”和“Unity”。最后用代码去连接两个 Button。

图 5.130 添加图片的效果

```
using System.Collections;
using System.Collections.Generic;
using UnityEngine;
using UnityEngine.UI;
public class TestOpen : MonoBehaviour {
    // 初始化
public Button[] myButton;
    void Start () {
myButton[0].onClick.AddListener(delegate { Application.OpenURL("https://www.baidu.com/"); });
myButton[1].onClick.AddListener(delegate { Application.OpenURL("https://store.unity.com/"); });
    }
    // 更新
    void Update () {
    }
}
```


单击 Button 后，效果如图 5.131 所示。

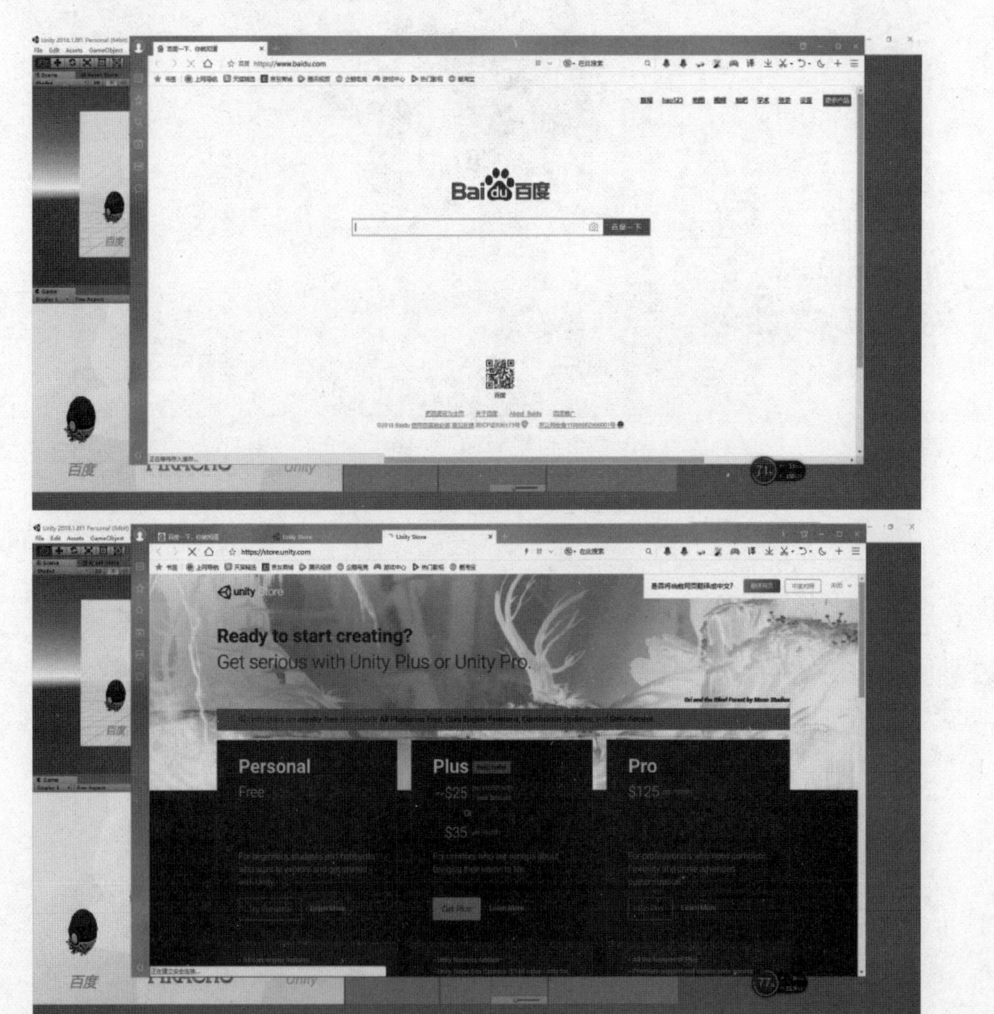

图 5.131　按钮的效果展示

单击左边的“百度”按钮直接弹出百度网页。单击右边的 Unity 按钮直接弹出 Unity Store 网页。

一个简单的用户界面就完成了。

5.7 Mecanim 动画系统

新版的 Unity 采用新的动画系统 Mecanim 取代旧系统 Animation。

5.7.1 基本知识

创建动画的一个基本步骤是设置一个从用户提供的骨架到 Mecanim 系统骨架的映射；在 Mecanim 的术语中，这个映射称为 Avatar，即骨骼到骨架的映射，如图 5.132 所示。

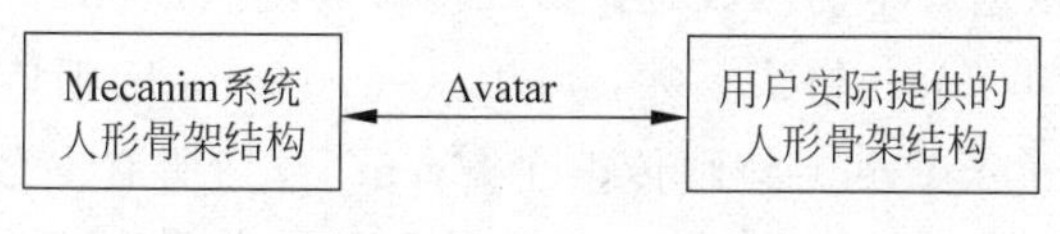

图 5.132 Avatar 映射

Avatar 主要用于类人骨骼模型，可以实现角色之间的 Retargeting。非类人模型认为骨架就是骨骼。

构建模型的基本步骤：Modelling(建模)→Rigging(构建骨架)→Skinning(蒙皮)。

步骤 1：Modelling 建模

(1) 遵循合理的拓扑结构，一个合理的标准是动画带动的网格变形是漂亮的。

(2) 注意网格的缩放比例。最好做一下各个建模软件模型的导入测试，从而设置好正确的缩放比例(不同建模软件导入比例不一样)。

(3) 安放角色，使得角色的脚站在坐标原点或者模型的“锚点”。角色通常是竖直地走在地面上，如果角色的锚点(也就是它的变换中心)在地面上会更容易控制。

(4) 如果是类人模型，则尽量使用 T 字姿态建模(Unity 为类人模型提供了许多功能和优化)。

(5) 整理模型，去掉垃圾。如果可能的话，覆盖孔洞，焊接顶点并且移除隐藏的面，这会对蒙皮有帮助，特别是自动蒙皮过程。

步骤 2：Rigging 构建骨架

Rigging 的目的是创建骨架上的关节控制模型的运动。

对于非类人模型，可以认为没有骨架，只有骨骼，骨骼直接控制动画；类人模型是骨架控制动画。上述模型已经有脚、手、头、武器等骨骼，还有受击骨骼等，这些可以用来控制模型或者悬挂额外物件。

步骤 3：Skinning 蒙皮

蒙皮的方法就是给骨架附加网格。

(1) 把网格中的顶点绑定到骨骼，包括硬绑定(一个顶点指定一个骨骼，不是一一对应，可能多个顶点指定的是一个骨骼)和软绑定(一个顶点指定多个骨骼，每个骨骼有一定权重)。

(2) 蒙皮的实操步骤：先自动蒙皮，接着用一个测试动画看看蒙皮效果并根据此效果慢慢改。

(3) 每个顶点最多绑定4个骨骼，这是U3D的上限。

5.7.2 动画应用

在Animations页面中可以给Clip加帧事件，即播到某帧时触发某个事件。

(1) 给Clip的某些帧上加Event，Function就是事件的名字，其他的是这个函数的参数。

(2) 定义一个脚本来接收这个事件，比如这个图需要定义一个脚本，并在脚本里定义了void Ani(xxx)()函数。

(3) 参数的处理：根据脚本的函数定义格式传参数，比如void ani(int a)，则传int格式参数，ani(Object a)则传Object格式参数，ani(float a, string b)则传float和string两个格式的参数，而ani(AnimationEvent a)则传整个Event（包括所有参数和当前Event对应的Clip的信息）。添加了Event的Clip的Animator物体必须挂上定义了该事件名Function的函数的脚本，否则会报错。

Unity Script部分可查看class AnimationEvent，主要是获得该Event所在Clip的一些信息，包括与此Event相关的stateinfo、clipinfo，以及该Event本身的信息，如Event调用的函数名functionName、函数调用的参数float/int/string/object（采用哪个看函数定义式）、time（事件的触发时间）。

这个Event机制可以在播到某些帧时执行一些事件，例如在某个点播放某个特效，在某个点播放某个声音，在某个点进行一些画面特效，在某个点进行对敌人“击退”“击飞”“击浮空”，从而实现各种节奏效果。还可以加入技能打断机制：当播到某两个帧之间时可以被打断。可以在一个专门的脚本中定义各种接收事件的函数，并进行相应处理来使用此Event机制。

5.8 导航系统

本节学习的是Unity的导航系统。导航系统需要用到Navigation面板，首先来学习如何打开Navigation面板。

5.8.1 导航面板

单击Windows菜单下的Navigation选项，打开Navigation面板，如图5.133所示。

Navigation面板中包括以下几个模块。

(1) Agents：可以添加多个NavigationAgents，也可以用不同的Agents。

(2) Areas：可以设置自动寻路烘焙的层。

(3) Bake：烘焙参数的设置。

(4) Object：设置去烘焙哪个对象，比如地形之类的，就是可以行走的范围路径。

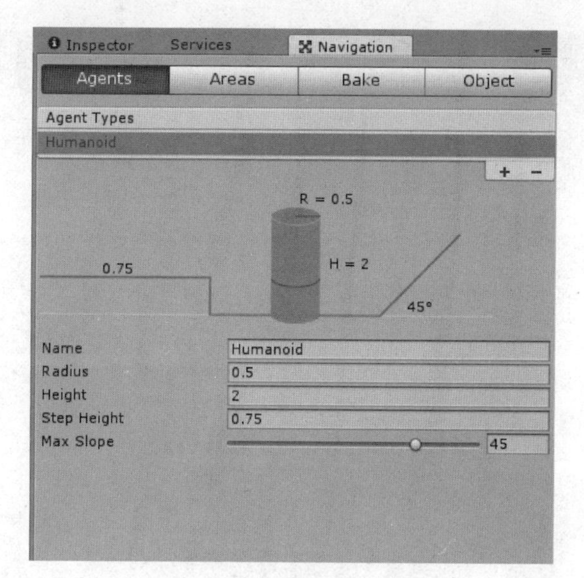

图 5.133　Navigation 面板

5.8.2　导航步骤

(1) 在场景中摆放各种模型,包括地板、斜坡、山体、扶梯等。

(2) 为所有的模型加上 Navigation Static 和 Off Mesh Link 组件(这个可根据需要,例如地板与斜坡相连,斜坡就不需要添加 Off Mesh Link)。

(3) 特殊处理扶梯,需要手动添加 Off Mesh Link,设置好开始点和结束点。

(4) 保存场景,烘焙场景。

5.8.3　上下斜坡

在用 Unity 的自动寻路系统的时候,如果人物不能按照规定到达目的地,很可能是因为烘焙寻路出现了问题,所以这是需要重视的地方。下面就是一开始烘焙的寻路,这里有个问题,就是在两个红圈的位置是没有烘焙上的,并且区域很大,当人物寻路到这里的时候很容易卡在这里,如图 5.134 所示。

设置烘焙的参数:将烘焙半径调小点儿就可以解决这个问题。将烘焙半径设置为 0.1,烘焙效果如图 5.135 所示。上坡和下边的地面连接处没有烘焙上的区域就很小了。

斜坡角度和连接问题。如果上坡的角度很大,人物也会卡在上坡中,现在设置的上坡角度是 40°。如果把角度设置为 30°或者以下,人物就可以很顺利地爬上斜坡。如果下坡的角度很大,人物就会直接跳下斜坡,现在设置的下坡角度是 50°。从图中可以看到人物是直接跳下来的。如果把角度设置为 40°或者以下,人物就可以很顺利地下斜坡了。

还有就是斜坡与地面和站台连接处的问题,它们的连接之间一定不能有空隙,否则人物也容易卡在空隙处。如图 5.135 所示,斜坡与站台没有完全连接上,有个很小的缝隙,即使寻路烘焙也没有问题,人物有时候也会卡在这个地方。

人物容易卡在寻路的边缘处。因为寻路就是解决人物查找最短的路径(在忽略消耗体力值前提下),并最终到达目的地的问题,所以在上下坡时也经常会遇到人物沿着斜坡运动,

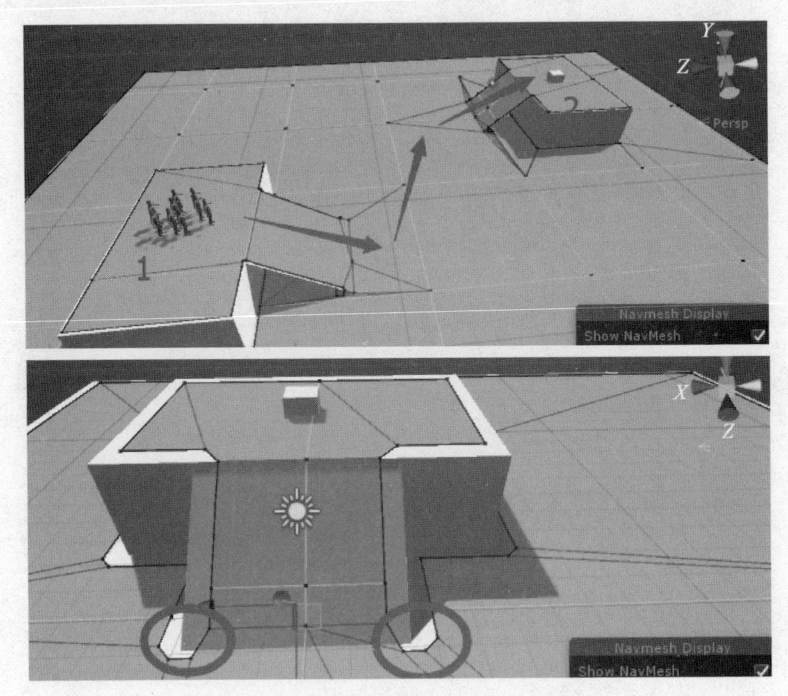

图 5.134　上下斜坡

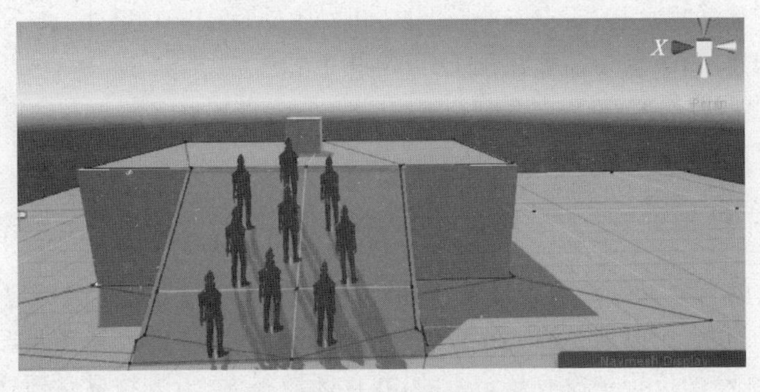

图 5.135　斜坡角度问题

这就可能使人物卡在烘焙好的寻路边缘处。解决办法是设置中间目标物，让其绕开寻路边缘，这就需要设置几个中间目标，当人物到达一个目标的时候，向着下一个目标运动。

代码如下：

```
using UnityEngine;
using UnityEngine.AI;

[RequireComponent(typeof(NavMeshAgent))]
public class NavigationTest : MonoBehaviour
{
    public Transform targetOne;
    public Transform targetTwo;
    public Transform targetThree;
    private NavMeshAgent navAgent;
```

```
    private float distanceOne;
    private float distanceTwo;
    //初始化
void Start()
    {
navAgent = transform.GetComponent<NavMeshAgent>();
        navAgent.SetDestination(targetOne.position);
    }

    //更新
void Update()
    {
CheckReachTarget();
    }

void CheckReachTarget()
    {
distanceOne = Vector3.Distance(transform.position, targetOne.position);
distanceTwo = Vector3.Distance(transform.position, targetTwo.position);

        if (distanceOne < 1f)
        {
            navAgent.SetDestination(targetTwo.position);
        }

        if (distanceTwo < 1f)
        {
            navAgent.SetDestination(targetThree.position);
        }
    }
}
```

5.8.4 自动寻路

本节用一个简单的例子来说明如何使用自动寻路。

(1) 在 Scene 视图中新建三个 Cube，摆放方式如图 5.136 所示。

图 5.136 自动寻路(1)

(2) 选中图 5.136 中的三个 Cube,并在 Inspector 面板中选中静态(static)下拉选项的 Navigation Static,依次选择菜单栏中的 Windows→Navigation,打开后面板如图 5.137 所示。

图 5.137 自动寻路(2)

单击该面板右下角的 Bake 按钮,即可生成导航网格。

(3) 下面就可以让一个运动体根据一个导航网格运动到目标位置。

首先新建一个 Cube 为目标位置,起名为 TargetCube;然后创建一个 Capsule(胶囊)运动体,为该胶囊挂载一个 Nav Mesh Agent(Component→Navigation→Nav Mesh Agent);最后写一个脚本就可以实现自动寻路。脚本如下:

```
using UnityEngine;
using System.Collections;
using UnityEngine.AI;
public class Run : MonoBehaviour
{
    public Transform TargetObject = null;

void Start()
    {
if (TargetObject != null)
        {
            GetComponent < NavMeshAgent >().destination = TargetObject.position;
        }
    }
void Update()
    {

    }
}
```

脚本新建完成后挂载到胶囊体上,然后将 TargetCube 赋予胶囊体的 Run 脚本,运行场景如图 5.138 所示,胶囊体会按照箭头的方向运动到 Cube 位置。

这样一个简单的自动寻路就完成了。如果要更精细地寻路,或要实现上坡、钻“桥洞”等,可根据下面介绍的相关参数进行调节。

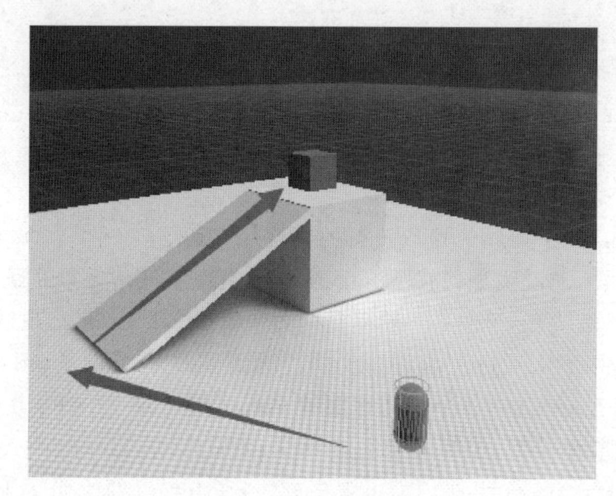

图 5.138　自动寻路(3)

5.8.5　导航组件

下面介绍 Navigation 组件和 Nav Mesh Agent 组件的相关参数。

1. Navigation 组件

Object：物体参数面板。

Navigation Static：勾选后表示该对象参与导航网格的烘焙。

Off Mesh Link Generation：勾选后可跳跃(Jump)导航网格和下落(Drop)。

Bake：烘焙参数面板。

Radius：具有代表性的物体半径，半径越小生成的网格面积越大。

Height：具有代表性的物体的高度。

Max Slope：斜坡的坡度。

Step Height：台阶高度。

Drop Height：允许最大的下落距离。

Jump Distance：允许最大的跳跃距离。

Min Region Area：网格面积小于该值则不生成导航网格。

Width Inaccuracy：允许最大宽度的误差。

Height Inaccuracy：允许最大高度的误差。

Height Mesh：勾选后会保存高度信息，同时会消耗一些性能和存储空间。

2. Nav Mesh Agent 组件

Radius：物体的半径。

Speed：物体的行进最大速度。

Acceleration：物体的行进加速度。

Angular Speed：行进过程中转向时的角速度。

Stopping Distance：离目标距离还有多远时停止。

Auto Traverse Off Mesh Link：是否采用默认方式通过链接路径。

Auto Repath：在行进中因某些原因中断后是否重新开始寻路。

Height：物体的高度。

Base Offset：碰撞模型和实体模型之间的垂直偏移量。

Obstacle Avoidance Type：障碍躲避的表现登记，None 选项为不躲避障碍。另外，等级越高，躲避效果越好，同时消耗的性能越多。

Avoidance Priority：躲避优先级。

Nav Mesh Walkable：该物体可以进行的网格层掩码。

下面通过一个例子来说明如何在 Navigation 中实现高低落差以及跳跃。

不管是爬楼梯还是跳跃，Nav Mesh 都是通过 Off Mesh Link 实现的。创建 Off Mesh Link 的方法有两种，接下来通过例子进行说明。为了实现这个例子，预先在场景里面准备了一些物体：摄像机是必需的，一个作为地面的 Plane，然后是 F1～F5 几个高低落差不一样的台阶，L1 和 L2 是楼梯模型，控制人物主体 man，还有移动的目标点 target。其中，man 身上必须带有 Nav Mesh Agent 组件。为了观察方便，在 target 身上带了 Light 组件。

按照上面所讲的，Plane 和 F1～F5 台阶在 Navigation 面板中勾选 Navigation Static 选项，然后 Bake，观察 Scene 视窗，会发现已经生成了所要的 Nav Mesh 网格，现在可以像上面那样在 Plane 上面给人物做寻路和移动了，但人物是不会爬楼梯的。

这时找到 L1 楼梯，在楼梯的开始和结束的位置放置两个点，这两个点只需要拾取它的位移，可以用 empty GameObject 来做。为了便于观察，此处就拿 Cube 来做。开始点命名为 startPoint，结束点命名为 endPoint，如图 5.139 所示。

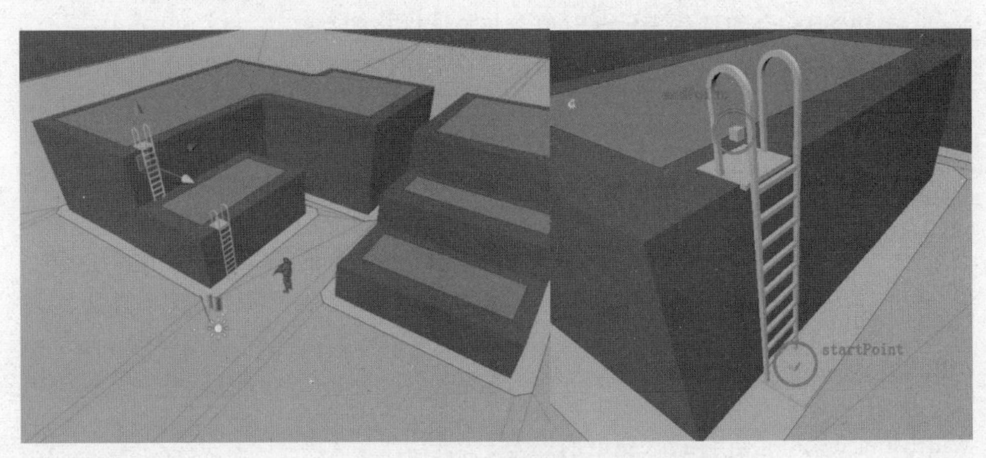

图 5.139　导航举例(1)

注意：startPoint 和 endPoint 的位置要比所在的平面稍微高一点点儿。

接下来介绍第一种生成 Off Mesh Link 的方法。选择 L1 楼梯，然后在 Component 下拉选项中选择 Navigation→Off Mesh Link。

选择后，Off Mesh Link 组件已经添加到了 L1 的身上，可以在 Inspector 面板看到。

把刚才放置在场景里面的 startPoint 和 endPoint 指定到 Off Mesh Link 组件的 Start 和 End 位置，其他选项默认不改变。

再次 Bake。现在，在 Scene 面板里，startPoint 和 endPoint 之间生成了一条线，而方向是从 startPoint 指向 endPoint 的。这时候可以通过移动目标点让角色开始爬楼梯，但爬上去之后角色暂时不能跳下来。如果把目标点移动到 Plane 上，角色会顺着楼梯爬下来。

使用同样的方法对 L2 生成 Off Mesh Link。这个时候，角色应该可以爬两层楼梯了。至此，第一个目标完成了。

接下来进行第二个目标的制作，首先来分析一下场景：我们希望人物能从 2.5m 的高度往下跳。若超过 2.5m，因太高会有危险，人物就不能跳。然后横向希望人物能跳过 2m 的沟。

根据这个设定，场景会是这样的情况：L1 和 L2 只能通过爬楼梯，L2 和 L3 之间可以跳跃，L3～L5 是可以往下跳的。

于是，在 Navigation 面板里面找到 Bake 栏，Drop Height（掉落高度）填 2.5，Jump Distance（跳跃距离）填 2，单位都是 m。

接下来介绍第二种生成 Off Mesh Link 的方法：选中 L1～L5 的物体，在 Navigation 面板的 Object 栏里把 Off Mesh Link Generation 选项勾选上。场景里面会出现很多新的 Off Mesh Link，这是 Unity 通过计算把可以跳跃或者下落的地方自动生成了 Off Mesh Link。这时应该已经可以通过移动目标点，让角色进行跳跃和下落了。进行到这里，第二个目标也完成了。

在制作过程中，假如没有这个大兵的模型，而是用一个胶囊体代替人物，其爬楼梯和跳跃的时候好像是在一瞬间完成的，没有大兵那个爬楼梯和跳跃动作的过程。

图 5.140 所示为导航举例示意图。

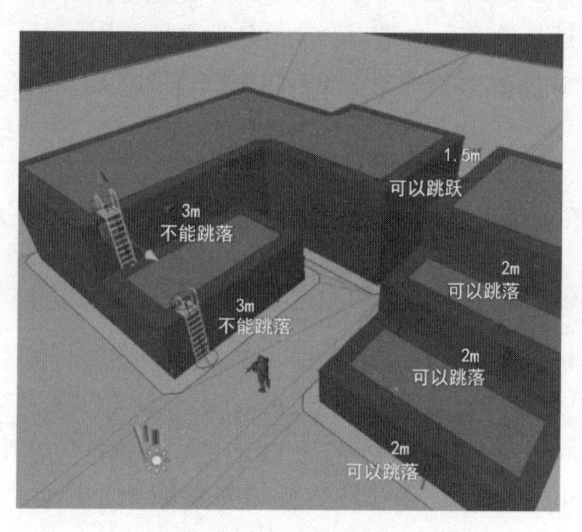

图 5.140　导航举例(2)

因为默认的 Nav Mesh Agent 组件中是勾选了 Auto Traverse Off Mesh Link（自动通过 Off Mesh Link）选项的，这意味着：人物只要到了 Off Mesh Link 的开始点，就会自动地移动到 Off Mesh Link 的结束点。

假如需要对越过 Off Mesh Link 时进行控制，则需要另外写脚本。这里简单地介绍一下方法。首先用状态来控制角色的概念，比如人物可以分为站立、走路、跑步、上下楼梯、横向跳跃和往下掉落几种状态。针对 NavMesh 来说，人物简单地分为站立、正常的 NavMesh 寻路和通过 Off Mesh Link 移动几种状态。首先把 Auto Traverse Off Mesh Link 选项取消。然后，通过人物在 Off Mesh Link 移动的状态（可以用 NavMeshAgent.isOnOffMeshLink 判断），获取到当前通过的 Off Mesh Link：OffMeshLinkData link＝NavMeshAgent.currentOffMeshLinkData；

这样就能获取到 link 的开始点和结束点的坐标(link. startPos 和 link. endPos),这时人物就可以用最简单的 Vector3. Lerp 来进行移动。当人物的位移到达了结束点的坐标,人物的 Off Mesh Link 移动状态就可以结束,又重新变回正常寻路或者站立的状态了。在这个 Vector3. Lerp 的过程中,可以随意地控制人物的爬行或者跳跃的动作。

5.9 音乐音效

本节学习的是 Unity 的音乐音效系统。随着游戏的普及,游戏音乐渐渐出现在了玩家的视野中,同时游戏音效也出现在大家的视野当中。音效,大到整个游戏的背景音乐,小到风吹衣服的声音等,在任何类型的游戏中都是不可或缺的一部分。在游戏中,一个好的音效能让游戏提升一个等级。例如,在青山绿水、优美的环境中,配上一曲优美的古曲,会让人有种身临其境的感觉,极大地提升游戏的快感。

在游戏中,一般存在两种音乐,一种是时间较长的背景音乐,另一种是时间较短的音效(比如按钮单击、开枪音效等)。

Unity 3D 支持下面几种音乐格式。

(1) AIFF：适用于较短的音乐文件,可用作游戏打斗音效。

(2) WAV：适用于较短的音乐文件,可用作游戏打斗音效。

(3) MP3：适用于较长的音乐文件,可用作游戏背景音乐。

(4) OGG：适用于较长的音乐文件,可用作游戏背景音乐。

5.9.1 音乐组件

Unity 3D 中对音乐进行了封装,总体来说,播放音乐需要 3 个基本的组件。下面分析这 3 个组件。

1. Audio Listener

在创建场景时,一般 Camera 上就会带有这个组件,该组件只有一个功能,就是监听当前场景下的所有音效的播放并将这些音效输出,如果没有这个组件,则不会发出任何声音。幸运的是,一般场景中只需要在任意的 GameObject 上添加一个该组件,无须创建多个该组件,但是要保证这个 GameObject 不被销毁,所以一般按照 Unity 的做法,在主摄像机中添加即可。

2. Audio Source

控制一个指定音乐播放的组件,可以通过属性设置来控制音乐的一些效果,详细内容可以查看官方的文档 http://docs. Unity 3D. com/Manual/class-AudioSource. html。

下面列出一些常用的属性。

(1) Audio Clip：声音片段,还可以在代码中动态地截取音乐文件。

(2) Mute：是否静音。

(3) Bypass Effects：是否打开音频特效。

(4) Play On Awake：开机自动播放。

(5) Loop：循环播放。

(6) Volume：声音大小,取值范围为 0.0～1.0。

(7) Pitch：播放速度，取值范围为－3～3，设置1为正常播放，小于1为减慢播放，大于1为加速播放。

3. Audio Clip

当我们把一个音乐导入Unity 3D中，这个音乐文件就会变成一个Audio Clip对象，即可以直接将其拖动到Audio Source的Audio Clip属性中，也可以通过Resources或AssetBundle进行加载，加载出来的对象类型就是Audio Clip。Audio Clip面板有很多参数，设置起来容易出错，如图5.141所示。

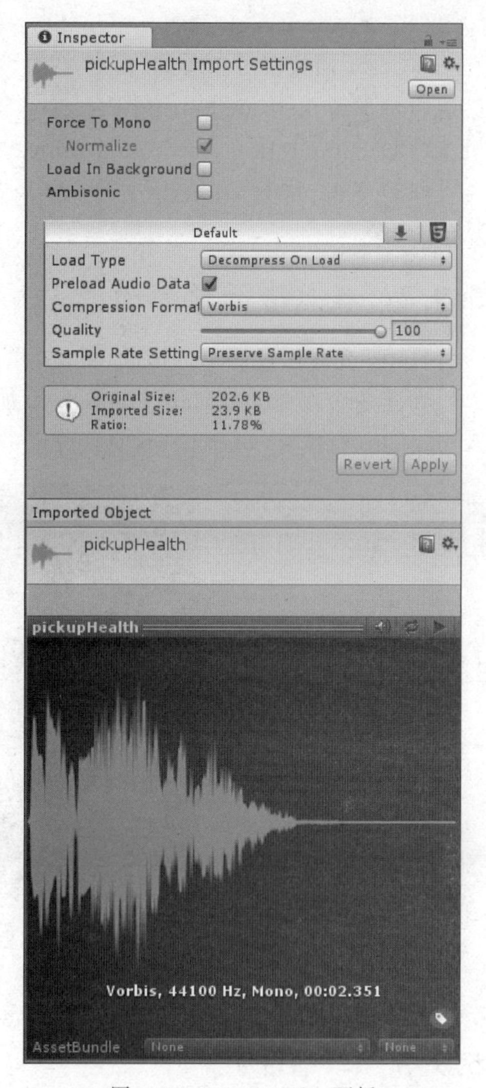

图5.141　Audio Clip面板

(1) Force To Mono：将多声道的声音合并成单声道，声音文件大小会小很多，在手机上推荐使用。合并声道之后，勾选Normalize复选框可以使声音听起来更优美一些。

(2) Load In Background：在后台加载，使得声音不阻塞主加载线程。它默认是关闭的，官方的说法是为了保证游戏运行时声音体验的一致性。个人觉得如果加载不会引起运行时卡顿，那么相对于提升加载时间和减少加载数量的优势，还是值得将其勾选的。

(3) Preload Audio Data：在进入场景时预加载音效，如果不勾选，直到第一次被使用时才加载。背景音乐无须勾选，但UI音效可以勾选，反正基本都是要加载的，这样还不会占用运行时间。

(4) Load Type-Decompress On Load：声音一旦被加载就会解压存储在内存中。这可以提供更好的声音响应，但会占用内存，尤其是Vorbis编码的声音，因此比较适合短小的声音。

(5) Load Type-Compressed In Memory：声音在内存中以压缩的形式存储，等播放时再解压。这种方式有轻微的效率消耗，但节省了内存，因此适合Vorbis形式的大文件。这部分消耗可以在Profiler中Audio面板的DSP CPU中查看。

(6) Load Type-Streaming：播放时解码。这种方式占用内存最小，却增加了磁盘读写和解压。这部分消耗可以在Profiler中Audio面板的Streaming CPU看到。基本上是大文件才会采用的设置。

(7) Compression Format-PCM：最高的质量，最大的文件。

(8) Compression Format-ADPCM：一些包含噪声，且会被多次播放的音频，可以采用这个格式，例如脚步、打击、武器等。它的PCM压缩了约70%，CPU消耗却比Vorbis小，是高频、小声音的最佳选择。

(9) Compression Format-Vorbis：压缩更小的文件，但质量不过关。压缩率可以在 Quality 面板中配置，可以边听边选，最后确定一个合适的压缩率。

(10) Compression Format-Quality：压缩比率，只对 Vorbis 类型有效。最终文件大小在 Inspector 面板中可以看到。

(11) Sample Rate Setting-Preserve Sample Rate：先前默认的值。

(12) Sample Rate Setting-Optimize Sample Rate：通过最高频率分析优化之后的值。

(13) Sample Rate Setting-Override Sample Rate：自定义的采样率的值，建议用默认的。

5.9.2 播放音乐的例子

Unity 允许通过简单的拖动、单击，并且不写一行代码即可实现音乐的播放。

新建一个场景，给 Main Camera 添加一个 Audio Source 组件，并将音乐文件拖动到 Audio Clip 属性上，勾选 Loop 使其可以进行循环播放，如图 5.142 所示。

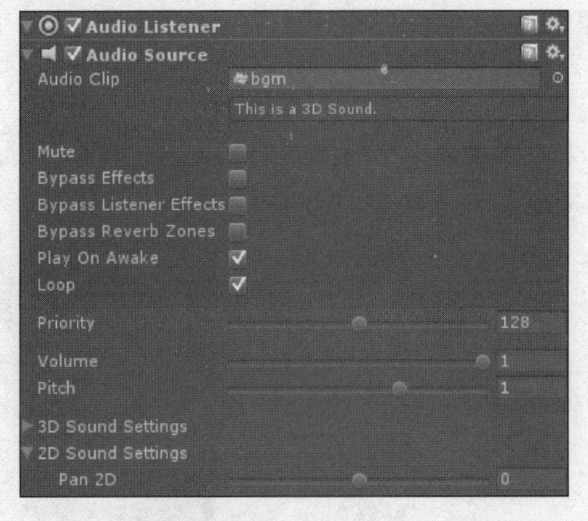

图 5.142 播放音乐

运行程序就可以听到声音。

5.9.3 三维音效

Unity 之所以把音乐播放拆分成 Audio Listener、Audio Source 和 Audio Clip 这 3 个组件，最重要的原因就是实现三维音效。

如果将 Audio Listener 看作一双耳朵，三维音效效果就能很好地被理解。Unity 会根据 Audio Listener 对象所在的 GameObject 和 Audio Source 所在的 GameObject 对距离和位置进行判断，从而模拟真实世界中音量近大远小的效果。

首先，导入所需的音乐文件，必须设置为三维音乐。如果是二维音乐，就不会有近大远小的效果。

新建一个场景，添加 3 个 GameObject，给第一个添加一个 Audio Listener 组件，其他两个添加 Audio Source 组件并赋予两个音乐文件。

移除 Main Camera 上的 Audio Listener 组件，按照下面的位置摆放这 3 个组件，如

图 5.143 所示。

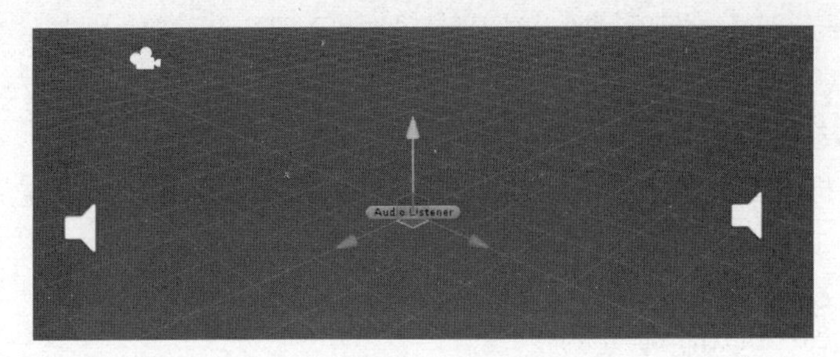

图 5.143 三维音效

运行游戏，返回 Scene 视窗，拖动 Audio Listener 组件的位置，就可以真切感受到类似在两个音响之间移动的效果。（对于每个 Audio Source 声音，可传递的距离可以通过拖动其球形的线条进行调整。）

5.10 VR 实例

5.10.1 飞机引擎拆装

飞机引擎的拆装要能在三维引擎中单击三维模型，并且使三维模型跟随鼠标移动。首先需要准备两套飞机模型，把飞机模型复制到 Unity 资源里。

把模型放入游戏场景中，如图 5.144 所示。

图 5.144 把模型放入游戏场景中

把飞机引擎的各个部分自动分离。

下面是分离各个引擎部分的方法。

```
if(Input.GetKeyDown(KeyCode.Space))
{
    transform.position = Vector3.MoveTowards(transform.position, new Vector3(3, 0, 0), 4);
}
```

先判断是否按下了空格键，如果按下了空格键，执行分离操作。

```
Input.GetKeyDown(KeyCode.Space)//是按下空格键的操作
transform.position = Vector3.MoveTowards(transform.position, new Vector3(3, 0, 0), 0.5f);
```

分离操作,从自身的位置 transform.position,移动到目标点 new Vector3(3, 0, 0),

0.5f 是每一帧移动的最大距离。

接下来把飞机引擎的各个部分组装起来,先在飞机引擎的各个部分添加下面的脚本。

```
using UnityEngine;
using System.Collections;
using System.Collections.Generic;
public class MouseMove : MonoBehaviour
{
    //鼠标经过时改变物体颜色
    private Color mouseOverColor = Color.blue;          //声明变量为蓝色
    private Color originalColor;                        //声明变量来存储本来的颜色
    void Start()
    {
        originalColor = GetComponent<MeshRenderer>().sharedMaterial.color;//开始时得到
                                                                           //物体着色
    }
    void OnMouseEnter()
    {

        GetComponent<MeshRenderer>().material.color = mouseOverColor; //鼠标滑过时改变
                                                                       //物体颜色为蓝色
    }
    void OnMouseExit()
    {
        GetComponent<MeshRenderer>().material.color = originalColor;//鼠标滑出时恢复
                                                                     //物体本来的颜色
    }
    IEnumerator OnMouseDown()                   //利用协同程序移动三维物体,鼠标单击时开始移动
    {
        Vector3 screenSpace = Camera.main.WorldToScreenPoint(transform.position);
                                                            //三维物体坐标转为屏幕坐标
        //将鼠标屏幕坐标转为三维坐标,再计算物体位置与鼠标之间的距离
var offset = transform.position - Camera.main.ScreenToWorldPoint(new Vector3(Input.
mousePosition.x, Input.mousePosition.y, screenSpace.z));
        print("down");
        while (Input.GetMouseButton(0))//按下鼠标左键,一直让三维引擎的部分跟随鼠标移动
        {
            Vector3 curScreenSpace = new Vector3(Input.mousePosition.x, Input.mousePosition.y,
screenSpace.z);
            var curPosition = Camera.main.ScreenToWorldPoint(curScreenSpace) + offset;
                                                            //把鼠标的屏幕坐标转换成三维坐标
            transform.position = curPosition;//把当前转换后的鼠标的三维坐标赋值给当前的
                                              //游戏物体即是飞机引擎的部分组件
            yield return new WaitForFixedUpdate(); //等待 FixedUpdate()函数执行完毕
        }
    }
}
```

然后就可以用鼠标拖动某个飞机引擎的部分组件,如图 5.145 所示。

图 5.145　飞机引擎的拆装

经过上面的一系列操作,飞机引擎的拆装基本上完成。

5.10.2　VR 房地产项目讲解

VR 房地产要实现的功能是可以在室内漫游,可以从各个视角动态地观看房子的结构与构成。

首先需要把资源导入 Unity 中。我们需要在场景中添加一个第一人称角色控制器 CharacterController。在 Unity 中,CharacterController 组件是控制角色移动的。通过在一个胶囊体上添加一个 CharacterController 组件来控制胶囊体的移动,并且把摄像机作为胶囊体的子物体一起移动,相当于移动摄像机,如图 5.146 所示。

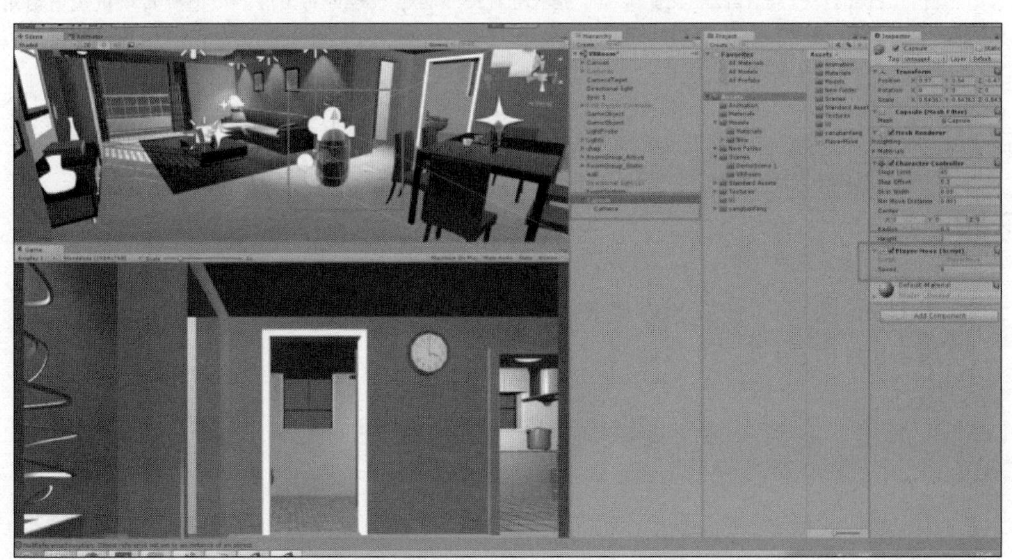

图 5.146　添加一个第一人称角色控制器

下面是 PlayerMove 脚本。

```
using System.Collections;
using System.Collections.Generic;
using UnityEngine;
public class PlayerMove : MonoBehaviour
{
    public float speed;
    CharacterController cc;
    void Start()
    {
        cc = GetComponent<CharacterController>();
    }
    float rotateY;
    float rotateX;
    void Update()
    {
        #region 移动的功能
        float h = Input.GetAxis("Horizontal");      //获取水平轴值
        float v = Input.GetAxis("Vertical");        //获取垂直轴值
        Vector3 direction = new Vector3(h, 0, v);   //要移动的方向
        direction = transform.TransformDirection(direction); //把相对坐标的位置转换成
                                                             //世界坐标的位置
        cc.Move(direction * Time.deltaTime * speed); //通过角色控制器来控制角色进行移动
                                                     //或者是在房间里面漫游
        #endregion
        #region 旋转的功能
        float x = Input.GetAxis("Mouse X");     //获取鼠标的 X 方向的轴值,即鼠标水平的轴值
        float y = Input.GetAxis("Mouse Y");     //获取鼠标的 Y 方向的轴值,即鼠标垂直的轴值
        rotateY = rotateY + x * Time.deltaTime * speed;  //角色在 Y 轴上的旋转增量
        rotateX = rotateX + y * Time.deltaTime * speed;  //角色在 X 轴上的旋转增量
        rotateX = Mathf.Clamp(rotateX, -20, 20);    //限制 X 轴方向的旋转量,范围为-20°～20°
        transform.eulerAngles = new Vector3(rotateX, rotateY, 0);  //把旋转增量赋值给角色
                                                                   //的欧拉角
        #endregion
    }
}
```

习题

1. 用 Unity 3D 开发一个汽车组装演示系统。
2. 用 Unity 3D 开发一个校园漫游系统。

第6章　增强现实系统的标定

为了实现虚拟与真实场景更好的结合，计算机产生的虚拟添加信息在增强现实系统中需要通过三维跟踪注册算法和真实场景保持精确的对准关系，如图6.1所示。为了确保虚拟与真实场景的全方位对准，需要用到系统中以多种方式呈现的先验知识和信息。真实场景的基准点的三维空间坐标，摄像机内部和外部参数等，都是大部分增强现实系统需要的系统信息。

图6.1　Unity资源商店中的高通手机平台增强现实软件包

为了获取摄像机的内部和外部参数，增强现实系统需要在初始时刻进行标定。目前的增强现实系统可以分为光学透视式增强现实系统和视频透视式增强现实系统两种。虽然光学透视式增强现实系统与视频透视式增强现实系统的标定方式不相同，但是这两种系统在进行系统标定时，都涉及世界坐标系、摄像机坐标系、平面坐标系的坐标变换。下面将对各种坐标系以及如何建立坐标系之间的关系进行简单的介绍。

6.1　系统几何模型及坐标变换

在计算机视觉中，空间物体在像平面上的投影就是图像。利用所拍摄的图像可以计算出三维空间中被测物体的几何参数。摄像机通过成像透镜将三维空间投影到二维像平面，即成像模型。为了方便描述成像过程，定义四种坐标系，分别是世界坐标系、摄像机坐标系、图像坐标系和像素坐标系。

6.1.1　图像坐标系和像素坐标系

在数字图像中，经常定义两种坐标系：像素坐标系和图像坐标系。如图6.2所示，一般情况下，像素坐标系的原点O_0位于图像的左上角，U轴和V轴平行于图像的行和列，坐标单位是像素(pixel)。在像素坐标系中，每一点的坐标(u,v)表示该像素的行数和列数。图

像坐标系的 X 轴和 Y 轴平行于图像的行和列，其单位一般是毫米。图像坐标系的原点定义在摄像机光轴与成像平面的交点 O_1，在像素坐标系中的坐标为(u_0,v_0)。像素坐标系与图像坐标系之间的转换关系如下。

$$u=\frac{x}{\Delta x}+u_0 \tag{6.1}$$

$$v=\frac{y_u}{\Delta y}+v_0 \tag{6.2}$$

其中，每一个像素在 X 轴和 Y 轴方向上的物理尺寸为 Δx 和 Δy，这两个参数的倒数称为像素尺度系数。其矩阵形式表示为

$$\begin{bmatrix} u \\ v \\ 1 \end{bmatrix}=\begin{bmatrix} \frac{1}{\Delta x} & 0 & u_0 \\ 0 & \frac{1}{\Delta y} & v_0 \\ 0 & 0 & 1 \end{bmatrix}\begin{bmatrix} x \\ y \\ 1 \end{bmatrix} \tag{6.3}$$

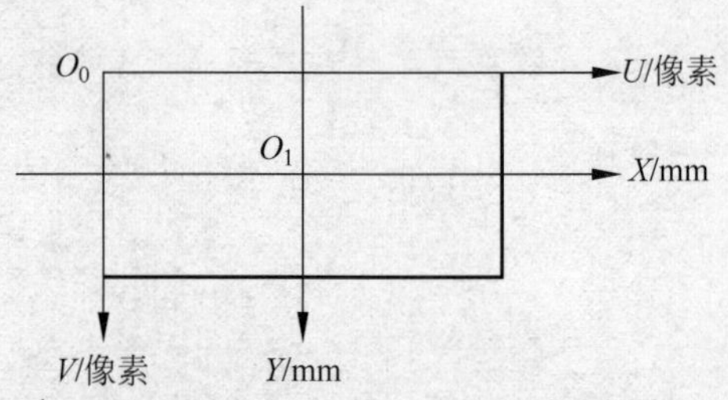

图 6.2　像素坐标系与图像坐标系

6.1.2　图像坐标系与摄像机坐标系

摄像机坐标系的原点 O 是图像坐标系的中心点，其 X_c 轴和 Y_c 轴分别与图像坐标系的 X 轴和 Y 轴平行，Z_c 轴是摄像机的光轴，如图 6.3 所示，$O\text{-}X_cY_cZ_c$ 为摄像机坐标系。OO_1 是摄像机的焦距 f，根据相似三角形原理，可以得到摄像机坐标投影到图像坐标系的转换公式：

$$x=f\frac{X_c}{Z_c} \tag{6.4}$$

$$y=f\frac{Y_c}{Z_c} \tag{6.5}$$

将上式图像坐标系进一步转换为图像坐标系：

$$\begin{cases} u-u_0=\dfrac{x}{d_x}=s_x x \\ v-v_0=\dfrac{y}{d_y}=s_y y \end{cases} \tag{6.6}$$

其中，u_0、v_0 是图像中心(光轴与图像平面的交点)坐标，d_x、d_y 分别为一个像素在 X 与 Y 方向上的采样频率，即单位长度的像素个数。

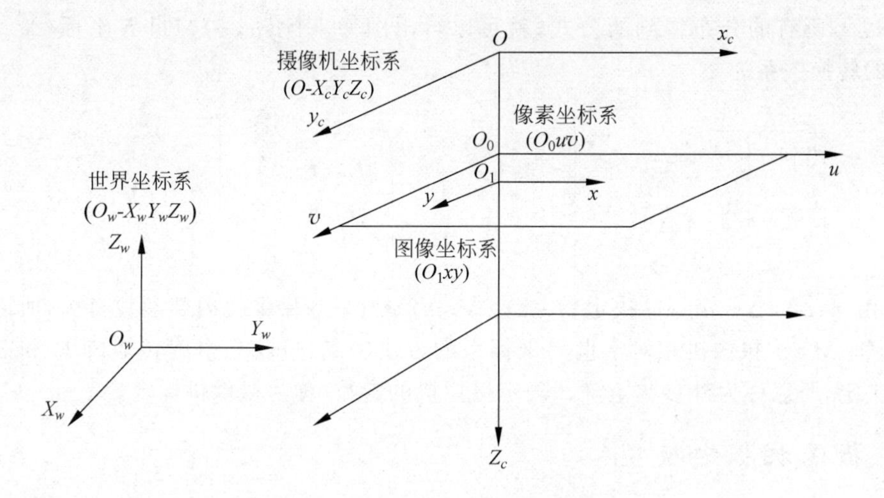

图 6.3　四个坐标系之间的转换关系

用矩阵的形式可以表示为

$$\boldsymbol{Z}_c\begin{bmatrix}x\\y\\1\end{bmatrix}=\begin{bmatrix}f&0&0&0\\0&f&0&0\\0&0&1&0\end{bmatrix}\begin{bmatrix}X_c\\Y_c\\Z_c\\1\end{bmatrix}\tag{6.7}$$

因此,可以得到物体点与图像像素坐标系中像点的变换关系为

$$\begin{cases}u-u_0=f\dfrac{s_x x}{z}=\dfrac{f_x x}{z}\\[2ex] v-v_0=f\dfrac{s_y y}{z}=\dfrac{f_y y}{z}\end{cases}\tag{6.8}$$

其中,$f_x=fs_x$,$f_y=fs_y$ 分别定义为 X 和 Y 方向的等效焦距。

6.1.3　摄像机坐标系与世界坐标系

由于摄像机和被摄物体可以放置在现实空间中的任意位置,就需要在现实空间中建立一个坐标系来确定摄像机在现实空间的位置,并且用来描述空间中物体的位置和姿态,这样的坐标系称为世界坐标系。如图 6.3 中的 O_w-$X_wY_wZ_w$。摄像机坐标与世界坐标的转换可以通过一个 3×3 的旋转矩阵 $\boldsymbol{R}$ 和一个三维平移矢量 $\boldsymbol{t}$ 完成,具体关系式如下。

$$\begin{bmatrix}X_c\\Y_c\\Z_c\end{bmatrix}=\boldsymbol{R}\begin{bmatrix}X_w\\Y_w\\Z_w\end{bmatrix}+\boldsymbol{t}\tag{6.9}$$

其齐次坐标表示为

$$\begin{bmatrix}X_c\\Y_c\\Z_c\\1\end{bmatrix}=\begin{bmatrix}\boldsymbol{R}&\boldsymbol{t}\\0&1\end{bmatrix}\begin{bmatrix}X_w\\Y_w\\Z_w\\1\end{bmatrix}\tag{6.10}$$

综合以上所有的分布得到的公式，就可以得出图像坐标(u,v)与世界坐标(X_w,Y_w,Z_w)之间的转换关系为

$$Z_c\begin{bmatrix}u\\v\\1\end{bmatrix}=\begin{bmatrix}\frac{1}{\Delta x}&0&u_0\\0&\frac{1}{\Delta y}&v_0\\0&0&1\end{bmatrix}\begin{bmatrix}f&0&0&0\\0&f&0&0\\0&0&1&0\end{bmatrix}\begin{bmatrix}\boldsymbol{R}&\boldsymbol{t}\\0&1\end{bmatrix}\begin{bmatrix}X_w\\Y_w\\Z_w\\1\end{bmatrix}=\boldsymbol{M}_1\boldsymbol{M}_2X_w \tag{6.11}$$

式中，$\boldsymbol{M}_1$ 由 f、Δx、Δy、u_0、v_0 决定，f、Δx、Δy、u_0、v_0 只与摄像机内部参数有关，所以称为内参数矩阵；$\boldsymbol{M}_2$ 由摄像机相对于世界坐标系的方位决定，也就是由旋转矩阵 $\boldsymbol{R}$ 和三维平移矢量 $\boldsymbol{t}$ 决定，所以称为外参数矩阵。确定摄像机的参数，称为摄像机标定。

6.1.4 摄像机标定模型

摄像机标定的模型可以分为两种，一种是线性成像模型，另一种是非线性成像模型。

1. 线性模型

线性模型，即设空间中的任意一点 P 在图像上所成的像可近似认为是通过小孔成像原理在像平面成像的，所以又称为针孔模型。如图 6.4 所示，空间中任意一点 P 在针孔模型中的成像关系，从图中可以看出，光心 O_c、P 点以及 P 点在图像上的投影三点在同一直线上。

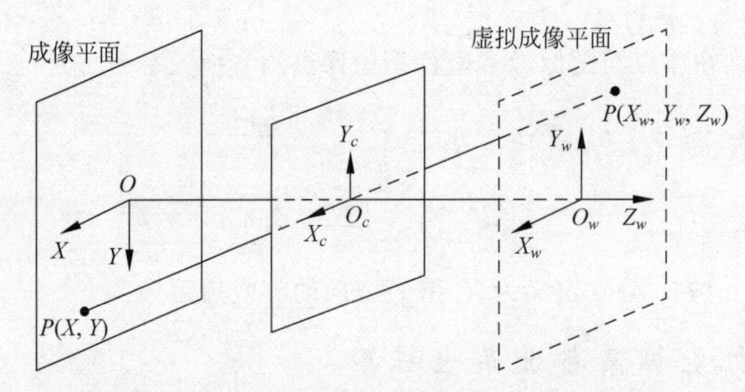

图 6.4　空间任意一点 P 在针孔模型中的成像关系

这种模型是没有考虑镜头畸变的影响，是一种线性模型。

2. 非线性模型

非线性模型是相对于线性模型而言的。理想情况下，摄像机模型为针孔模型，而在实际情况下，摄像机拍摄的图像与实际图像会有一定的偏差，这是由于摄像机的镜头会受到加工过程、外力作用等因素的影响而产生一定程度的畸变。摄像机的非线性模型是用来描述实际情况下由于某些因素造成的成像畸变。为了反映畸变量，可以用以下公式描述摄像机的非线性模型。

$$\begin{cases}x_u=x_d+\delta_x(x,y)\\y_u=y_d+\delta_y(x,y)\end{cases} \tag{6.12}$$

其中，(x_u,y_u)为摄像机理想的线性模型下图像点的坐标，(x_d,y_d)为实际情况下图像点的坐标，δ_x 为 x 方向的畸变值，δ_y 为 y 方向的畸变值。

6.1.5 摄像机的畸变

在进行坐标变换的时候，由于现实中的摄像机镜头并不能做到理想中的透镜成像，线性模型不能准确地描述几何关系，这就需要将这些不完美进行必要的纠正，达到理论上的完美。摄像机的不完美主要体现在摄像机的畸变，可以分为线性畸变和非线性畸变。线性畸变是指图像点与空间点的理想投影点发生等比例的旋转和平移，如图 6.5 所示；非线性畸变是指图像点与实际对应点之间发生不同比例的偏移或出现明显的变形，如图 6.6 所示。非线性畸变又分为径向畸变、离心畸变和薄棱镜畸变三种。

图 6.5 线性畸变

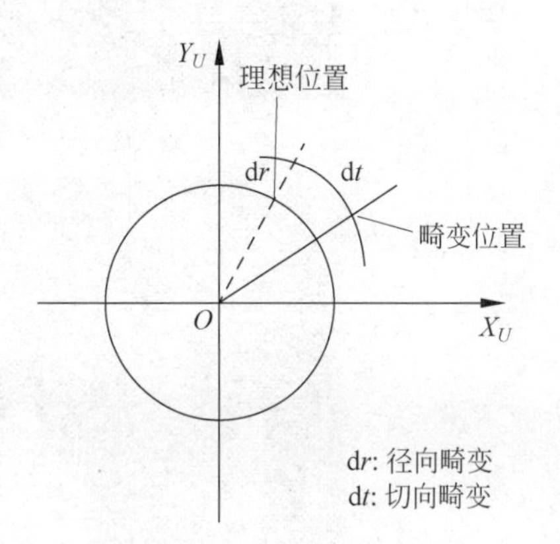

图 6.6 非线性畸变示意图

1. 径向畸变

径向畸变一般是指图像中的像素点相对于对应的理想点的几何位置发生了移动，从而产生了畸变。产生畸变的主要原因是组成镜头的光学系统的缺陷，如透镜曲面的工艺缺陷。根据像素点相对于图像中心的移动方向，径向畸变可进一步分为枕形畸变和桶形畸变，具体如图 6.7 所示。枕形畸变，又称为枕形失真，是由镜头引起的画面向中间"收缩"的现象，在使用长焦镜头或使用变焦镜头的长焦端时，枕形失真现象比较显著；桶形畸变，又称桶形失真，是由镜头中透镜的物理性能和镜片的结构引起的成像画面呈现桶形膨胀状态的失真现象，在使用广角镜头或使用变焦镜头的广角端时，桶形失真现象比较显著。

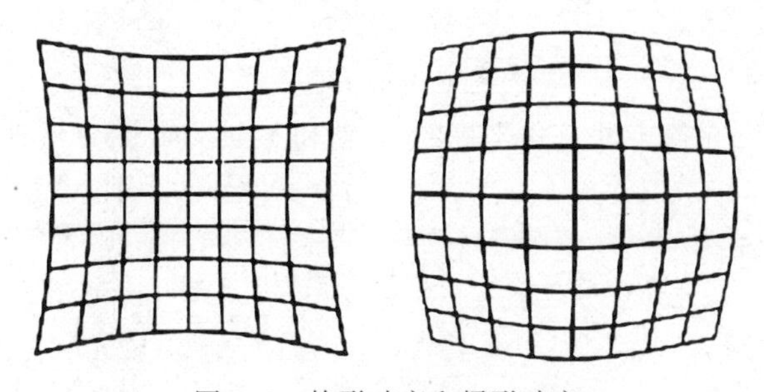

图 6.7 枕形畸变和桶形畸变

现实中的枕形畸变及其正常图片如图 6.8 所示。

现实中的桶形畸变及其正常图片如图 6.9 所示。

(a) 现实中的枕形畸变

(b) 正常图

图 6.8　现实中的枕形畸变及其正常图

这种径向畸变可以表达为以下形式：

$$\delta_r = k_1 r^3 + k_2 r^5 + \cdots \tag{6.13}$$

其中，δ_r 为极坐标(r,φ)的像点处的非线性畸变，$k_1, k_2 \cdots$为径向畸变系数，r 为图像中心到像素点的径向距离，φ 为像素点所在的径向直线与 Y 轴正方向的夹角。极坐标与图像坐标系的关系如下。

$$\begin{cases} x = r\sin\varphi \\ y = r\cos\varphi \end{cases} \tag{6.14}$$

可以得到径向畸变在笛卡儿直角坐标的 X 轴和 Y 轴方向的分量分别为

$$\begin{cases} \delta_{xr} = k_1 x(x^2 + y^2) + O[(x,y)^5] \\ \delta_{yr} = k_1 y(x^2 + y^2) + O[(x,y)^5] \end{cases} \tag{6.15}$$

其中，$O[(x,y)^5]$是关于 x 和 y 的高阶分量。

2. 离心畸变

离心畸变是指透镜不完全平行于图像平面而产生的畸变，这种畸变不仅包括径向畸变，同时也包括切向畸变，可以用以下两个公式表示。

(a) 现实中的桶形畸变

(b) 正常图

图 6.9　现实中的桶形畸变及其正常图

$$\begin{cases}\delta_{\rho d}=3(j_1r^2+j_2r^4)\sin(\varphi-\varphi_0)\\ \delta_{td}=(j_1r^2+j_2r^4)\cos(\varphi-\varphi_0)\end{cases}\tag{6.16}$$

其中，j_1 和 j_2 为常系数，φ_0 为所有切向畸变中的最大畸变角。

离心畸变的径向分量和切向分量与其在图像坐标的横轴方向和纵轴方向的分量存在以下关系。

$$\begin{bmatrix}\delta_{xd}\\ \delta_{yd}\end{bmatrix}=\begin{bmatrix}\sin\varphi & \cos\varphi\\ \cos\varphi & -\sin\varphi\end{bmatrix}\begin{bmatrix}\delta_{rd}\\ \delta_{td}\end{bmatrix}\tag{6.17}$$

设 $p_1=-j_1\sin\varphi_0$，$p_2=j_1\cos\varphi_0$，且 $\cos\varphi=x/r$，$\sin\varphi=y/r$，可得

$$\begin{cases}\delta_{xd}=p_1(3x^2+y^2)+2p_2xy+O[(x,y)^4]\\ \delta_{yd}=2p_1xy+p_2(x^2+3y^2)+O[(x,y)^4]\end{cases}\tag{6.18}$$

其中，$O[(x,y)^4]$是关于 x 和 y 的高阶分量。

3. 薄棱镜畸变

摄像机镜头中由于透镜设计、制造和装配误差所造成的图像变形，称为薄棱镜畸变。薄棱镜畸变包含径向畸变和切向畸变，可以用以下公式表示。

$$\begin{cases}\delta_{rp}=(i_1r^2+i_2r^4+\cdots)\sin(\varphi-\varphi_1)\\ \delta_{tp}=(i_1r^2+i_2r^4+\cdots)\cos(\varphi-\varphi_1)\end{cases} \tag{6.19}$$

其中，φ_1 为纵轴正方向与最大切向畸变处的径向线的夹角，设 $s_1=-i_1\sin\varphi$，$s_2=i_1\cos\varphi$，可得：

$$\begin{cases}\delta_{xp}=s_1(x^2+y^2)+O[(x,y)^4]\\ \delta_{yp}=s_2(x^2+y^2)+O[(x,y)^4]\end{cases} \tag{6.20}$$

4. 总畸变

径向畸变、离心畸变和薄棱镜畸变都普遍存在于摄像机拍摄的图像中。为了描述这三种畸变叠加效果，我们定义总畸变，可以用以下公式表示。

$$\delta_x(x,y)=k_1x(x^2+y^2)+[p_1(3x^2+y^2)+2p_2xy]+s_1(x^2+y^2) \tag{6.21}$$

$$\delta_y(x,y)=k_2x(x^2+y^2)+[p_2(3x^2+y^2)+2p_1xy]+s_2(x^2+y^2) \tag{6.22}$$

其中，δ_x 和 δ_y 的第一项称为径向畸变，第二项称为切向畸变，第三项称为薄棱镜畸变，k_1、k_2、p_1、p_2、s_1、s_2 称为非线性畸变参数。不考虑 4 阶及 4 阶以上的高阶分量，是因为高阶分量不但不能提高解的精度，反而可能造成解的不稳定。一般情况下，相对于离心畸变和薄棱镜畸变而言，摄像机拍摄的图像中的径向畸变是造成图像畸变的最主要原因。

设线性模型下图像点的理想坐标为(x_u,y_u)，而非线性模型下图像点的实际坐标为(x_d,y_d)，则可以建立二者的数学关系：

$$\begin{cases}x_u=x_d+\delta_x(x,y)\\ y_u=y_d+\delta_y(x,y)\end{cases} \tag{6.23}$$

如果只考虑径向畸变的影响：

$$\begin{cases}\delta_x(x,y)=k_1x(x^2+y^2)\\ \delta_y(x,y)=k_2x(x^2+y^2)\end{cases} \tag{6.24}$$

可以看出，图像中越靠近边缘的点，畸变越大；反之越靠近中心，畸变越小。

6.1.6 标定参数

摄像机标定的目的是找出三维空间和二维图像的对应关系。这种关系可以通过两个转换关系完成。第一，世界坐标系到摄像机坐标系的转换，这部分求解过程中的参数为外参数；第二，摄像机做标记到图像坐标系的转换，这部分求解过程中的参数为内参数。表 6.1 总结了内参数、外参数和 6.1.5 节中的畸变参数。

1. 内参数

摄像机的内部参数简称为内参，取决于摄像机固有的内部结构，而与摄像机的外部信息(位置、大小、运动情况等)无关。其主要包括的参数有图像的主点坐标(u_0,v_0)，摄像机的尺度因子 f_u、f_v，透镜的倾斜因子 r。

2. 外参数

摄像机的外部参数简称为外参，取决于摄像机的位置信息，而与摄像机本身的内部结构无关。根据空间几何知识，这类参数可以用旋转矩阵 $\boldsymbol{R}$ 和平移向量 $\boldsymbol{t}$ 唯一表示。外部参数包含 6 个独立参数，包括旋转矩阵 $\boldsymbol{R}$ 和平移矢量 $\boldsymbol{t}$ 各三个独立参数。

表 6.1 摄像机参数

参数	表达式
内参数	$\mathbf{A}=\begin{bmatrix} f_u & r & u_0 \\ 0 & f_v & v_0 \\ 0 & 0 & 1 \end{bmatrix}$
外参数	$\boldsymbol{R}=\begin{bmatrix} r_1 & r_2 & r_3 \\ r_4 & r_5 & r_6 \\ r_7 & r_8 & r_9 \end{bmatrix},\boldsymbol{t}=\begin{bmatrix} t_1 \\ t_2 \\ t_3 \end{bmatrix}$
畸变参数	k_1、k_2、p_1、p_2、s_1、s_2

6.2 摄像机标定

摄像机标定技术包含两大方面，即摄像机模型与摄像机标定方法，二者联系紧密。摄像机模型包括线性模型和非线性模型。线性模型是根据小孔成像原理，建立图像点和对应物体表面空间的几何位置关系，描述的是图像点、投影中心和空间点三者共线的理想情况。在实际应用中，由于摄像机的构造产生的各种畸变，使得图像点的实际位置对应理想图像点有所偏移，不能达到三者共线的情况，所以需要建立畸变校正模型，即非线性模型。

建立摄像机成像几何模型并确定该模型的参数是实现从二维图像提取三维空间信息的必要途径。不同的摄像机成像模型对应不同的参数集合，不同的参数集合又对应不同的标定方法。因此，需要根据实际应用选择合适的摄像机标定方法。

6.2.1 摄像机标定方法分类

摄像机标定方法按是否需要标定参照物来看，可以分为传统的摄像机标定方法、基于主动视觉的摄像机标定方法和摄像机自标定方法。

传统的摄像机标定方法需要通过某种摄像机模型，对一个已知的形状和参数的标定块建立标志参照物上已知点的空间坐标与其图像坐标之间的对应关系，从而得到摄像机的内外参数。传统的摄像机标定方法主要有直接线性变换方法、Tsai 两步标定方法、张正友平面标定方法等。这种方法适用于任意的摄像机模型，标定精度较高，但也存在标定的过程比较复杂，需要高精度的已知结构信息，在很多实际情况中无法使用标定块。

基于主动视觉的摄像机标定方法是在“已知摄像机的某些运动信息”下标定摄像机的方法，这里的“已知摄像机的某些运动信息”包括定量信息和定性信息。定量信息如摄像机在平台坐标系下朝某一方向平移某一给定量，摄像机的二平移运动正交等；定性信息如摄像机仅作纯平移运动或纯旋转运动等。这种方法的优点在于通常可以线性求解，鲁棒性比较高，不足之处是不能使用于摄像机运动未知和无法控制的场合。

摄像机自标定方法是不依赖于标定参照物的摄像机标定方法，仅利用摄像机在运动过程中周围环境的图像与图像之间的对应关系对摄像机进行的标定。摄像机自标定方法主要有基于圆环点的自标定方法、基于 Kruppa 方程的自标定方法、基于绝对二次曲面的自标定方法和基于无穷远平面的自标定方法等。这种方法只需要依靠多幅图像之间的对应关系进行标定，灵活性强，应用范围广，最大的不足之处就是鲁棒性差。

下面几节将对上述几种摄像机标定方法进行简单的介绍，并对标定的过程进行推导。

6.2.2 直接线性变换方法

直接线性变换方法(DLT)是由 Abdal-Aziz 和 Karara 在 1971 年提出的通过求解线性方程的方式就可以得到摄像机模型参数的方法。他们从摄影测量学的角度深入研究了相机图像和环境物体之间的关系，建立了相机成像几何的线性模型，这种线性模型参数的估计完全可以由线性方程的求解来实现。

直接线性变换方法所使用的模型是

$$\begin{cases} u=\dfrac{x_w l_1+y_w l_2+z_w l_3+l_4}{x_w l_9+y_w l_{10}+z_w l_{11}+1} \\ v=\dfrac{x_w l_5+y_w l_6+z_w l_7+l_8}{x_w l_9+y_w l_{10}+z_w l_{11}+1} \end{cases} \tag{6.25}$$

其中，(x_w,y_w,z_w)是世界坐标系中控制点的坐标，(u,v)是图像上对应于世界坐标系控制点的图像点坐标，l_i 是直接线性变换方法的待定参数，这 11 个参数表示了世界坐标系和图像空间坐标系之间的关系。当考虑非线性畸变时，直接线性变换方法中图像点与世界坐标系中控制点的对应关系为

$$\begin{cases} u_i-\Delta u_i=\dfrac{x_{wi} l_1+y_{wi} l_2+z_{wi} l_3+l_4}{x_{wi} l_9+y_{wi} l_{10}+z_{wi} l_{11}+1} \\ v_i-\Delta v_i=\dfrac{x_{wi} l_5+y_{wi} l_6+z_{wi} l_7+l_8}{x_{wi} l_9+y_{wi} l_{10}+z_{wi} l_{11}+1} \end{cases} \tag{6.26}$$

其中，Δu_i 和 Δv_i 是光学畸变误差。光学畸变误差可以表示为

$$\begin{cases} \Delta u_i=\xi(l_{12}r^2+l_{13}r^4+l_{14}r^6)+l_{15}(r^2+2\xi^2)+l_{16}\xi\eta \\ \Delta v_i=\eta(l_{12}r^2+l_{13}r^4+l_{14}r^6)+l_{15}\eta\xi+l_{16}(r^2+2\eta^2) \end{cases} \tag{6.27}$$

这里，

$$\begin{cases} (\xi,\eta)=(u_i-u_0,v_i-v_0) \\ r^2=\xi^2+\eta^2 \end{cases} \tag{6.28}$$

其中，在这 5 个附加的参数中，$l_{12}\sim l_{14}$ 与光学畸变有关，而 l_{15} 和 l_{16} 与构架畸变误差有关。

式(6.27)改写成

$$\begin{cases} \dfrac{1}{R}u_i=\dfrac{1}{R}(x_{wi}l_1+y_{wi}l_2+z_{wi}l_3+l_4-ux_{wi}l_9-uy_{wi}l_{10}-uz_{wi}l_{11})+\Delta u_i \\ \dfrac{1}{R}v_i=\dfrac{1}{R}(x_{wi}l_5+y_{wi}l_6+z_{wi}l_7+l_8-vx_{wi}l_9-vy_{wi}l_{10}-vz_{wi}l_{11})+\Delta v_i \end{cases} \tag{6.29}$$

其中，

$$R=x_{wi}l_9+y_{wi}l_{10}+z_{wi}l_{11}+1$$

则式 6.29 可写成

$$\frac{1}{R}\begin{bmatrix} u_i \\ v_i \end{bmatrix} = \frac{1}{R}\begin{bmatrix} x_{wi} & y_{wi} & z_{wi} & 1 & 0 & 0 & 0 & 0 & -ux_{wi} & -uy_{wi} & -uz_{wi} & \xi r^2 R & \xi r^4 R & \xi r^6 R & (r^2+2\xi^2)R & \xi\eta R \\ 0 & 0 & 0 & 0 & x_{wi} & y_{wi} & z_{wi} & 1 & -vx_{wi} & -vy_{wi} & -vz_{wi} & \eta r^2 R & \eta r^4 R & \eta r^6 R & \eta\xi R & (r^2+2\eta^2)R \end{bmatrix}\begin{bmatrix} l_1 \\ l_2 \\ \vdots \\ l_{15} \\ l_{16} \end{bmatrix} \tag{6.30}$$

式(6.30)可推广到有 n 个控制点,式中空间控制点坐标(x_{wi}, y_{wi}, z_{wi})是已知的,控制点坐标可通过数字图像处理等技术得到。

为了得到直接线性变换参数和附加参数,采用的最小二乘法是超定的(方程的数量>未知数的数量)。每个控制点可以提供两个方程,则控制点的最小数量与参数的关系如表 6.2 所示。

表 6.2　控制点的最小数量与参数的关系

参数数量	控制点数量	参数数量	控制点数量
11	6	14	6
12	6	18	8

6.2.3　Tsai 两步标定方法

目前,在工业测量等领域,人们一般使用有标定块的传统标定方法,其中最常用的是 Tsai 两步标定法。两步标定法是 20 世纪 80 年代中期 Tsai 提出的基于 RAC(Radial Alignment Constraint,径向排列约束)的标定方法,它在摄像机标定领域具有重要的研究意义。该算法的核心是首先利用径向排列一致约束条件来求解除相机光轴方向的平移外的其他相机参数,然后再求解摄像机的其他内外参数。

Tsai 两步标定法主要分为两步:第一步是利用最小二乘法求解超定方程组,解出外参数;第二步是求解内参数,若不考虑畸变因素影响,则可通过求解超定方程组得到结果,若只考虑一阶径向畸变系数,则可通过一个三变量的优化搜索求解。

假设空间点 P 的世界坐标系为(x_w, y_w, z_w),摄像机坐标系为(x, y, z),其在图像平面的理想成像点 p 的图像物理坐标为(X, Y),实际成像点 p' 的图像物理坐标为(X', Y')。由$(x, y, z)^{\mathrm{T}} = (R, t)(x_w, y_w, z_w)^{\mathrm{T}}$ 可得下式:

$$\begin{cases} x = r_{11}x_w + r_{12}y_w + r_{13}z_w + t_x \\ y = r_{21}x_w + r_{22}y_w + r_{23}z_w + t_y \\ x = r_{31}x_w + r_{32}y_w + r_{33}z_w + t_z \end{cases} \tag{6.31}$$

根据 RAC 可知:

$$\frac{x}{y}=\frac{X'}{Y'}=\frac{r_{11}x_w+r_{12}y_w+r_{13}z_w+t_x}{r_{21}x_w+r_{22}y_w+r_{23}z_w+t_y} \tag{6.32}$$

整理后可得

$$x_wY'r_{11}+y_wY'r_{12}+z_wY'r_{13}+Y't_x-x_wX'r_{21}-y_wX'r_{22}-z_wX'r_{23}=X't_y$$

上式两边同时除以 t_y 得

$$x_wY'\frac{r_{11}}{t_y}+y_wY'\frac{r_{12}}{t_y}+z_wY'\frac{r_{13}}{t_y}+Y'\frac{t_x}{t_y}-x_wX'\frac{r_{21}}{t_y}-y_wX'\frac{r_{22}}{t_y}-z_wX'\frac{r_{23}}{t_y}=X'$$

换成矢量形式为

$$[x_wY' \quad y_wY' \quad z_wY' \quad Y' \quad -x_wX' \quad -y_wX' \quad -z_wX']\begin{bmatrix}r_{11}/t_y\\r_{12}/t_y\\r_{13}/t_y\\t_x/t_y\\r_{21}/t_y\\r_{22}/t_y\\r_{23}/t_y\end{bmatrix}=X' \tag{6.33}$$

其中,行矢量是已知的,列矢量就是要求的摄像机参数。

对三维空间的每一个物体点,已知 x_w,y_w,X',Y',就可以写出式(6.33),选取三维空间中合适的7个物体点,就可以写出7个上述方程,可以解出这7个变量,若选取同一平面上的点进行标定,可以假设选取世界坐标系的 XOY 平面与图像平面重合,则 $z_w=0$,可以得到下式:

$$[x_wY' \quad y_wY' \quad Y' \quad -x_wX' \quad -y_wX']\begin{bmatrix}r_{11}/t_y\\r_{12}/t_y\\t_x/t_y\\r_{21}/t_y\\r_{22}/t_y\end{bmatrix}=X' \tag{6.34}$$

利用式(6.34),考虑到旋转矩阵为正交单位阵,可以由此确定旋转矩阵 $\boldsymbol{R}$ 和平移矢量 $\boldsymbol{t}_x$ 和 $\boldsymbol{t}_y$,再利用RAC方法将全部外参数分离出来,并采用线性方程求出所有摄像机的内部参数和外部参数。

Tsai两步法的最大优点是在标定的过程中所涉及的都是线性方程,极大降低了算法的运算量,因此标定过程简便、快捷。但是由于只考虑了一阶径向畸变系数,标定的鲁棒性有待提高,该方法适合对标定精度要求不高的场合。

6.2.4 张正友平面标定方法

张正友平面标定方法是张正友教授于1998年在名为 *A Flexible New Technique for Camera Calibration* 一文中提出的单平面棋盘格的摄像机标定方法。此方法所用平面模板如图6.10所示,世界坐标系、图像坐标系和摄像机坐标系的关系如图6.11所示。

图 6.10　张正友平面标定法所用平面模板

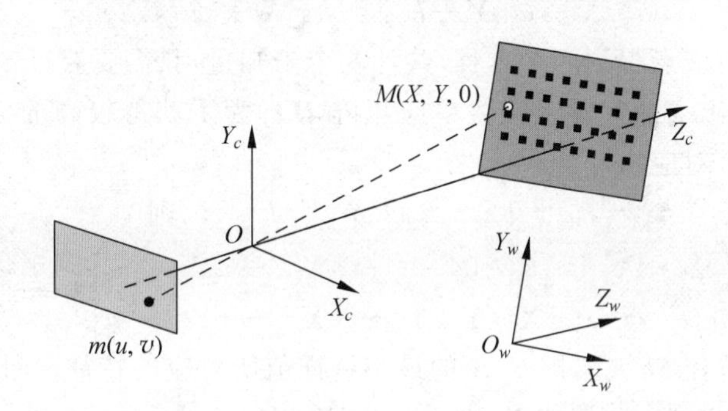

图 6.11　世界坐标系、图像坐标系与摄像机坐标系关系

张正友平面标定方法的基本原理：

$$s\begin{bmatrix}u\\v\\1\end{bmatrix}=\boldsymbol{K}[\boldsymbol{r}_1\quad \boldsymbol{r}_2\quad \boldsymbol{r}_3\quad \boldsymbol{t}]\begin{bmatrix}X\\Y\\0\\1\end{bmatrix}=\boldsymbol{K}[\boldsymbol{r}_1\quad \boldsymbol{r}_2\quad \boldsymbol{t}]\begin{bmatrix}X\\Y\\1\end{bmatrix}\tag{6.35}$$

在这里为了方便运算，假设模板平面在世界坐标系 $Z=0$ 的平面上。其中，$\boldsymbol{K}=\begin{bmatrix}\alpha & \gamma & u_0\\0 & \beta & v_0\\0 & 0 & 1\end{bmatrix}$为摄像机内参数矩阵，$\alpha$ 和 β 为图像在 u 轴和 v 轴的尺寸因子，γ 为图像坐标系 u、v 方向不垂直的扭曲因子，$[X\quad Y\quad 1]^{\mathrm{T}}$ 为模板平面上点的齐次坐标，$[\boldsymbol{r}_1\quad \boldsymbol{r}_2\quad \boldsymbol{r}_3]$和 $\boldsymbol{t}$ 分别是摄像机坐标系相对于世界坐标系的旋转矩阵和平移向量。

式(6.35)可简化为

$$s\tilde{\boldsymbol{m}}=\boldsymbol{H}\widetilde{\boldsymbol{M}}\tag{6.36}$$

其中，$\boldsymbol{H}=[\boldsymbol{h}_1\quad \boldsymbol{h}_2\quad \boldsymbol{h}_3]=\boldsymbol{K}[\boldsymbol{r}_1\quad \boldsymbol{r}_2\quad \boldsymbol{t}]$，模板上的点和图像点之间构造了一个关系矩阵 $\boldsymbol{H}$，这个 $\boldsymbol{H}$ 被称为单应性矩阵。在模板尺寸已知的情况下，就可求得三维空间中的点 $\boldsymbol{M}$ 和图像平面二维投影点 $\boldsymbol{m}$ 的坐标，再利用这两个坐标点的对应关系，就可以求出单应性矩阵 $\boldsymbol{H}$。

设

$$H=\begin{bmatrix} h_{11} & h_{12} & h_{13} \\ h_{21} & h_{22} & h_{23} \\ h_{31} & h_{32} & h_{33} \end{bmatrix}$$

结合式(6.35)可得

$$\begin{cases} su=h_{11}X+h_{12}Y+h_{13} \\ sv=h_{21}X+h_{22}Y+h_{23} \\ s=h_{31}X+h_{32}Y+1 \end{cases} \tag{6.37}$$

约去 s 可以推得

$$\begin{cases} h_{11}X+h_{12}Y+h_{13}=uh_{31}X+uh_{32}Y+u \\ h_{21}X+h_{22}Y+h_{23}=vh_{31}X+vh_{32}Y+v \end{cases} \tag{6.38}$$

可见一对坐标对应点得到两个方程,共计 8 个未知量,只需要获得 4 个对应点就可以得到 8 个方程,即可解出线性方程组获得单应矩阵 $\boldsymbol{H}$。为了获得较高的标定精度,实际摄像机标定中通常取多个对应点。

令 $\boldsymbol{h}=[h_{11}\quad h_{12}\quad h_{13}\quad h_{21}\quad h_{22}\quad h_{23}\quad h_{31}\quad h_{32}]^{\mathrm{T}}$,则

$$\begin{bmatrix} X & Y & 1 & 0 & 0 & 0 & -uX & -uY & -u \\ 0 & 0 & 0 & X & Y & 1 & -vX & -vY & -v \end{bmatrix}\boldsymbol{h}=0 \tag{6.39}$$

式(6.39)可以看作 $\boldsymbol{Sh}=0$,即 $\boldsymbol{S}^{\mathrm{T}}\boldsymbol{S}$ 的最小特征值所对应的特征向量就是该方程的最小二乘解,再解归一化得到所需要的 $\boldsymbol{h}$,从而可以求得 $\boldsymbol{H}$。

根据旋转矩阵的性质,即 $\boldsymbol{r}_1^{\mathrm{T}}\boldsymbol{r}_2=0$ 和 $\|\boldsymbol{r}_1\|=\|\boldsymbol{r}_2\|=1$ 时,每幅图像可以获得以下两个对内参数矩阵的约束条件:

$$\boldsymbol{h}_1^{\mathrm{T}}\boldsymbol{K}^{-T}\boldsymbol{K}^{-1}\boldsymbol{h}_2=0 \tag{6.40}$$

$$\boldsymbol{h}_1^{\mathrm{T}}\boldsymbol{K}^{-T}\boldsymbol{K}^{-1}\boldsymbol{h}_1=\boldsymbol{h}_2^{\mathrm{T}}\boldsymbol{K}^{-\mathrm{T}}\boldsymbol{K}^{-1}\boldsymbol{h}_2 \tag{6.41}$$

由于摄像机有 5 个未知内参数,所以当所取的图像数目大于等于 3 时,内参数矩阵 $\boldsymbol{K}$ 中 5 个未知数就可以有唯一解。

令

$$\boldsymbol{A}=\boldsymbol{K}^{-\mathrm{T}}\boldsymbol{K}^{-1}=\begin{bmatrix} A_{11} & A_{12} & A_{13} \\ A_{21} & A_{22} & A_{23} \\ A_{31} & A_{32} & A_{33} \end{bmatrix}$$

$$=\begin{bmatrix} \dfrac{1}{\alpha^2} & -\dfrac{\gamma}{\alpha^2\beta} & \dfrac{v_0\gamma-\mu_0\beta}{\alpha^2\beta} \\ -\dfrac{\gamma}{\alpha^2\beta} & \dfrac{\gamma^2}{\alpha^2\beta^2}+\dfrac{1}{\beta^2} & -\dfrac{\gamma(v_0\gamma-\mu_0\beta)}{\alpha^2\beta^2}-\dfrac{v_0}{\beta^2} \\ \dfrac{v_0\gamma-\mu_0\beta}{\alpha^2\beta} & -\dfrac{\gamma(v_0\gamma-\mu_0\beta)}{\alpha^2\beta^2}-\dfrac{v_0}{\beta^2} & \dfrac{(v_0\gamma-\mu_0\beta)^2}{\alpha^2\beta^2}+\dfrac{v_0^2}{\beta^2}+1 \end{bmatrix} \tag{6.42}$$

由上可见 $\boldsymbol{A}$ 矩阵为对称矩阵,定义矢量 $\boldsymbol{a}$:

$$\boldsymbol{a}=[A_{11}\quad A_{12}\quad A_{22}\quad A_{13}\quad A_{23}\quad A_{33}]^{\mathrm{T}}$$

$\boldsymbol{H}$ 矩阵的第 i 列矢量表示为

$$\boldsymbol{h}_i=[h_{i1} \quad h_{i2} \quad h_{i3}]^{\mathrm{T}}$$

根据式(6.42)可以将式(6.36)改写为

$$\boldsymbol{h}_i^{\mathrm{T}}\boldsymbol{A}\boldsymbol{h}_j=\boldsymbol{v}_{ij}^{\mathrm{T}}\boldsymbol{a} \tag{6.43}$$

其中，$\boldsymbol{v}_{ij}=[h_{i1}h_{j1},h_{i1}h_{j2}+h_{i2}h_{j1},h_{i2}h_{j2},h_{i3}h_{j1}+h_{i1}h_{j3},h_{i3}h_{j2}+h_{i2}h_{j3},h_{i3}h_{j3}]^{\mathrm{T}}$。

最后，根据内参数限制条件式(6.40)和式(6.41)得到

$$\begin{bmatrix}\boldsymbol{v}_{12}^{\mathrm{T}}\\(\boldsymbol{v}_{11}-\boldsymbol{v}_{22})^{\mathrm{T}}\end{bmatrix}\boldsymbol{a}=0 \tag{6.44}$$

如果有 N 幅模板的图像，则可以得到

$$\boldsymbol{v}\,\boldsymbol{a}=0 \tag{6.45}$$

其中，矩阵$\boldsymbol{v}$ 是一个 $2N\times6$ 的矩阵，即每张图片都可以建立两个方程组，共 6 个未知参数。根据求解方程的线性代数知识，当 $N\geqslant3$ 时，$\boldsymbol{a}$ 就可以被解出，从而得到摄像机的 5 个内参数。

$$\begin{cases}\alpha=\dfrac{\lambda}{A_{11}}\\\beta=\sqrt{\dfrac{\lambda A_{11}}{A_{11}A_{22}-A_{12}^2}}\\u_0=\dfrac{\gamma v_0}{\beta}-\dfrac{A_{13}\alpha^2}{\lambda}\\v_0=\dfrac{A_{12}A_{13}-A_{11}A_{23}}{A_{11}A_{22}-A_{12}^2}\\\gamma=-\dfrac{A_{12}\alpha^2\beta}{\lambda}\\\lambda=A_{33}-\dfrac{A_{13}^2+v_0(A_{12}A_{13}-A_{11}A_{23})}{A_{11}}\end{cases} \tag{6.46}$$

再根据单应性矩阵 $\boldsymbol{H}$ 和内参数矩阵解得每张图像的外部参数为

$$\begin{cases}\boldsymbol{r}_1=\lambda\boldsymbol{K}^{-1}\boldsymbol{h}_1\\\boldsymbol{r}_2=\lambda\boldsymbol{K}^{-1}\boldsymbol{h}_2\\\boldsymbol{r}_3=r_1\times\boldsymbol{r}_2\\\boldsymbol{t}=\lambda\boldsymbol{K}^{-1}\boldsymbol{h}_3\end{cases} \tag{6.47}$$

其中，$\lambda=\dfrac{1}{\|\boldsymbol{K}^{-1}\boldsymbol{h}_1\|}=\dfrac{1}{\|\boldsymbol{K}^{-1}\boldsymbol{h}_2\|}$。

张正友平面标定方法是介于传统方法和自标定方法之间的一种方法，它既避免了传统方法设备要求高、操作烦琐等缺点，又比自标定方法精度高，符合家用、办公使用的桌面视觉系统(DVS)的标定要求。此方法需要确定模板上点阵的物理坐标以及图像和模板之间的点的匹配，这对不熟悉计算机数据的使用者来说是不方便的。

6.2.5 基于主动视觉摄像机标定方法

为了克服传统标记方法的烦琐过程，出现了控制摄像机运动的主动标定方法。所谓基于主动视觉的摄像机标定，是指在“已知摄像机的某些运动信息”下标定摄像机的方法。目前，基于主动视觉的摄像机标定的研究焦点是在尽量减少对摄像机运动限制的同时，仍能线性求解摄像机的模型参数。这里需要指出的是，“尽量减少对摄像机运动限制”不等于“对摄像机的运动毫无约束”。如果对摄像机的运动毫无约束，标定过程本质上是一个多元非线性优化问题，基于主动视觉的标定就回到了自标定的范畴了。

胡占义重点介绍了文献中的一些主要方法并对其优缺点给出了一些简要评价。这些方法使用的摄像机模型为经典针孔模型。当摄像机的光心为摄像机坐标系的原点 O_c，光轴为摄像机坐标系的 Z_c 轴，图像平面与 X_cY_c 平面平行时，空间点 X_i 到图像点 U_i 的投影关系为

$$\boldsymbol{U}_i=\begin{bmatrix}u_i\\v_i\\1\end{bmatrix}\approx\boldsymbol{KX}_i=\begin{bmatrix}f_u & s & u_0\\0 & f_v & v_0\\0 & 0 & 1\end{bmatrix}\begin{bmatrix}x_i\\y_i\\z_i\end{bmatrix}\tag{6.48}$$

式中，符号“≈”表示在相差一个非零常数因子意义下的相等。$\boldsymbol{K}$ 为摄像机的内参数矩阵，f_u，f_v 是图像坐标系 u 轴和 v 轴的尺度因子，s 是造成 u 轴和 v 轴可能不垂直的畸变因子，(u_0, v_0) 为光轴与像平面交点的像素坐标。

当摄像机作刚体运动$(\boldsymbol{R},\boldsymbol{T})$时，空间点 $\boldsymbol{X}$ 运动后坐标为

$$\boldsymbol{X}'=\boldsymbol{RX}+\boldsymbol{T}\tag{6.49}$$

这样，空间点 $\boldsymbol{X}$ 在运动前后的图像点分别为

$$\boldsymbol{U}_1\approx\boldsymbol{K}[\boldsymbol{I}\quad\boldsymbol{0}]\begin{bmatrix}\boldsymbol{X}\\\boldsymbol{1}\end{bmatrix}=\boldsymbol{P}_1\begin{bmatrix}\boldsymbol{X}\\\boldsymbol{1}\end{bmatrix}\tag{6.50}$$

$$\boldsymbol{U}_2\approx\boldsymbol{KX}'=\boldsymbol{K}[\boldsymbol{R}\quad\boldsymbol{T}]\begin{bmatrix}\boldsymbol{X}\\\boldsymbol{1}\end{bmatrix}=\boldsymbol{P}_2\begin{bmatrix}\boldsymbol{X}\\\boldsymbol{1}\end{bmatrix}\tag{6.51}$$

矩阵 $\boldsymbol{P}_1$，$\boldsymbol{P}_2$ 为摄像机运动前和运动后的投影矩阵。

1. 基于摄像机纯旋转标定方法

Hartley 研究了一种通过控制摄像机绕光心作纯旋转运动来标定摄像机的方法，其基本原理如下。

当摄像机作绕光心的纯旋转运动时，运动前后图像之间的关系为

$$\boldsymbol{U}_{1i}=\boldsymbol{KX}_i\tag{6.52}$$

$$\boldsymbol{U}_{2i}=\boldsymbol{KRX}_i\tag{6.53}$$

所以，$\boldsymbol{U}_{2i}\approx\boldsymbol{KRK}^{-1}\boldsymbol{U}_{1i}\approx\boldsymbol{HU}_{1i}$，矩阵 $\boldsymbol{H}$ 可以从多组图相对应点得到。如果限定$\mathrm{Det}(\boldsymbol{H})=1$（$\mathrm{Det}(\boldsymbol{H})$表示 $\boldsymbol{H}$ 的行列式），则

$$\boldsymbol{H}=\boldsymbol{KRK}^{-1}\tag{6.54}$$

将式(6.54)转置并分别右乘原方程两边，得到

$$\boldsymbol{HKK}^{\mathrm{T}}\boldsymbol{H}^{\mathrm{T}}=\boldsymbol{KK}^{\mathrm{T}}\tag{6.55}$$

式(6.55)是本标定方法的基本约束方程，$\boldsymbol{C}=\boldsymbol{KK}^{\mathrm{T}}$ 是未知数，$\boldsymbol{H}$ 是已知数。假设已知

C 后，矩阵 **K** 可以很容易通过 Cholesky 分解得到，所以摄像机标定问题转换为如何求解矩阵 **C** 的问题。

如果已知一个 **H**，根据基本约束方程只能提供 4 个关于 **C** 中元素的线性独立约束方程，而 **C** 有 5 个独立元素，所以，从一个 **H** 中无法求得 **C** 的唯一解。当摄像机的内参数保持不变，控制摄像机作绕光心的二次独立旋转时(二次旋转的旋转轴不平行)，可以证明，此时两个形如基本约束方程的矩阵方程可以线性求解 **C**。

标定算法的基本步骤如下。

(1) 控制摄像机至少作两次旋转轴不相互平行的绕光心的旋转运动。

(2) 联合多个形式的矩阵方程组求解矩阵 **C**。

(3) 在每次旋转下通过图像对应点求对应的 **H** 矩阵。

(4) 联合 Cholesky 分解法求矩阵 **K**。

此标定算法的优点是可以线性求解摄像机的所有 5 个内参数。该方法的不足之处是要求摄像机作绕光心的纯旋转运动。由于在实际标定过程中事先不知道摄像机光心的具体位置，所以在实际应用中很难做到控制摄像机作绕光心的旋转运动。

2. 基于三正交平移运动标定方法

马颂德研究员提出的基于摄像机三正交平移运动的标定方法是文献中最系统的关于基于主动视觉进行摄像机标定的方法。标定方法的基本原理如下。

控制摄像机作一组三正交运动，即两两正交的三次平移运动，根据图像对应点计算对应的三个 FOE，记为 F_1, F_2, F_3。FOE 是 Focus Of Expansion 的缩写，定义为：当物体或者摄像机作纯平移运动时图像对应点连线的交点。事实上，FOE 就是极点。FOE 具有如下性质。

当摄像机内参数矩阵 **K** 的元素 $s=0$ 时，设 FOE 的图像坐标为(F_u, F_v)，则向量

$$\begin{pmatrix}\frac{F_u-u_0}{f_u} & \frac{F_v-v_0}{f_v} & 1\end{pmatrix}$$

与摄像机的平移向量 $\boldsymbol{T}=(T_x \quad T_y \quad T_z)^{\mathrm{T}}$ 平行。

由上述性质，可以得到 3 个关于 f_u, f_v, u_0, v_0 的约束方程：

$$\begin{pmatrix}\frac{F_{1u}-u_0}{f_u} & \frac{F_{1v}-v_0}{f_v} & 1\end{pmatrix}\begin{pmatrix}\frac{F_{2u}-u_0}{f_u} & \frac{F_{2v}-v_0}{f_v} & 1\end{pmatrix}^{\mathrm{T}}=0 \tag{6.56}$$

$$\begin{pmatrix}\frac{F_{1u}-u_0}{f_u} & \frac{F_{1v}-v_0}{f_v} & 1\end{pmatrix}\begin{pmatrix}\frac{F_{3u}-u_0}{f_u} & \frac{F_{3v}-v_0}{f_v} & 1\end{pmatrix}^{\mathrm{T}}=0 \tag{6.57}$$

$$\begin{pmatrix}\frac{F_{2u}-u_0}{f_u} & \frac{F_{1v}-v_0}{f_v} & 1\end{pmatrix}\begin{pmatrix}\frac{F_{3u}-u_0}{f_u} & \frac{F_{3v}-v_0}{f_v} & 1\end{pmatrix}^{\mathrm{T}}=0 \tag{6.58}$$

式(6.56)减去式(6.57)和式(6.58)，并令 $x=u_0, y=\frac{v_0 f_u^2}{f_v^2}, z=\frac{f_u^2}{f_v^2}$，可以得到关于 x, y, z 的两个线性约束方程：

$$(F_{1u}-F_{3u})x+(F_{1v}-F_{3v})y-F_{2v}(F_{1v}-F_{3v})z=F_{2u}(F_{1u}-F_{3u}) \tag{6.59}$$

$$(F_{2u}-F_{3u})x+(F_{2v}-F_{3v})y-F_{1v}(F_{2v}-F_{3v})z=F_{1u}(F_{2u}-F_{3u}) \tag{6.60}$$

通过式(6.59)和式(6.60)不能唯一确定 x, y, z，需要再作一次三正交运动。

标定算法的基本步骤如下。

(1) 控制摄像机作至少两组相互独立的三正交运动(两组任意4平移向量不共面)。

(2) 通过图像对应点计算FOE。

(3) 通过形如式(6.59)和式(6.60)的线性约束方程求解 x,y,z,然后计算 f_u,f_v, u_0,v_0。

此方法的主要优点是可以线性求解摄像机的内参数,主要不足一是需要高精度的摄像机平台来实现摄像机作三正交运动;二是模型参数 $s=0$ 时才能够成立;三是 x,y,z 系数矩阵的条件数一般很大,对噪声相对敏感。

3. 基于平面正交运动标定方法

李华等人研究了一种巧妙的基于平面正交运动的摄像机标定方法。标定的基本原理如下。

控制摄像机作二次相互正交的平移运动,记为 $\boldsymbol{T}_1,\boldsymbol{T}_2$,则

$$\boldsymbol{T}_1^{\mathrm{T}}\boldsymbol{T}_2=0 \tag{6.61}$$

由极点可知,当摄像机作纯平移运动时,运动前后两幅图像的极点相同,即 $\boldsymbol{e}\approx\boldsymbol{KT}$,也可以说

$$\boldsymbol{T}\approx\boldsymbol{K}^{-1}\boldsymbol{e} \tag{6.62}$$

将式(6.61)代入式(6.62)有

$$\boldsymbol{e}_1^{\mathrm{T}}\boldsymbol{K}^{-\mathrm{T}}\boldsymbol{K}^{-1}\boldsymbol{e}_2=0,\quad 或\quad \boldsymbol{e}_1^{\mathrm{T}}\overline{\boldsymbol{C}}\boldsymbol{e}_2=0 \tag{6.63}$$

其中,$\boldsymbol{e}_1,\boldsymbol{e}_2$ 分别是 $\boldsymbol{T}_1,\boldsymbol{T}_2$ 对应的极点,$\overline{\boldsymbol{C}}\approx\boldsymbol{K}^{-\mathrm{T}}\boldsymbol{K}^{-1}$。式(6.63)是本方法的基本约束方程。该标定方法转换成了如何求矩阵 $\overline{\boldsymbol{C}}$ 的问题,求出矩阵 $\overline{\boldsymbol{C}}$,矩阵 $\boldsymbol{K}$ 可以通过Cholesky分解从 $\overline{\boldsymbol{C}}$ 中分解出来。

由于矩阵 $\overline{\boldsymbol{C}}$ 有5个独立元素,想要求解 $\overline{\boldsymbol{C}}$,需要至少作5次不同的平面正交运动。标定算法的基本步骤如下。

(1) 控制摄像机作多组(≥5)不同的平面正交运动。

(2) 计算每组正交运动下对应的极点 e_1,e_2。

(3) 联立多个基本约束方程,在相差一个常数因子的情况下唯一求解 $\overline{\boldsymbol{C}}$。

(4) 通过Cholesky分解求矩阵 $\boldsymbol{K}$。

此方法对摄像机内参数 $s\neq0$ 的情况同样有效,实验证明解的稳定性更好。主要不足一是要求摄像机作正交运动,对设备要求高;二是关于5组正交运动之间满足什么条件能够保证可以唯一求解 $\overline{\boldsymbol{C}}$ 这个问题没有很好解决。

4. 基于无穷远平面单应矩阵标定方法

由1.的讨论可知,一旦知道了多个无穷远平面的单应矩阵,摄像机的内参数矩阵 $\boldsymbol{K}$ 就可以线性求解。求解 $\boldsymbol{H}_\infty$ 是标定摄像机的关键。另外,2.、3.介绍的方法都要求摄像机作正交平移运动,这只有在高精度的主动视觉平台才能实现,应用范围受到了很大限制。鉴于上述情况,在不要求特殊设备的情况下能够线性求解 $\boldsymbol{H}_\infty$ 就成为基于主动视觉摄像机标定的重要研究内容。

吴朝福等在这一方面进行了深入研究,并从数学上严格证明了两条重要结论。

结论1:摄像机作两次相同旋转的运动(运动参数未知)$(\boldsymbol{R}_1,\boldsymbol{T}_1)$,$(\boldsymbol{R}_1,\boldsymbol{T}_1')$,如果平移

矢量 $\boldsymbol{T}_1,\boldsymbol{T}_1'$ 线性无关，则该运动下无穷远平面对应的单应矩阵 $\boldsymbol{H}_\infty=\boldsymbol{KR}_1\boldsymbol{K}^{-1}$ 可以线性唯一求解。

结论 2：摄像机作两组运动参数未知的运动 $\boldsymbol{M}_1=\{(\boldsymbol{R}_1,\boldsymbol{T}_1),(\boldsymbol{R}_1,\boldsymbol{T}_1')\},\boldsymbol{M}_2=\{(\boldsymbol{R}_2,\boldsymbol{T}_2),(\boldsymbol{R}_2,\boldsymbol{T}_2')\}$，若下述两个条件满足：①$\boldsymbol{T}_1,\boldsymbol{T}_1'$ 线性无关，$\boldsymbol{T}_2,\boldsymbol{T}_2'$ 线性无关；②$\boldsymbol{R}_1,\boldsymbol{R}_2$ 的旋转轴不同，则可线性唯一地确定摄像机的内参数矩阵和运动参数。

结论 1 中摄像机仅作一次平移运动和一次任意运动，该运动组下无穷远平面对应的单应矩阵就可以线性唯一求解，等价于二次旋转相同但平移不同的运动。满足结论 1 的条件，几乎不需要什么特殊的设备，这比 2 和 3 中方便得多。

结论 2 说明控制摄像机作一次平移运动和两次任意运动时，只要两次任意运动的旋转轴不互相平行，摄像机就可以线性标定。

算法 1：基于基本矩阵的方法。

令摄像机作一组运动 $\boldsymbol{M}=\{(\boldsymbol{R},\boldsymbol{T}_1),(\boldsymbol{R},\boldsymbol{T}_1')\}$，$\boldsymbol{e}_1$ 为运动$(\boldsymbol{R},\boldsymbol{T}_1)$下在运动后图像的极点，$\boldsymbol{e}_2$ 为运动$(\boldsymbol{R},\boldsymbol{T}_1')$下在运动后图像的极点，$(U_{1i},U_{1i}')(i=1,2,\cdots,N_1)$为对应于运动$(\boldsymbol{R},\boldsymbol{T}_1)$下运动前后两幅图像之间的一组对应点，$(U_{2i},U_{2i}')(i=1,2,\cdots,N_2)$为对应于运动$(\boldsymbol{R},\boldsymbol{T}_1')$下运动前后两幅图像之间的一组对应点，则该运动组下无穷远平面的单应矩阵 $\boldsymbol{H}_\infty=\boldsymbol{KR}_1\boldsymbol{K}^{-1}$ 可以从下面的约束方程组线性唯一求解：

$$\begin{cases}\boldsymbol{H}_\infty U_{1i}+a_{1i}U_{1i}'+b_{1i}e_1=0, & i=1,2,\cdots,N_1\\ \boldsymbol{H}_\infty U_{2i}+a_{2i}U_{2i}'+b_{2i}e_2=0, & i=1,2,\cdots,N_2\end{cases}\tag{6.64}$$

其中，$a_{1i},b_{1i},a_{2i},b_{2i}$ 为未知标量，在求解 $\boldsymbol{H}_\infty$ 时同时求出。

算法 2：基于空间平面单应矩阵的方法。

令摄像机作一组运动 $\boldsymbol{M}=\{(\boldsymbol{R},\boldsymbol{T}_1),(\boldsymbol{R},\boldsymbol{T}_1')\}$，$\boldsymbol{e}_1$ 为运动$(\boldsymbol{R},\boldsymbol{T}_1)$下在运动后图像的极点，$\boldsymbol{e}_2$ 为运动$(\boldsymbol{R},\boldsymbol{T}_1')$下在运动后图像的极点，$H_1$ 为运动$(\boldsymbol{R},\boldsymbol{T}_1)$下某一空间平面的单应矩阵，$H_2$ 为运动$(\boldsymbol{R},\boldsymbol{T}_1')$下某一空间平面的单应矩阵，则该运动组下无穷远平面的单应矩阵 $\boldsymbol{H}_\infty=\boldsymbol{KR}_1\boldsymbol{K}^{-1}$ 可以从下面的约束方程组线性唯一求解：

$$\begin{cases}a_1\boldsymbol{H}_\infty=\boldsymbol{H}_1+\boldsymbol{e}_1\boldsymbol{X}_1^{\mathrm{T}}\\ a_2\boldsymbol{H}_\infty=\boldsymbol{H}_2+\boldsymbol{e}_2\boldsymbol{X}_2^{\mathrm{T}}\end{cases}\tag{6.65}$$

其中，a_1,a_2 为未知标量，$\boldsymbol{X}_1,\boldsymbol{X}_2$ 为未知列向量。

本方法的具体标定步骤如下。

(1) 控制摄像机至少作一次平移运动和多次任意运动。

(2) 根据上述两种算法其中一种求对应的 $\boldsymbol{H}_\infty$。

(3) 利用求得的多个不同的 $\boldsymbol{H}_\infty$，先求矩阵 $\boldsymbol{C}$，然后用 Cholesky 分解法分解出矩阵 $\boldsymbol{K}$。

此方法是目前为止对设备要求最低，从理论上来说非常完整的一种基于主动视觉的摄像机标定方法，唯一不足是在标定过程中把不同运动组看成相互独立的，没有当作一个整体考虑，在实际应用中可能会产生对局部噪声敏感的现象。

6.2.6 基于圆环点自标定方法

孟晓桥、胡占义提出了一种基于圆环点的摄像机自标定方法，该方法只需要摄像机在 3 个或 3 个以上不同方位摄取一个含有若干条直径的圆的图像，即可线性求解全部摄像机内部参数。此方法所使用的标定模板如图 6.12 所示。

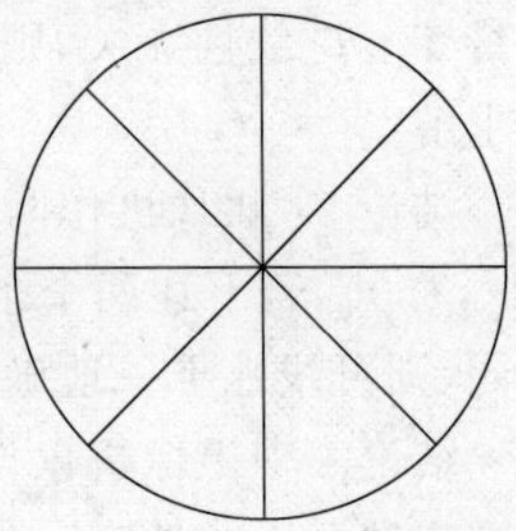

考虑到三维空间的点在图像平面上的成像原理，设图像上的二维点为 $\boldsymbol{m}=[u,v]^{\mathrm{T}}$，空间中的三维点记为 $\boldsymbol{M}=[x,y,z]^{\mathrm{T}}$，相应的齐次点坐标分别为 $\tilde{\boldsymbol{m}}=[u,v,t]^{\mathrm{T}}$ 和 $\widetilde{\boldsymbol{M}}=[x,y,z,t]^{\mathrm{T}}$。空间点 $\boldsymbol{M}$ 与图像点 $\boldsymbol{m}$ 之间的射影关系为

$$s\tilde{\boldsymbol{m}}=\boldsymbol{K}[\boldsymbol{R}\quad \boldsymbol{t}]\widetilde{\boldsymbol{M}} \tag{6.66}$$

图 6.12　圆环点标定模板

其中，s 为尺度因子，$[\boldsymbol{R}\quad \boldsymbol{t}]$ 是摄像机坐标系相对于世界坐标系的旋转矩阵与平移矢量，$\boldsymbol{K}$ 是摄像机内参数矩阵，$\boldsymbol{K}=\begin{bmatrix}\alpha & \gamma & u_0\\ 0 & \beta & v_0\\ 0 & 0 & 1\end{bmatrix}$。

在三维投影空间中，把满足 $t=\boldsymbol{0}$ 的点称为无穷远点，所有无穷远点构成了无穷远平面。无穷远平面上满足方程 $\widetilde{\boldsymbol{M}}^{\mathrm{T}}\widetilde{\boldsymbol{M}}=0$ 的点构成了绝对二次曲线 ω，ω 的像为二次曲线 $\boldsymbol{K}^{-\mathrm{T}}\boldsymbol{K}^{-1}$，包含摄像机内部参数的全部信息。

假设模板位于世界坐标系 X-Y 平面上，即模板平面方程为 $z=0$，记旋转矩阵 $\boldsymbol{R}$ 的第 i 列为 $\boldsymbol{r}_i$，可得

$$\boldsymbol{s}\begin{bmatrix}u\\ v\\ 1\end{bmatrix}=\boldsymbol{K}[r_1\quad r_2\quad r_3\quad t]\begin{bmatrix}x\\ y\\ 0\\ t\end{bmatrix}=\boldsymbol{K}[r_1\quad r_2\quad t]\begin{bmatrix}x\\ y\\ t\end{bmatrix} \tag{6.67}$$

模板平面上的点 $[x\quad y\quad z\quad t]^{\mathrm{T}}$ 可以用二维齐次坐标 $[x,y,t]^{\mathrm{T}}$ 来表示。根据射影几何的概念，模板平面上所有满足 $t=\boldsymbol{0}$ 的点构成了该模板平面的无穷远直线 l_∞，l_∞ 上有两个特殊点 $\boldsymbol{I}=(1,i,0,0)^{\mathrm{T}}$ 和 $\boldsymbol{J}=(1,-i,0,0)^{\mathrm{T}}$，称为圆环点。不难证明，$\boldsymbol{I}$ 和 $\boldsymbol{J}$ 的坐标满足方程 $\widetilde{\boldsymbol{M}}^{\mathrm{T}}\widetilde{\boldsymbol{M}}=0$，即 $\boldsymbol{I}$ 和 $\boldsymbol{J}$ 是 ω 上的点。假设 $\boldsymbol{I}$ 和 $\boldsymbol{J}$ 的像点分别是 $\boldsymbol{I}_m$ 和 $\boldsymbol{J}_m$，则 $\boldsymbol{I}_m$ 和 $\boldsymbol{J}_m$ 应落在 ω 的像上，即

$$\boldsymbol{I}_m^{\mathrm{T}}\boldsymbol{K}^{-\mathrm{T}}\boldsymbol{K}^{-1}\boldsymbol{I}_m=0,\quad \boldsymbol{J}_m^{\mathrm{T}}\boldsymbol{K}^{-\mathrm{T}}\boldsymbol{K}^{-1}\boldsymbol{J}_m=0 \tag{6.68}$$

因为 $\boldsymbol{I}$ 和 $\boldsymbol{J}$ 共轭，在射影变换作用下，$\boldsymbol{I}_m$ 和 $\boldsymbol{J}_m$ 仍是共轭点，故以上两式给出的约束实际是等同的，可以由实部、虚部分别为 0 得到关于 $\boldsymbol{K}^{-\mathrm{T}}\boldsymbol{K}^{-1}$ 的两个约束：

$$\mathrm{Re}(\boldsymbol{I}_m^{\mathrm{T}}\boldsymbol{K}^{-\mathrm{T}}\boldsymbol{K}^{-1}\boldsymbol{I}_m)=0,\quad \boldsymbol{I}_m(\boldsymbol{J}_m^{\mathrm{T}}\boldsymbol{K}^{-\mathrm{T}}\boldsymbol{K}^{-1}\boldsymbol{J}_m)=0 \tag{6.69}$$

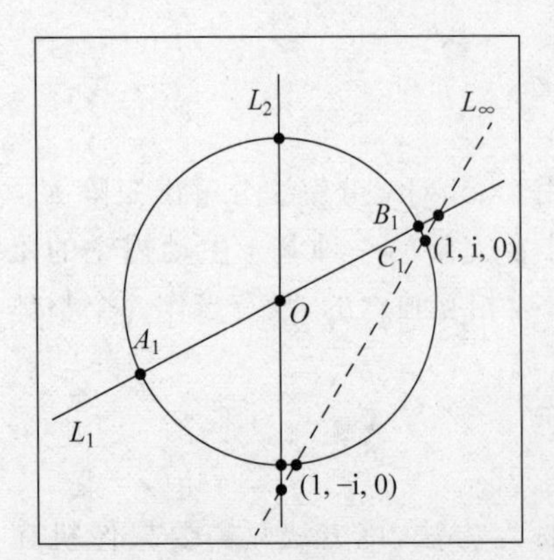

图 6.13　模板平面

如图 6.13 所示，模板平面上的圆 O 有若干条过圆心的直线，设圆心 O 的坐标为 $(O_x,O_y,0,1)^{\mathrm{T}}$，半径为 r，则圆的方程可以表示为

$$\left(\frac{x}{t}-O_x\right)^2+\left(\frac{y}{t}-O_y\right)^2=r^2 \tag{6.70}$$

为了计算圆 O 与无穷远直线 L_∞ 的交点，将 l_∞ 的方程 $t=0$ 代入圆方程，可得 $x^2+y^2=0$，即 $y=\pm\mathrm{i}x$，所以两个交点可以用齐次坐标表示为 $(1,\pm\mathrm{i},0)$，与 O_x，O_y，t 无关。这表明平面上任意一个圆与该平面的无穷远直线必定交于两个圆环点，根据透视变换的性质，相应地在图像平面上，圆的像与无穷远直线的像的交点是圆环

点的像，如图 6.14 所示。

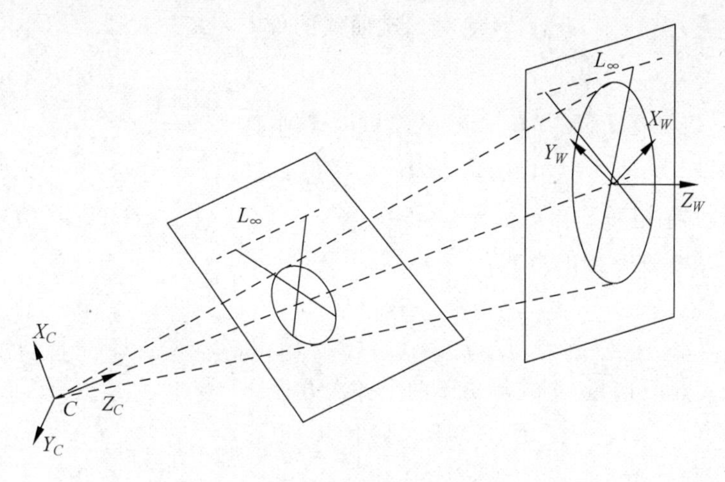

图 6.14　模板平面的成像

一般情况下，模板平面上的圆成像为椭圆，椭圆方程可以直接在图像上获得，得到无穷远直线在图像上的像(通常称为隐消线)，即可联立椭圆和直线方程解出圆环点的像坐标。

图 6.13 中过圆心 O 的一条直线 L_1 交圆于点 A_1，B_1，交 L_∞ 于 C_1，根据射影几何，A_1，B_1，O，C_1 四点的交比为-1，即$(A_1B_1,OC_1)=\dfrac{A_1O}{B_1O}\Big/\dfrac{A_1C_1}{B_1C_1}=-1$。假设 A_1，B_1，O，C_1 四点对应的像点分别为 m_{A1}，m_{B1}，m_O，m_{C1}，根据摄像机的透视变换的同素对应和保交比不变的性质，可知 m_{A1}，m_{B1}，m_O，m_{C1} 四点共线。利用如上性质，可以在图形上确定 m_{A1}，m_{B1}，m_O 后，列出以下方程：

$$\begin{cases}\dfrac{|m_{A1}m_O|}{|m_{B1}m_O|}\Big/\dfrac{|m_{A1}m_{C1}|}{|m_{B1}m_{C1}|}=-1\\(m_{A1}\times m_{B1})\times m_{C1}=0\end{cases}\tag{6.71}$$

上述方程可以解出 m_{C1}。很明显，m_{C1} 是隐消线上的点。如果存在多条直线，同理可得到多个隐消线上的点，可以拟合出隐消线的方程。但在实际应用中，由于噪声、直线检测误差等因素的存在，各条过圆心的直线像 l_i 并不总是精确地交于圆心所成像点 m_O。如图 6.15 所示，在这种情况下，我们定义了一个代价函数：

$$E=\sum_i d^2(m_O,l_i)\tag{6.72}$$

其中，$d(m_O,l_i)$表示点 m_O 到直线 l_i 的垂直距离。利用牛顿迭代法求出使 E 最小的 m_O，再将 m_O 投影到 l_i 上得到点 m_{Oi}。最后在求解 m_{C1} 的时候，用 m_{Oi} 代替 m_O 进行计算可以保证 m_{A1}，m_{B1}，m_O 三点共线。

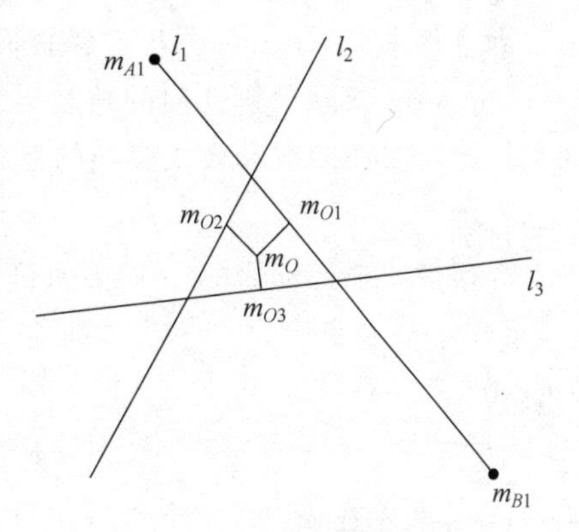

图 6.15　不共线情况

至此我们分别求出了圆 O 和无穷远直线的像，联立可得到两个圆环点的像点 $\boldsymbol{I}_m$ 和 $\boldsymbol{J}_m$

的坐标。设 $\boldsymbol{I}_m=[I_{m1},I_{m2},I_{m3}]^{\mathrm{T}}$，绝对二次曲线的像 $\boldsymbol{C}=\boldsymbol{K}^{-\mathrm{T}}\boldsymbol{K}^{-1}=\begin{bmatrix}C_{11} & C_{21} & C_{31}\\ C_{12} & C_{22} & C_{32}\\ C_{13} & C_{23} & C_{33}\end{bmatrix}$，通过 $\boldsymbol{I}_m^{\mathrm{T}}\boldsymbol{K}^{-\mathrm{T}}\boldsymbol{K}^{-1}\boldsymbol{I}_m=0,\boldsymbol{J}_m^{\mathrm{T}}\boldsymbol{K}^{-\mathrm{T}}\boldsymbol{K}^{-1}\boldsymbol{J}_m=0$，可以得到

$$[I_{m1},I_{m2},I_{m3}]\boldsymbol{C}[I_{m1},I_{m2},I_{m3}]^{\mathrm{T}}=0 \tag{6.73}$$

其中，$\boldsymbol{C}$ 是一个对称矩阵，定义一个 6 维矢量 $\boldsymbol{c}=[C_{11},C_{12},C_{22},C_{13},C_{23},C_{33}]^{\mathrm{T}}$，则式(6.73)可以写成线性方程的形式：

$$\boldsymbol{Ac}=0$$

其中，$\boldsymbol{A}=[I_{m1}I_{m1},I_{m1}I_{m2}+I_{m2}I_{m1},I_{m2}I_{m2},I_{m3}I_{m1}+I_{m1}I_{m3},I_{m3}I_{m2}+I_{m2}I_{m3},I_{m3}I_{m3}]$。由于 $\boldsymbol{A}$ 是复向量，上式等价于两个齐次方程：

$$\begin{bmatrix}\mathrm{Re}(\boldsymbol{A})\\ \mathrm{Im}(\boldsymbol{A})\end{bmatrix}\boldsymbol{c}=0 \tag{6.74}$$

在不同方位对模板拍摄 n 幅图像，将 n 个形如式(6.74)的方程组叠加起来得到

$$\boldsymbol{Vc}=0 \tag{6.75}$$

其中，$\boldsymbol{V}$ 是 $2n\times 6$ 的矩阵，当 $n\geqslant 3$ 时，相差一个常数因子情况下一般可以唯一确定 $\boldsymbol{c}$。解出 $\boldsymbol{c}$ 后，利用 Cholesky 分解法对 $\boldsymbol{C}$ 进行分解可唯一确定 $\boldsymbol{K}^{-1}$，再求逆得到 $\boldsymbol{K}$。求出的 $\boldsymbol{K}$ 和内参数矩阵相差一个常数因子，因为内参数矩阵最后一个元素为 1，所以将 $\boldsymbol{K}$ 的最后一个元素归一化，就得到真正的摄像机内参数矩阵。

该方法是在张正友平面标定法的基础上提出来的，最大的优点是不需要确定模板和图像点之间的匹配关系，也不需要知道任何木板的物理度量，完全摆脱人工干预，标定过程非常简单。不足之处是制作过程中模板需要精确定位圆心，计算复杂。

6.2.7 基于 Kruppa 方程自标定方法

基于 Kruppa 方程的摄像机自标定方法通常有两种：第一种是直接求解 Kruppa 方程；第二种是将求解 Kruppa 方程问题转换为相应数学规划问题。本书主要介绍第一种方法。

Faugeras 等从射影几何的角度出发，提出了基于求解 Kruppa 方程的自标定方法，该方法利用绝对二次曲线和极线变换的概念推导出了 Kruppa 方程。

令摄像机的运动为$(\boldsymbol{R},\boldsymbol{t})$，摄像机内参数矩阵为 $\boldsymbol{K}=\begin{bmatrix}f_u & s & u_0\\ 0 & f_v & v_0\\ 0 & 0 & 1\end{bmatrix}$，则基本矩阵有如下形式。

$$\boldsymbol{F}\cong\boldsymbol{K}^{-\mathrm{T}}[\boldsymbol{t}]_{\times}\boldsymbol{RK}^{-1} \tag{6.76}$$

其中，"$\cong$"表示在相差一个常数因子意义下的相等，而$[\boldsymbol{t}]_{\times}$表示由矢量 $t=(t_x,t_y,t_z)^{\mathrm{T}}$ 定义的反对称矩阵，即

$$[\boldsymbol{t}]_{\times}=\begin{bmatrix}0 & -t_z & t_y\\ t_z & 0 & -t_x\\ -t_y & t_x & 0\end{bmatrix} \tag{6.77}$$

通过计算出 $\boldsymbol{K}^{-1}$,可以推出:

$$\boldsymbol{K}^{-\mathrm{T}}[\boldsymbol{t}]_{\times}\boldsymbol{K}^{-1}=\frac{1}{f_u f_v}[\boldsymbol{Kt}]_{\times} \tag{6.78}$$

由于极点 $\boldsymbol{e}'\cong\boldsymbol{Kt}$,所以有

$$\boldsymbol{F}\cong\boldsymbol{K}^{-\mathrm{T}}[\boldsymbol{t}]_{\times}\boldsymbol{RK}^{-1}\cong\boldsymbol{K}^{-\mathrm{T}}[\boldsymbol{t}]_{\times}\boldsymbol{K}^{-1}\boldsymbol{KRK}^{-1} \tag{6.79}$$

因此,给出基本矩阵 $\boldsymbol{F}$,令 $\boldsymbol{e}'$为 $\boldsymbol{F}^{\mathrm{T}}\boldsymbol{x}=0$ 的一个非零解,则存在非零常数 λ,使得以下严格意义的等式成立:

$$\boldsymbol{F}=\lambda[\boldsymbol{e}']_{\times}\boldsymbol{KRK}^{-1} \tag{6.80}$$

由式(6.80)可得

$$\boldsymbol{FK}=\lambda[\boldsymbol{e}']_{\times}\boldsymbol{KR}$$

$$\boldsymbol{K}^{\mathrm{T}}\boldsymbol{F}^{\mathrm{T}}=\lambda\boldsymbol{R}^{\mathrm{T}}\boldsymbol{K}^{\mathrm{T}}[\boldsymbol{e}']_{\times}^{\mathrm{T}}$$

又因为 $\boldsymbol{RR}^{\mathrm{T}}=\boldsymbol{E}$,其中 $\boldsymbol{E}$ 为单位矩阵,所以可以推出:

$$\boldsymbol{FCF}^{\mathrm{T}}=s[\boldsymbol{e}']_{\times}\boldsymbol{C}[\boldsymbol{e}']_{\times}^{\mathrm{T}} \tag{6.81}$$

其中,$\boldsymbol{C}=\boldsymbol{KK}^{\mathrm{T}}$,$s=\lambda^2>0$,$s$ 为比例因子。式(6.81)被称为矩阵形式的 Kruppa 方程。只要求出 $\boldsymbol{C}$,就可以唯一求解出摄像机的内参数矩阵 $\boldsymbol{K}$。具体过程如下。

利用图像对应点求出基本矩阵和极点,$\boldsymbol{C}=\boldsymbol{KK}^{\mathrm{T}}$ 是对称矩阵,如果令 $\boldsymbol{C}=\begin{bmatrix}c_1 & c_5 & c_3\\ c_5 & c_2 & c_4\\ c_3 & c_4 & 1\end{bmatrix}$,则 $\boldsymbol{FCF}^{\mathrm{T}}$,$s[\boldsymbol{e}']_{\times}\boldsymbol{C}[\boldsymbol{e}']_{\times}^{\mathrm{T}}$ 两个矩阵均可以用矢量 $\boldsymbol{c}=(c_1,c_2,c_3,c_4,c_5)^{\mathrm{T}}$ 表示为线性函数,即

$$\boldsymbol{FCF}^{\mathrm{T}}=\begin{bmatrix}\boldsymbol{M}_1(\boldsymbol{c}) & \boldsymbol{M}_2(\boldsymbol{c}) & \boldsymbol{M}_3(\boldsymbol{c})\\ \boldsymbol{M}_2(\boldsymbol{c}) & \boldsymbol{M}_4(\boldsymbol{c}) & \boldsymbol{M}_5(\boldsymbol{c})\\ \boldsymbol{M}_3(\boldsymbol{c}) & \boldsymbol{M}_5(\boldsymbol{c}) & \boldsymbol{M}_6(\boldsymbol{c})\end{bmatrix} \tag{6.82}$$

$$[\boldsymbol{e}']_{\times}\boldsymbol{C}[\boldsymbol{e}']_{\times}^{\mathrm{T}}=\begin{bmatrix}\boldsymbol{m}_1(\boldsymbol{c}) & \boldsymbol{m}_2(\boldsymbol{c}) & \boldsymbol{m}_3(\boldsymbol{c})\\ \boldsymbol{m}_2(\boldsymbol{c}) & \boldsymbol{m}_4(\boldsymbol{c}) & \boldsymbol{m}_5(\boldsymbol{c})\\ \boldsymbol{m}_3(\boldsymbol{c}) & \boldsymbol{m}_5(\boldsymbol{c}) & \boldsymbol{m}_6(\boldsymbol{c})\end{bmatrix} \tag{6.83}$$

其中,$\boldsymbol{M}(\boldsymbol{c})$,$\boldsymbol{m}(\boldsymbol{c})$均为 $\boldsymbol{c}$ 的线性函数。因此矩阵形式的 Kruppa 方程等价于

$$\frac{\boldsymbol{M}_1(\boldsymbol{c})}{\boldsymbol{m}_1(\boldsymbol{c})}=\frac{\boldsymbol{M}_2(\boldsymbol{c})}{\boldsymbol{m}_2(\boldsymbol{c})}=\frac{\boldsymbol{M}_3(\boldsymbol{c})}{\boldsymbol{m}_3(\boldsymbol{c})}=\frac{\boldsymbol{M}_4(\boldsymbol{c})}{\boldsymbol{m}_4(\boldsymbol{c})}=\frac{\boldsymbol{M}_5(\boldsymbol{c})}{\boldsymbol{m}_5(\boldsymbol{c})}=\frac{\boldsymbol{M}_6(\boldsymbol{c})}{\boldsymbol{m}_6(\boldsymbol{c})} \tag{6.84}$$

上述方程中,已知量为基本矩阵 $\boldsymbol{F}$ 和极点 $\boldsymbol{e}'$,未知量为矢量 $\boldsymbol{c}=(c_1,c_2,c_3,c_4,c_5)^{\mathrm{T}}$。上述方程组中最多仅有两个相互独立的方程,因此至少需要有摄像机在不同位置上拍摄的 3 对图像对,才能求解摄像机的内参数矩阵 $\boldsymbol{K}$。

此方法不需要对图像序列做射影重建,而是对两两图像之间建立方程,在某些很难将所有图像统一到一个一致的射影框架的场合,此方法更具有优势。但是它无法保证无穷远平面在所有图像对确定的射影空间的一致性,当图像序列较长时,此方法的鲁棒性较低。

6.2.8 基于绝对二次曲面自标定方法

Triggs 最早将绝对二次曲面的概念引入到自标定的研究中来。绝对二次曲面$\boldsymbol{\Omega}^*$是空间中一个特殊的虚二次曲面。从代数的角度考虑,Ω^*在拓展欧式坐标系(无穷远平面方程为$t=0$)中的二次型为

$$\boldsymbol{\Omega}^* = \begin{bmatrix} I_{3\times3} & \mathbf{0} \\ \mathbf{0}^{\mathrm{T}} & 0 \end{bmatrix} \tag{6.85}$$

在任意射影坐标系下,该二次型将成为一个形式不固定、半正定、秩为 3 的 4×4 矩阵。如果再从几何角度考虑,式(6.85)所代表的几何元素有两种理解方式:①$\boldsymbol{\Omega}^*$可以被看成一个由点的轨迹组成的曲面,该曲面上的任意点x均满足方程$\boldsymbol{x}^{\mathrm{T}}\boldsymbol{\Omega}^*\boldsymbol{x}=0$,此时该曲面是被压缩到无穷远平面上的一个退化的二次曲面,它落在无穷远平面上的边缘即为绝对二次曲线,它所成的像等同于ω;②$\boldsymbol{\Omega}^*$也可被理解成由一组平面族组成的包络,该包络中任意平面的法向矢量$\boldsymbol{n}^{\mathrm{T}}$均满足方程$\boldsymbol{n}^{\mathrm{T}}\boldsymbol{\Omega}^*\boldsymbol{n}=0$,容易证明,该包络中任意平面均与绝对二次曲线$\Omega$相切,所以$\boldsymbol{\Omega}^*$等同于$\boldsymbol{\Omega}$的对偶,且该包络的成像也等同于绝对二次曲线像的对偶ω^*。在第 2 种理解方式下,若设$\boldsymbol{P}$为投影矩阵,则$\boldsymbol{\Omega}^*$应满足$\omega^*\cong\boldsymbol{P}\boldsymbol{\Omega}^*\boldsymbol{P}^{\mathrm{T}}$。

由上述可知,绝对二次曲面$\boldsymbol{\Omega}^*$对应着图像的绝对二次曲线像的对偶ω^*,即下式成立。

$$\omega^* \cong \boldsymbol{K}\boldsymbol{K}^{\mathrm{T}} = \lambda_i \boldsymbol{P}_i \boldsymbol{\Omega}^* \boldsymbol{P}_i^{\mathrm{T}} \tag{6.86}$$

原则上通过联立求解式(6.86)组成的方程组可以计算出ω^*,由于上式中的常数因子λ_i随图像的不同而改变,为了消去λ_i,对式(6.86)两边矩阵对应项作叉乘,可得

$$[\omega]_{kl}[\boldsymbol{P}_i\boldsymbol{\Omega}^*\boldsymbol{P}_i^{\mathrm{T}}]_{k'l'} - [\omega]_{k'l'}[\boldsymbol{P}_i\boldsymbol{\Omega}^*\boldsymbol{P}_i^{\mathrm{T}}]_{kl} = 0 \tag{6.87}$$

其中的$[\quad]_{kl}$表示矩阵第k行第l列元素。对于每一幅图像,可得到 15 个形如式 6.87 的方程,但其中最多只有 5 个是独立的。

基于$\boldsymbol{\Omega}^*$的自标定方法与基于 Kruppa 方程的方法在本质上是一致的,都是利用了绝对二次曲线在欧氏变换下的不变性,但在输入多幅图像并能得到一致射影重建的情形下,前者较后者更具有优势,其根源在于$\boldsymbol{\Omega}^*$包含无穷远平面和绝对二次曲线的所有信息,且基于$\boldsymbol{\Omega}^*$的自标定方法又是在对所有图像做射影重建的基础上计算$\boldsymbol{\Omega}^*$的,从而保证了无穷远平面对所有图像的一致性。与此相比,基于 Kruppa 方程的方法是在两两图像之间建立方程,在列方程过程中已将支持绝对二次曲线的无穷远平面参数消去,所以当输入更多的图像对时,不能保证该无穷远平面的一致性。

6.3 显示系统的增强现实系统标定

实现虚拟信息和现实世界的融合是设计增强现实系统最基本的问题。为了实现虚拟融合,用户必须使用头盔显示器来观察真实世界。头盔显示器可以使用户看到虚拟信息围绕真实世界很好的融合效果。

增强现实的一个核心技术是显示系统的标定。显示系统的标定指的是显示在头盔显示器中的虚拟图像和真实世界的对准,主要是测量出虚拟物体显示在头盔显示器的投影变换,从而使虚拟物体能显示在头盔显示器的正确位置。增强现实应用中有两种主要的头盔显示

器：视频透视式头盔显示器和光学透视式头盔显示器。视频透视式头盔显示器主要通过在头盔显示器外部安装摄像头摄取外部场景，计算机通过计算处理过程进行虚实融合，将虚拟信息叠加到真实场景中。光学透视式头盔显示器不但可以让用户直接看到周围的真实环境，还可以看到计算机产生的增强图像或信息，利用光学组合器直接将虚拟物体和真实场景在人眼中融合，实现对真实场景的增强。以下分别对视频透视式头盔显示器和光学透视式头盔显示器的增强现实系统标定作详细介绍。

6.3.1 视频透视式头盔显示器的标定

视频透视式头盔显示器中，用户对周围真实场景的感知是通过 CCD 摄像机获得的，摄像机代替用户眼睛的功能来感知周围世界。CCD 摄像机的内部参数的变化，对用 CCD 获取图像的系统影响不大。但是对增强现实系统来说，跟踪注册算法的数据直接来源于 CCD 的图像信息，整个注册算法是基于摄像机投影原理的，如果 CCD 摄像机内部参数不准确，会使得整个注册模型产生严重误差，甚至无法正常使用。因此，要实现准确地跟踪注册，必须对 CCD 的内部参数进行精确的标定。

实质上，对视频透视式头盔显示器的标定就是对 CCD 摄像机的标定，摄像机的标定在前面已经作了详细的介绍，不再赘述。

6.3.2 光学透视式头盔显示器的标定

光学透视式头盔显示器的标定和视频透视式头盔显示器的标定相比，更加复杂、困难，主要有以下两方面的原因。

(1) 视频透视式头盔显示器是用户通过摄像机摄取的真实环境图像来间接获得真实环境信息，而光学透视式头盔显示器是用户使用自身人眼透过半透明目镜直接获得自然环境中的物体。后者不能像前者一样直接、方便地处理真实物体图像中的特征。

(2) 在使用光学透视式头盔显示器的过程中，由于用户的不同次使用和用户身份的改变都会导致人眼位置的潜在变化，这种人为因素也会加大标定的难度。

针对此问题，各种不同的光学透视式标定方法出现。基于单点主动对准法(SPAAM)和基于图像的标定方法是当前比较实用的两种标定方法，以下将对这两种方法进行详细阐述。

当前使用的光学透视式标定系统由标定标靶、头部跟踪器、人眼和光学透视头盔构成。如图 6.16 所示，由视频跟踪器构成的光学透视式标定系统，该系统有虚、实图像对应的两个成像过程。虚拟图像的成像过程是计算机生成的虚拟图像经过视频通道显示在光学透视式显示器屏幕上，再经过光学透视式成像系统成像到用户观察的像平面上。真实图像的成像过程是人眼观察自然世界中的物体，将世界坐标系中的物体射影到光学透视式显示器的像平面上。在这两个成像过程中，人眼和光学透视式显示器构成了一个综合成像系统，人眼或光学透视式系统的出瞳位置是综合成像系统的坐标原点。

标定系统的每一个组成部分对应一个参考坐标系，如图 6.16 所示。标定标靶对应一个标靶参考坐标系 $\boldsymbol{F}_o(x,y,z)$，光学头部跟踪器对应一个摄像机坐标系 $\boldsymbol{F}_t(x,y,z)$ 和一个摄像机屏幕坐标系 $\boldsymbol{F}_{\mathrm{cd}}(u,v)$，光学透视式显示器的显示屏幕对应一个显示屏幕坐标系 $\boldsymbol{F}_{\mathrm{dd}}(u,v)$，光学透视式半透明像平面显示器对应一个观察像平面坐标系 $\boldsymbol{F}_{\mathrm{ip}}(x,y,z)$，虚拟

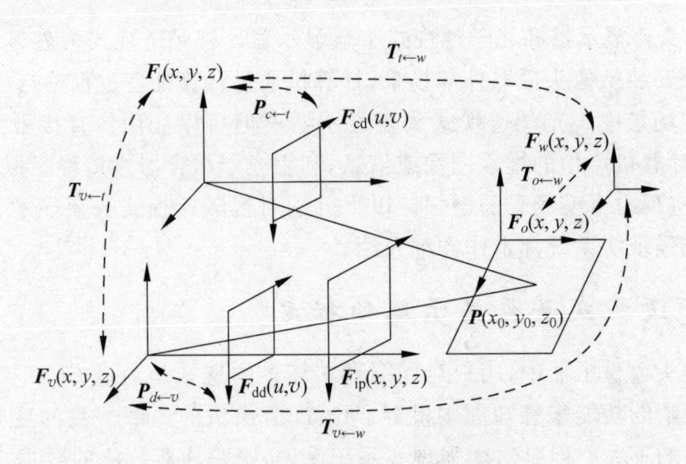

图 6.16　标定系统的坐标系及其变换

摄像机对应一个虚拟摄像机坐标系 $\boldsymbol{F}_v(x,y,z)$，人眼对应人眼坐标系 $\boldsymbol{F}_e(x,y,z)$，虚拟摄像机坐标系等同于人眼坐标系。世界坐标系 $\boldsymbol{F}_w(x,y,z)$可以在标定标靶的某一位置设定。

标定系统有刚性变换和透视变换两种坐标变化，前者描述三维空间坐标系之间的变换关系，后者描述一个光学成像系统的三维-二维成像关系。两者定义如下。

定义 $\boldsymbol{T}_{b\leftarrow a}$ 表示从坐标系 a 到坐标系 b 之间的刚体变换，设定坐标系 a 中任意一点的齐次坐标 $\boldsymbol{p}_a=(x_a,y_a,z_a,1)^{\mathrm{T}}$，其在坐标系 b 中对应的齐次坐标为 $\boldsymbol{p}_b=(x_b,y_b,z_b,1)^{\mathrm{T}}$，则刚体变换 $T_{b\leftarrow a}$ 可写成

$$\boldsymbol{p}_b=\boldsymbol{T}_{b\leftarrow a}\boldsymbol{p}_a=\begin{bmatrix}\boldsymbol{r}_{b\leftarrow a} & \boldsymbol{t}_{b\leftarrow a}\\ 0 & 1\end{bmatrix}\boldsymbol{p}_a \tag{6.88}$$

$$\boldsymbol{r}_{b\leftarrow a}=\begin{bmatrix}r_{11} & r_{12} & r_{13}\\ r_{21} & r_{22} & r_{23}\\ r_{31} & r_{32} & r_{33}\end{bmatrix},\quad \boldsymbol{t}_{b\leftarrow a}=(t_x,t_y,t_z)^{\mathrm{T}}_{b\leftarrow a} \tag{6.89}$$

其中，$\boldsymbol{r}_{b\leftarrow a}$ 表示坐标系 a 到坐标系 b 变换的旋转部分，$\boldsymbol{t}_{b\leftarrow a}$ 表示坐标系 a 到坐标系 b 变换的平移部分。以上定义同时也满足

$$\boldsymbol{T}_{b\leftarrow a}=\boldsymbol{T}^{-1}_{a\leftarrow b},\quad \boldsymbol{r}_{b\leftarrow a}=\boldsymbol{r}^{-1}_{a\leftarrow b},\quad \boldsymbol{t}_{b\leftarrow a}=\boldsymbol{t}^{-1}_{a\leftarrow b} \tag{6.90}$$

假设坐标系 b 是一个摄像机坐标系，坐标系 c 是摄像机的成像平面坐标系，则定义 $\boldsymbol{P}_{c\leftarrow b}$ 表示从坐标系 c 到坐标系 b 的透射变换。设摄像机坐标系 b 中的点 $\boldsymbol{p}_b=(x_b,y_b,z_b,1)^{\mathrm{T}}$ 在二维图像坐标系 c 中的对应成像点的齐次坐标为 $\boldsymbol{p}_c=(u_c,v_c,1)^{\mathrm{T}}$，则在针孔摄像机模型下的透视变换 $\boldsymbol{P}_{c\leftarrow b}$ 为

$$\rho\boldsymbol{p}_c=\boldsymbol{P}_{c\leftarrow b}\boldsymbol{p}_b=[\boldsymbol{P}_{c\leftarrow b}\quad 0]\boldsymbol{p}_b \tag{6.91}$$

其中，ρ 为比例因子，$\boldsymbol{P}_{c\leftarrow b}=\begin{bmatrix}f_u & \gamma & u_0\\ 0 & f_v & v_0\\ 0 & 0 & 1\end{bmatrix}_{c\leftarrow b}$ 为摄像机的内部参数，f_u、f_v 为焦距，(u_0,v_0) 为光轴与图像平面的交点坐标，γ 为倾斜因子。由此，坐标系 a 和坐标系 c 之间的三维-二维成像关系可以表示为

$$\rho \boldsymbol{p}_c = \boldsymbol{P}_{c \leftarrow b} \boldsymbol{p}_b = \boldsymbol{P}_{c \leftarrow b} \boldsymbol{T}_{b \leftarrow a} \boldsymbol{p}_a = \boldsymbol{M}_{c \leftarrow a} \boldsymbol{p}_a \tag{6.92}$$

其中，$\boldsymbol{M}_{c \leftarrow a} = \boldsymbol{P}_{c \leftarrow b} \boldsymbol{T}_{b \leftarrow a}$ 为坐标系 a 和坐标系 c 之间的射影矩阵。

由上述坐标变换定义，光学透视式标定系统的坐标变换如表 6.3 所示。

表 6.3　标定系统的坐标变换

变　换	描　述	属　性
$T_{o \leftarrow w}$	世界坐标系→标靶参考系	刚性，固定
$T_{t \leftarrow w}$	世界坐标系→跟踪器摄像机坐标系	刚性，变化
$P_{c \leftarrow t}$	跟踪器摄像机坐标系→成像平面坐标系	透视，固定
$T_{v \leftarrow t}$	跟踪器摄像机坐标系→虚拟摄像机坐标系	刚性，固定
$T_{v \leftarrow w}$	世界坐标系→虚拟摄像机坐标系	刚性，变化
$P_{d \leftarrow v}$	虚拟摄像机坐标系→显示屏幕坐标系	透视，固定

根据以上标定系统中的变换特征，光学透视式标定可以分为 4 类变换标定：标靶标定、跟踪器标定、人眼标定和显示器标定。

标靶标定测量标靶相对于世界坐标系的位置和方向，确保虚拟标靶和世界参考点可以时刻对准。通过刻度尺等度量工具，将多次直接测量得到的姿态参数数据的平均值作为有效值，进行标靶标定。跟踪器标定测量跟踪器相对于世界坐标系的位置和姿态。人眼标定测量人眼相对于跟踪器的位置和方向。显示器标定测量虚拟摄像机的内部参数。人眼标定和显示器标定是光学透视式标定需要解决的主要问题。

光学透视式标定系统中虚拟摄像机的成像关系为

$$\rho_v \boldsymbol{p}_d = \boldsymbol{M}_{d \leftarrow w} \boldsymbol{p}_w = \boldsymbol{P}_{d \leftarrow v} \boldsymbol{T}_{v \leftarrow w} \boldsymbol{p}_w \tag{6.93}$$

其中，$\boldsymbol{M}_{d \leftarrow w} = \boldsymbol{P}_{d \leftarrow v} \boldsymbol{T}_{v \leftarrow w}$ 为虚拟摄像机的射影矩阵，ρ_v 为比例因子。

设定光学透视式标定系统的人眼始终位于虚拟摄像机的位置，人眼的位置和世界坐标系的标靶之间可以连接两条变换路径，一条直接经过光学透视式显示器屏幕，另一条经过光学透视式跟踪器。理论上这两条路径上的刚体变换相等，即

$$\boldsymbol{T}_{v \leftarrow w} = \boldsymbol{T}_{v \leftarrow t} \boldsymbol{T}_{t \leftarrow w} \tag{6.94}$$

将式(6.94)代入式(6.93)中得到

$$\rho_v \boldsymbol{p}_d = \boldsymbol{P}_{d \leftarrow v} \boldsymbol{T}_{v \leftarrow t} \boldsymbol{T}_{t \leftarrow w} \boldsymbol{p}_w = \boldsymbol{M}_{d \leftarrow t} \boldsymbol{p}_t \tag{6.95}$$

其中，$\boldsymbol{p}_t = \boldsymbol{T}_{t \leftarrow w} \boldsymbol{p}_w$ 表示世界坐标系中的校准点在跟踪器摄像机坐标系中的位置和方向，$\boldsymbol{M}_{d \leftarrow t} = \boldsymbol{P}_{d \leftarrow v} \boldsymbol{T}_{v \leftarrow t}$ 是跟踪器摄像机坐标系的校准点在虚拟摄像机屏幕上成像的有效射影矩阵。有效射影矩阵中，$\boldsymbol{P}_{d \leftarrow v}$ 包含光学透视式显示器标定的参数$(f_u^d, f_v^d, u_0^d, v_0^d, \gamma^d)$，$\boldsymbol{T}_{v \leftarrow t}$ 包含人眼标定的参数$(\boldsymbol{r}_{v \leftarrow t}, \boldsymbol{t}_{v \leftarrow t})$，因此 $\boldsymbol{M}_{d \leftarrow t}$ 隐性地描述了光学透视式标定的参数，$\boldsymbol{T}_{t \leftarrow w}$ 通过跟踪器标定确定，可以计算出 $\boldsymbol{p}_t$。在 $\boldsymbol{p}_t$、$\boldsymbol{p}_d$ 可测条件下，通过测量 $\boldsymbol{p}_t$ 和 $\boldsymbol{p}_d$ 多点对应，将光学透视式标定转换为求解 $\boldsymbol{M}_{d \leftarrow t}$ 的数学问题。如果跟踪器为单个视频摄像机，则校准点与跟踪器像平面上对应的成像点之间的成像关系为

$$\rho_t \boldsymbol{p}_c = \boldsymbol{M}_{c \leftarrow w} \boldsymbol{p}_w = \boldsymbol{P}_{c \leftarrow t} \boldsymbol{T}_{t \leftarrow w} \boldsymbol{p}_w \tag{6.96}$$

其中，$\boldsymbol{M}_{c \leftarrow w} = \boldsymbol{P}_{c \leftarrow t} \boldsymbol{T}_{t \leftarrow w}$ 为跟踪器的射影矩阵。综合式(6.93)，式(6.95)和式(6.96)中的射影矩阵，通过矩阵变换可以得到

$$\boldsymbol{M}_{d \leftarrow w} = \lambda \boldsymbol{M}^1 \boldsymbol{M}_{c \leftarrow w} + \boldsymbol{M}^2 \tag{6.97}$$

其中，λ 为 $\boldsymbol{M}_{c\leftarrow w}$ 的比例因子。$\boldsymbol{M}^1=\boldsymbol{P}_{d\leftarrow v}\boldsymbol{r}_{v\leftarrow t}\boldsymbol{P}_{c\leftarrow t}^{-1}$，$\boldsymbol{M}^2=[0_{3\times 3}\quad \boldsymbol{P}_{d\leftarrow v}\boldsymbol{t}_{v\leftarrow t}]$。$\boldsymbol{M}^1$ 和 $\boldsymbol{M}^2$ 包含光学透视式标定的参数，通过测量 $\boldsymbol{p}_d$ 和 $\boldsymbol{p}_w$ 多点对应，可以计算出 $\boldsymbol{M}^1$ 和 $\boldsymbol{M}^2$。

基于以上描述的光学透视式标定的计算模型，可以采用以下介绍的基于 SPAAM 和基于图像的标定方法。

基于 SPAAM 的原理是在保持头部运动的条件下，利用真实场景中的一个校准标靶点进行光学透视式标定。用户的眼镜透过光学透视式屏幕观察该校准点，用鼠标人工控制光学透视式显示屏幕上虚拟的瞄准器，使之与观察屏幕上的校准点对准。根据式(6.95)，当头部运动到不同方向时，$\boldsymbol{p}_t$ 和 $\boldsymbol{p}_d$ 是变量值，$\boldsymbol{M}_{d\leftarrow t}$ 是固定值，可以通过多个头部姿态条件下测量单个校准点的 $\boldsymbol{p}_t$ 和 $\boldsymbol{p}_d$，然后求解 $\boldsymbol{M}_{d\leftarrow t}$。$\boldsymbol{M}_{d\leftarrow t}$ 是一个 3×4 的矩阵，有 11 个自由度，需要至少 6 个不同方向的头部跟踪器姿态位置测量 $\boldsymbol{p}_t$ 和 $\boldsymbol{p}_d$，然后用最小二乘法或直接线性变换法计算出 $\boldsymbol{M}_{d\leftarrow t}$。

在实际的光学透视式系统中，人眼位置并不精确地位于虚拟摄像机坐标系的原点，有一定的偏离，如图 6.17 所示。在此情况下，可以采用改进的 SPAAM 双步骤法进行标定。第一步是使用 SPAAM 计算虚拟摄像机的位置，第二步是计算人眼相对于虚拟摄像机坐标系的偏离参数。

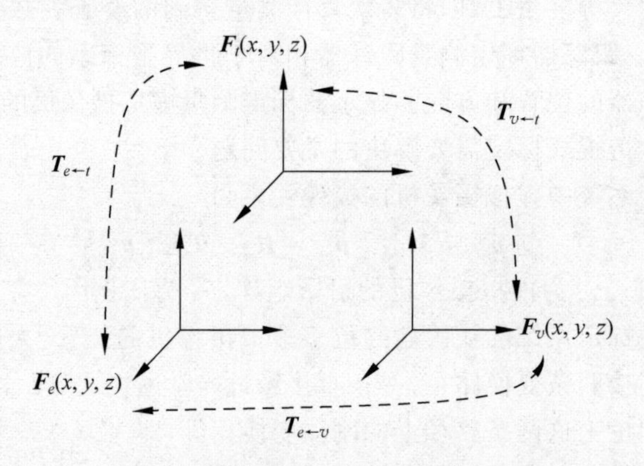

图 6.17　人眼、虚拟摄像机和跟踪器之间的坐标变换关系

实际人眼坐标系 $\boldsymbol{F}_e(x,y,z)$ 相对于虚拟摄像机的偏离有以下两种情况。

(1) 当人眼坐标系的观察方向和虚拟摄像机的观察方向一致时，偏离会导致观察到在显示屏幕上的像产生缩放或者平移。虚拟摄像机的点 $\boldsymbol{p}_v=(x_v,y_v,z_v,1)^{\mathrm{T}}$ 和实际人眼观察到的点 $\boldsymbol{p}_e=(x_e,y_e,z_e,1)^{\mathrm{T}}$ 之间的关系为

$$\boldsymbol{p}_e=\boldsymbol{T}_{e\leftarrow v}\boldsymbol{p}_v=\begin{bmatrix}\alpha_u & 0 & u_0\\ 0 & \alpha_v & v_0\\ 0 & 0 & 1\end{bmatrix}\boldsymbol{p}_v \tag{6.98}$$

(2) 人眼坐标系的观察方向和虚拟摄像机的观察方向不一致时，偏离会导致观察到在显示屏幕上的像产生畸变。两点之间关系为

$$\boldsymbol{p}_e=\boldsymbol{T}_{e\leftarrow v}\boldsymbol{p}_v=\begin{bmatrix}\alpha_u & s & u_0\\ 0 & \alpha_v & v_0\\ 0 & 0 & 1\end{bmatrix}\boldsymbol{p}_v \tag{6.99}$$

其中，α_u 和 α_v 是缩放因子。

在上述两种情况下，光学透视式标定系统的新投影矩阵为

$$\boldsymbol{M}_{e\leftarrow w}=\boldsymbol{T}_{e\leftarrow v}\boldsymbol{M}_{d\leftarrow w} \tag{6.100}$$

求解 $\boldsymbol{T}_{e\leftarrow v}$ 的方法与 SPAAM 相同，采用至少两组或三组以上的单个校准点的测量数据，用最小二乘法或直接线性变换法计算 $\boldsymbol{T}_{e\leftarrow v}$。

SPAAM 方法尽力减少人为涉入因素的影响，是一种友好、动态的交互标定方法。

基于图像的标定方法是将一个标定过的摄像机放置在光学透视式系统的人眼位置，用该摄像机模拟人眼对光学透视式系统进行标定的方法。如图 6.18 所示，标定摄像机坐标系 $\boldsymbol{F}_{\mathrm{cc}}(x,y,z)$的原点位于虚拟摄像机坐标系 $\boldsymbol{F}_v(x,y,z)$的原点，其光轴与虚拟摄像机的光轴一致，其他坐标轴与虚拟摄像机坐标系对应的坐标轴有偏差。修正后的标定系统中增加的坐标变换和属性如表 6.4 所示。

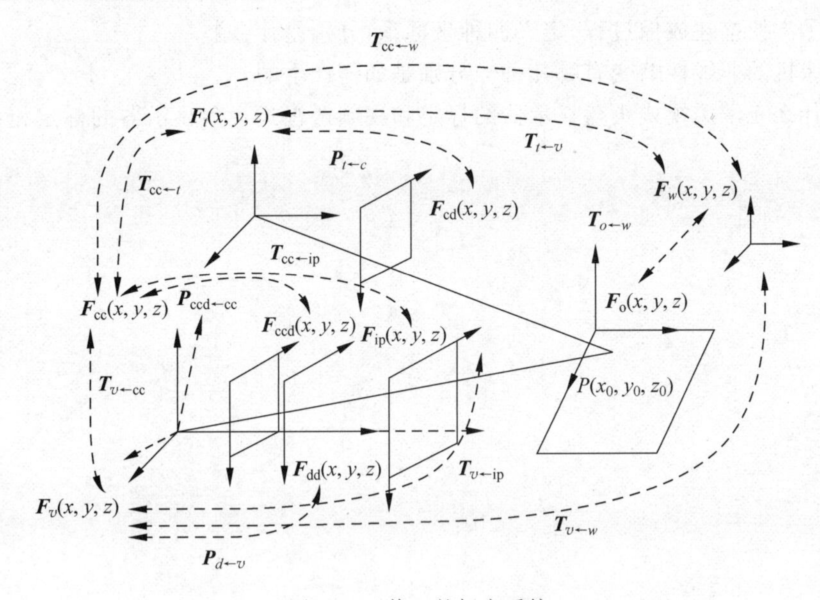

图 6.18　修正的标定系统

表 6.4　修正的标定系统中增加的坐标变换

变　换	描　述	属　性
$\boldsymbol{T}_{\mathrm{cc}\leftarrow w}$	世界坐标系→标定摄像机坐标系	刚性，变化
$\boldsymbol{T}_{\mathrm{ip}\leftarrow \mathrm{cc}}$	标定摄像机坐标系→观察像平面坐标系	刚性，固定
$\boldsymbol{P}_{\mathrm{cc}\leftarrow \mathrm{ccd}}$	标定摄像机像平面坐标系→标定摄像机坐标系	透视，固定
$\boldsymbol{T}_{v\leftarrow \mathrm{ip}}$	观察像平面坐标系→虚拟摄像机坐标系	刚性，固定
$\boldsymbol{T}_{\mathrm{cc}\leftarrow t}$	摄像机坐标系→标定摄像机坐标系	刚性，固定
$\boldsymbol{T}_{v\leftarrow \mathrm{cc}}$	标定摄像机坐标系→虚拟摄像机坐标系	刚性，固定

基于图像的标定法是利用标定摄像机简介对光学透视式系统进行标定的方法，标定步骤如下。

(1) 测量标定摄像机自身的内参数 $\boldsymbol{P}_{\mathrm{ccd}\leftarrow \mathrm{cc}}$。

(2) 在场景中放置网格标靶，用标定摄像机摄取网格标靶图像，计算 $\boldsymbol{T}_{\mathrm{cc}\leftarrow w}$，通过 $\boldsymbol{T}_{\mathrm{cc}\leftarrow w}$

计算 $\boldsymbol{T}_{\mathrm{cc}\leftarrow t}=\boldsymbol{T}_{\mathrm{cc}\leftarrow w}\boldsymbol{T}_{w\leftarrow t}=\boldsymbol{T}_{\mathrm{cc}\leftarrow w}\boldsymbol{T}_{t\leftarrow w}^{-1}$。

(3) 在光学透视式显示器上显示黑白网格模式，利用光学透视式显示器与摄像机像平面之间的对应匹配关系计算虚拟摄像机的内参数 $\boldsymbol{P}_{d\leftarrow v}$ 以及虚拟摄像机与标定摄像机之间的 $\boldsymbol{T}_{v\leftarrow \mathrm{cc}}$。

当标定摄像机和人眼位置不一致时，可以采用瞳距测量法、单点对应或多点对应法对相关参数进行修正，与 SPAAM 方法类似。

基于图像的标定方法使用现有成熟的基于图像的视频摄像机标定技术，避免人为因素导致的不确定性，虽然过程烦琐，标定精度却得到了极大的提高。

习题

1. 为了方便描述成像过程，定义四种坐标系，分别是什么？

2. 摄像机的非线性畸变有哪几种？分别是如何产生的？

3. 为什么光学透视式头盔显示器的标定和视频透视式头盔显示器的标定相比，更加复杂、困难？

第7章 增强现实程序开发

7.1 EasyAR SDK 介绍

EasyAR SDK 是 AR(Augmented Reality,增强现实)引擎。EasyAR SDK 有两个子版本：EasyAR SDK Basic 和 EasyAR SDK Pro。EasyAR SDK Basic 可以免费商用,这个版本没有任何限制或水印。EasyAR 支持使用平面目标的 AR,支持 1000 个以上本地目标的流畅加载和识别,支持基于硬解码视频(包括透明视频和流媒体)的播放,支持二维码识别,支持多目标同时跟踪。EasyAR SDK Pro 是在 2.0 中引入全新版本的 SDK。除了拥有 EasyAR SDK Basic 所有功能之外,还有更多特性,包括三维物体跟踪、SLAM 和录屏。EasyAR SDK Pro 是收费 SDK,同时提供免费试用,试用期间 App 每天的启动次数将会受限。

7.2 EasyAR 入门——第一个 AR 应用 HelloAR

本次的案例演示所使用的是 Unity 2017.2.0 版本及 EasyAR SDK v2.2.0。

步骤 1：导入 SDK

首先新建一个 Unity 项目,命名为 HelloAR,如图 7.1 所示。

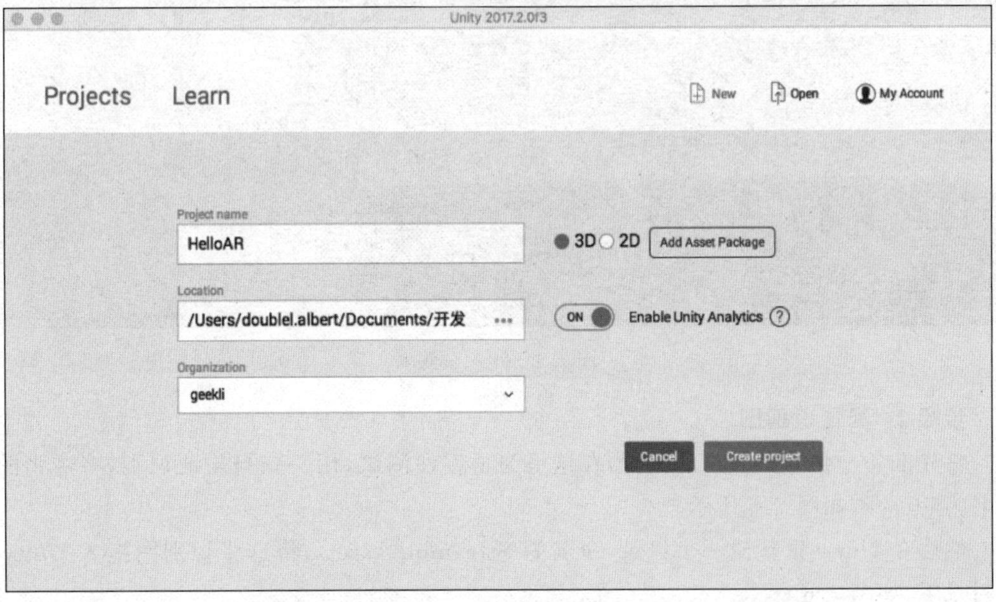

图 7.1 新建 Unity 项目

然后到 EasyAR 官网(http://www.easyar.cn/view/download.html)下载 EasyAR SDK 2.2.0 Basic for Unity3D(unitypackage),如图 7.2 所示。

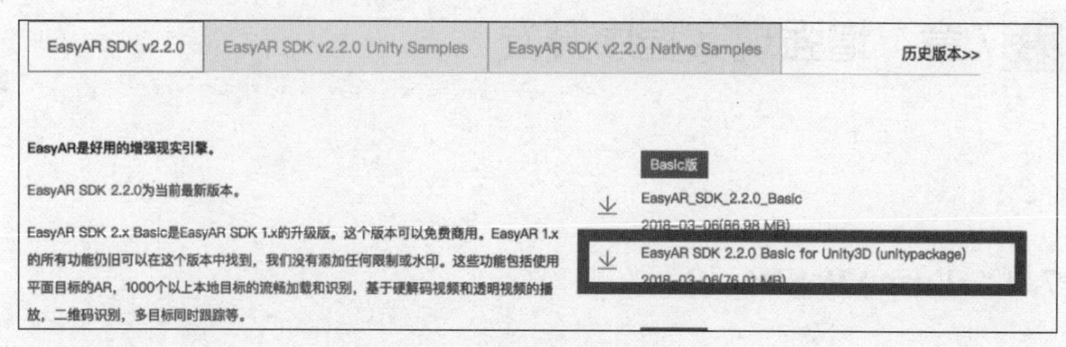

图 7.2 下载 Unity 3D

解压之后,将 EasyAR_SDK_2.2.0_Basic.unitypackage 导入 Unity 中,如图 7.3 所示。

EasyAR_SD...nitypackage

图 7.3 解压后的安装包

导入之后,效果如图 7.4 所示。

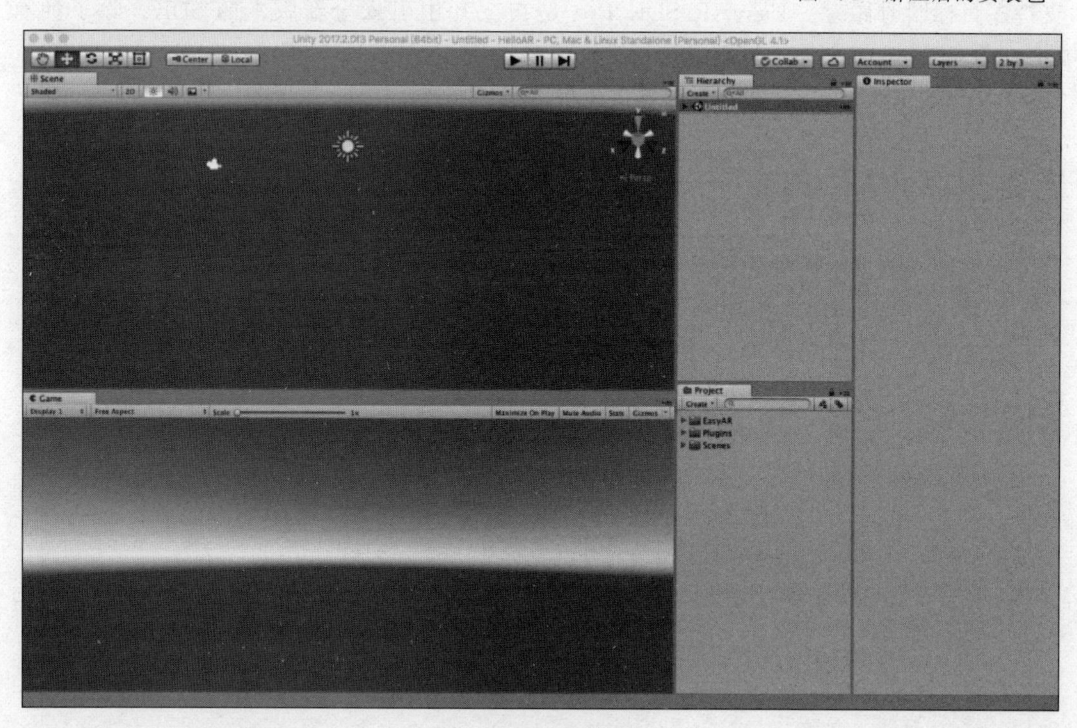

图 7.4 导入后效果

步骤 2:配置识别图

首先准备一张需要识别的图片,在这里为了方便测试,用一张身份证识别,将这张图片命名为 idback,如图 7.5 所示。

然后在 Unity 里新建一个目录,命名为 StreamingAssets,将这张识别图拖入 Unity 的该目录下,如图 7.6 所示。

图 7.5　身份证图片

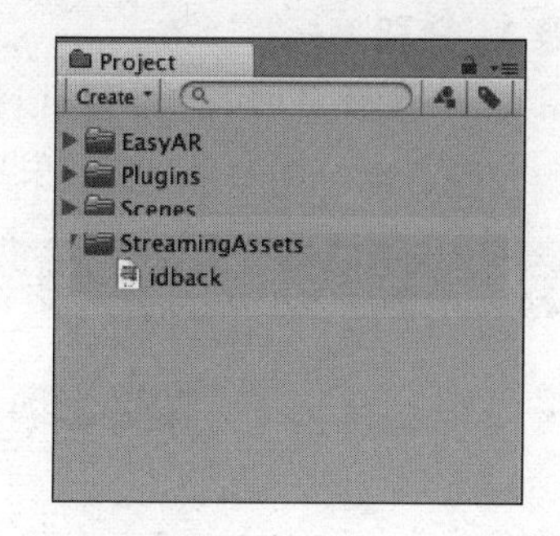

图 7.6　新建目录 StreamingAssets

在 EasyAR 的开发配置中，直接将图片拖入到 Unity 中是一种比较常见的方法，也可以用 JSON 的方法来配置项目开发，在 StreamingAssets 目录下新建一个 JSON 文件，命名为 targets，基本格式如下：

```
{
"images" :
[
{
"image" : "idback.jpg",
"name" : "idback",
"size" : [8.56, 5.4],
"uid" : "uid-string, should NOT duplicate",
"meta" : "what ever string you like."
}
]
}
```

对于 JSON 配置图片，必要的两个字段是：

image——导入到 Unity 中的识别图名字＋后缀格式。

name——识别图名字。

如果想配置多张图片信息，比如还在 Unity 中导入了一张名为 argame00 的图片，那么就可以这样配置 JSON：

```
{
"images" :
[
{
"image" : "argame00.jpg",
"name" : "argame"
},
{
"image" : "idback.jpg",
"name" : "idback",
"size" : [8.56, 5.4],
"uid" : "uid-string, should NOT duplicate",
"meta" : "what ever string you like."
}
]
}
```

步骤 3：获取 Key

准备好识别图之后，需要到官网（http://www.easyar.cn/view/open/App.html）为 AR App 申请 Key。首先单击“开发中心”按钮，如图 7.7 所示。

EasyAR
开发中心
支持
退出
SDK授权管理
云识别管理
内嵌应用列表
账号管理
财务中心
添加SDK license key
名称
类型
添加时间
2018-04-02 10:15
2018-02-27 09:13
2018-01-10 10:12

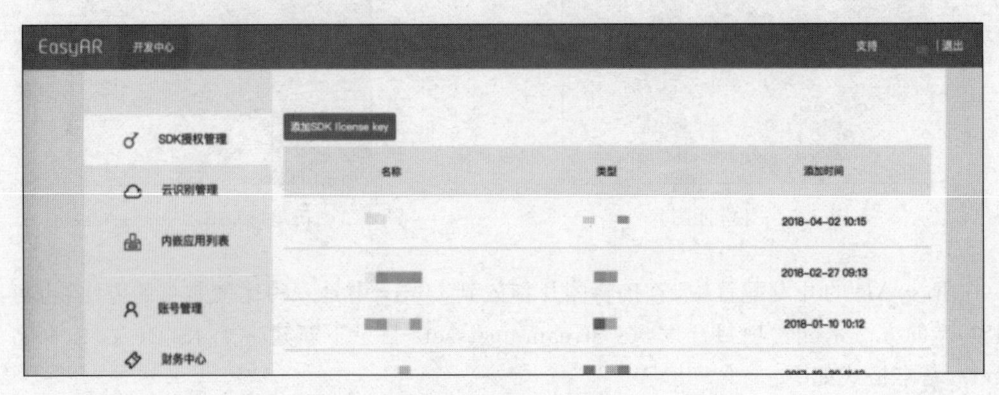

图 7.7　开发中心

单击“添加 SDK license key”按钮，选择 Basic 版本，如图 7.8 所示。

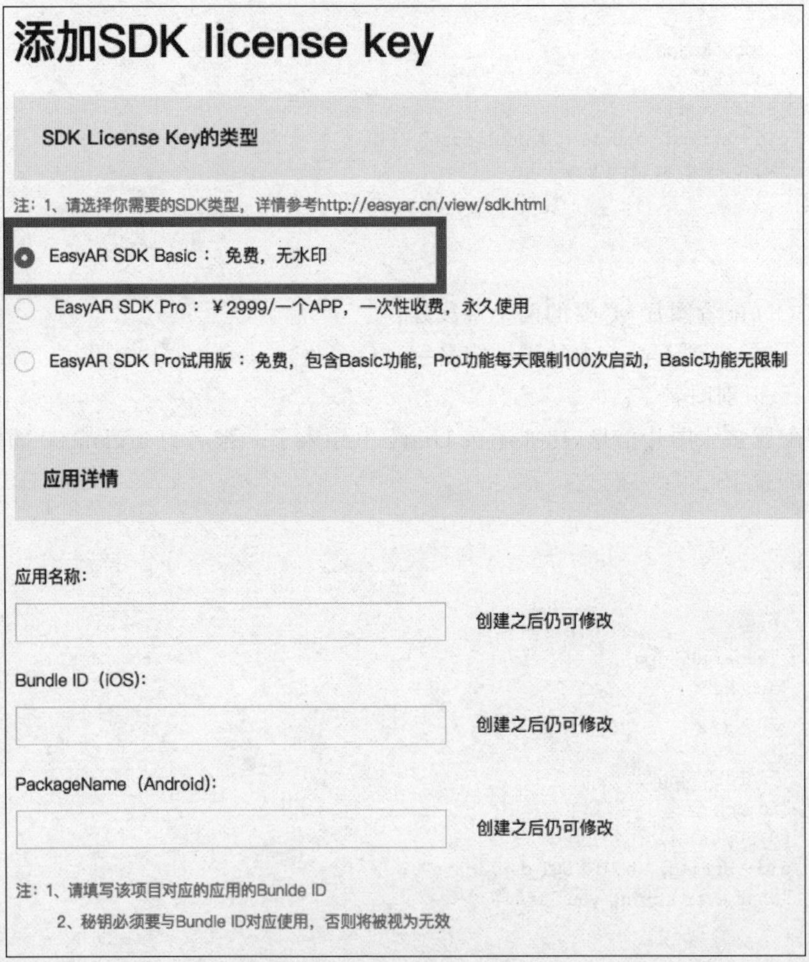

添加SDK license key
SDK License Key的类型
注：1、请选择你需要的SDK类型，详情参考http://easyar.cn/view/sdk.html
EasyAR SDK Basic： 免费，无水印
EasyAR SDK Pro： ￥2999/一个APP，一次性收费，永久使用
EasyAR SDK Pro试用版：免费，包含Basic功能，Pro功能每天限制100次启动，Basic功能无限制
应用详情
应用名称：
创建之后仍可修改
Bundle ID（iOS）：
创建之后仍可修改
PackageName（Android）：
创建之后仍可修改
注：1、请填写该项目对应的应用的Bunlde ID
2、秘钥必须要与Bundle ID对应使用，否则将被视为无效

图 7.8　添加 SDK license Key

接下来填写应用详情，填写应用名字与打包移动平台时必填的 PackageName，如图 7.9 所示。

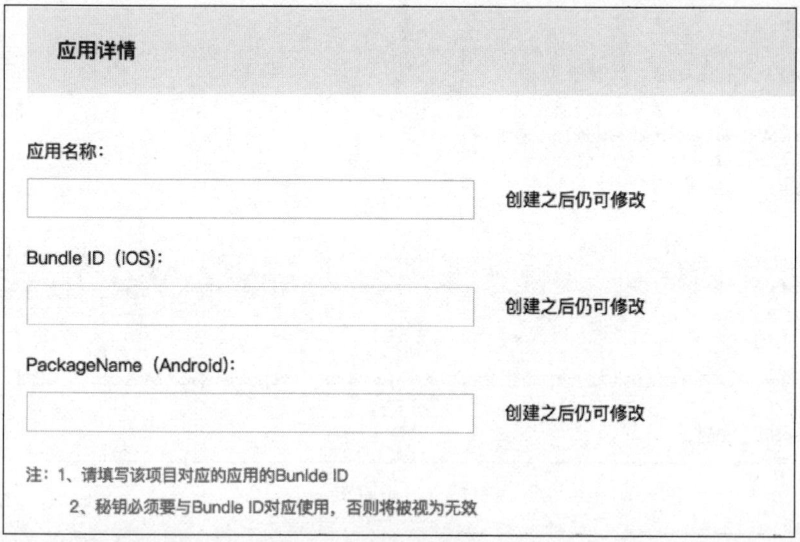

图 7.9　填写 PackageName

例如，HelloAR 是用户的应用名，mars 是公司或团队名，格式如图 7.10 所示。

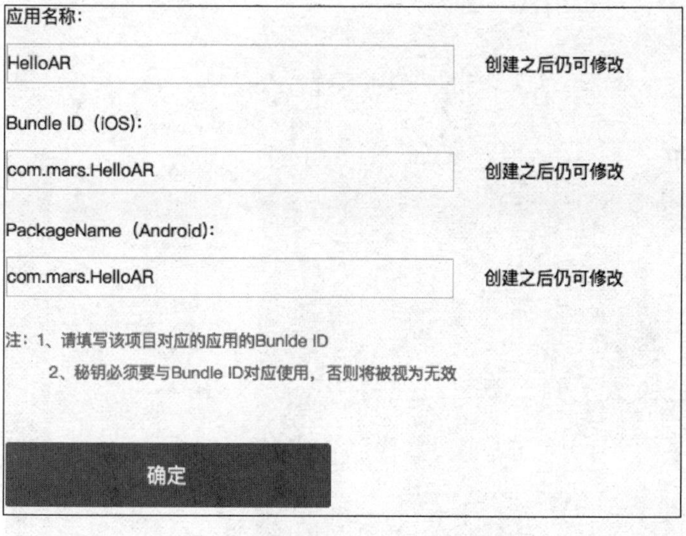

图 7.10　应用示例

确定好后，可以查看 Key，如图 7.11 所示。

建立完后：①可以对应用名称进行修改；②可以对 Bundle ID 进行修改；③若使用的是 1.0 的 SDK，可以查看 1.0 的 Key。

步骤 4：导入模型资源

Asset Store 是 Unity 官方的资源商店，里面包括丰富的三维模型等资源。选择 Window→Asset Store，如图 7.12 所示。

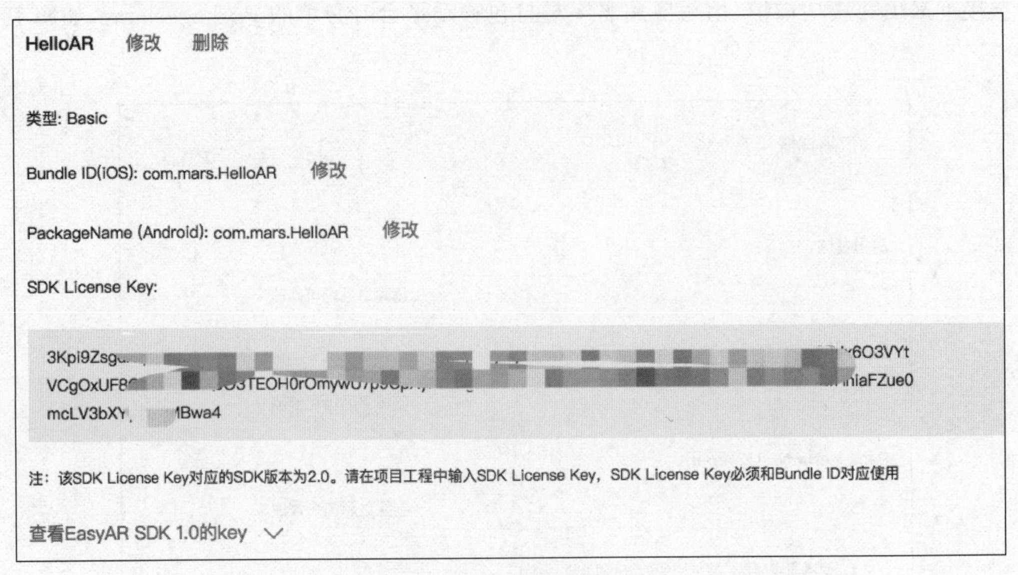

图 7.11 查看 Key

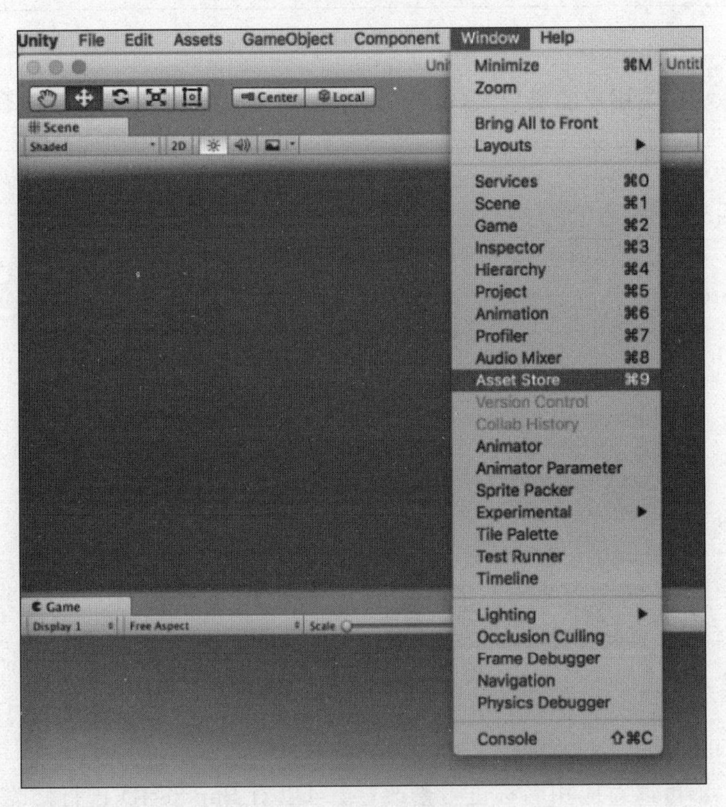

图 7.12 打开 Asset Store

搜索树木资源 Free Trees，单击“下载”按钮，如图 7.13 所示。

然后单击“导入”按钮，如图 7.14 所示。

模型已经顺利导入到项目中，如图 7.15 所示。

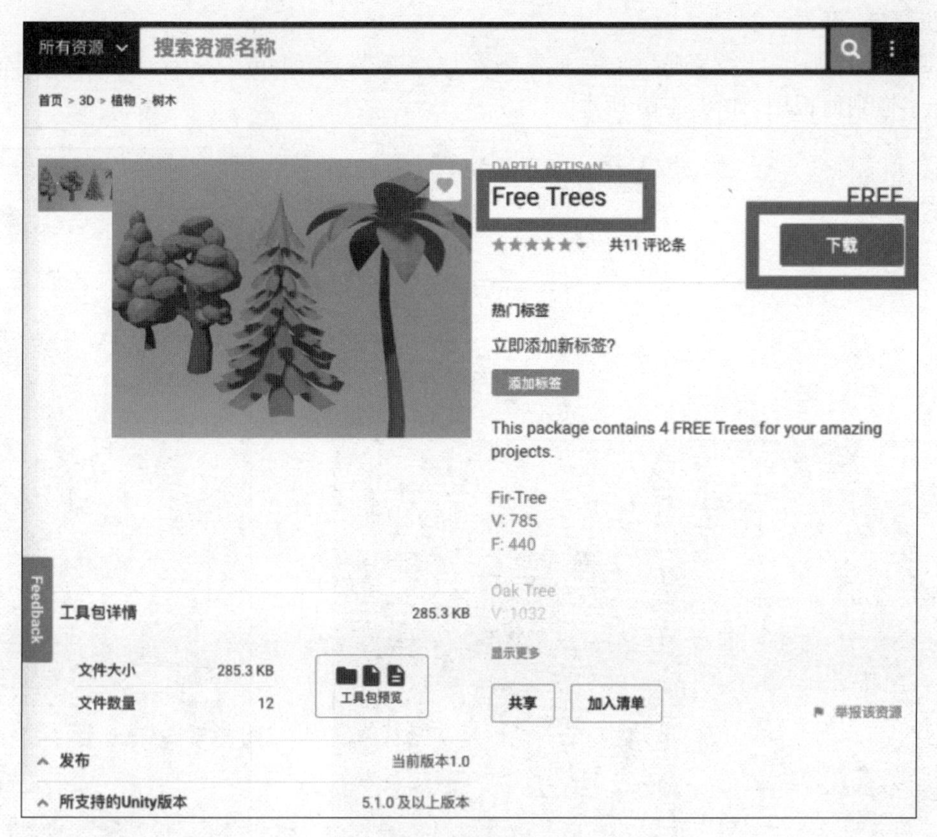

图 7.13　下载 Free Trees

图 7.14　导入 Free Trees

步骤 5：开发

准备工作基本已经完成了，接下来删除原有场景的 Main Camera，然后把 EasyAR Camera 拖到面板中，如图 7.16 所示。

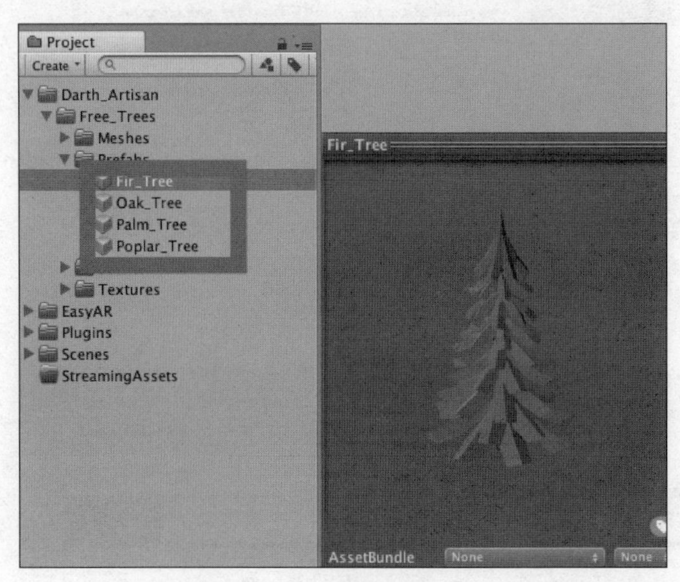

图 7.15　导入后的 Free Trees

图 7.16　导入 EasyAR Camera

然后将从官网上申请的 Key 填入 EasyAR_Startup 中，如图 7.17 所示。

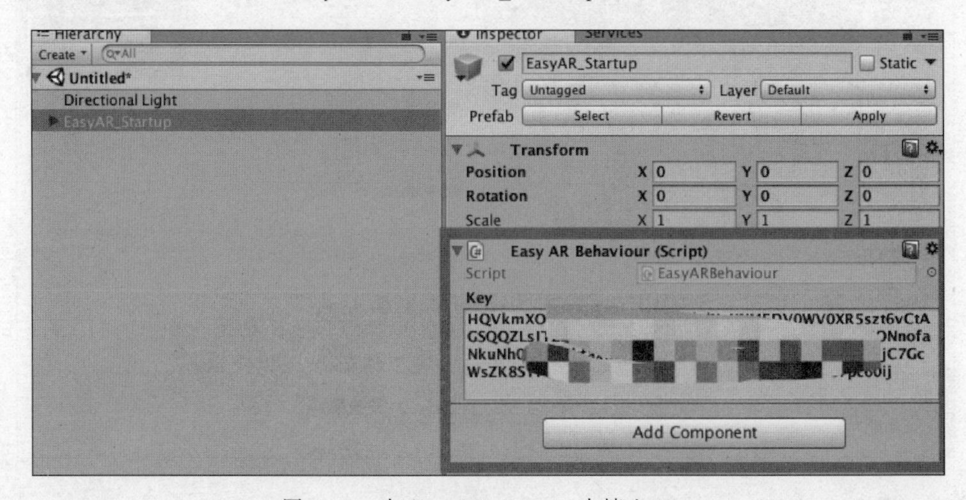

图 7.17　在 EasyAR_Startup 中填入 Key

把 ImageTarget 组件拖到面板中去，如图 7.18 所示。

编辑挂在 ImageTarget 组件上的 ImageTargetBehaviour 脚本（这段脚本的功能主要是当捕捉到识别图时控制模型的显示与消失），脚本主要内容如下。

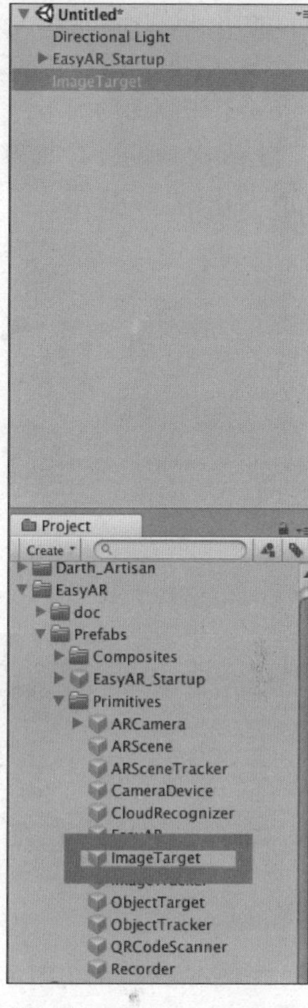

图 7.18 导入 ImageTarget 组件

```
using UnityEngine;
namespace EasyAR
{
public class ImageTargetBehaviour : ImageTargetBaseBehaviour
 {
protected override void Awake()
  base.Awake();
  TargetFound += OnTargetFound;
  TargetLost += OnTargetLost;
  TargetLoad += OnTargetLoad;
  TargetUnload += OnTargetUnload;
 }
void OnTarget Found(TargetAbstractBehaviour behaviour)
 {
  Debug.Log("Found: " + Target.Id);
 }
void OnTargetLost(TargetAbstractBehaviour behaviour)
{
  Debug.Log("Lost: " + Target.Id);
 }
void OnTargetLoad(ImageTargetBaseBehaviour behaviour,
ImageTrackerBaseBehaviour tracker, bool status)
 {
  Debug.Log("Load target (" + status + "):" + Target.Id +
"(" + Target.Name + ")" + " -> " + tracker);
 }
void OnTargetUnload(ImageTargetBaseBehaviour behaviour,
ImageTrackerBaseBehaviour tracker, bool status)
 {
Debug.Log ("Unload target (" + status + "): " + Target.Id + "(" + Target.Name + ")" + " -> " +
tracker);
 }
}
```

在 EasyAR 官网上可以找到这段代码（http://www.easyar.cn/doc_sdk/cn/Getting-Started/Setting-up-EasyAR-Unity-SDK.html）。

接下来，填写信息，如图 7.19 所示。

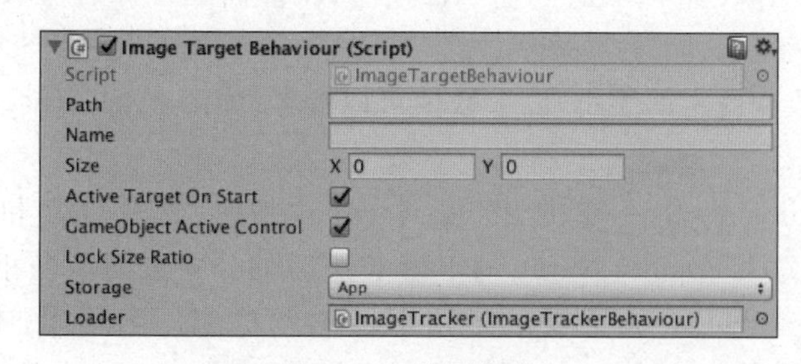

图 7.19 填写信息

Path：识别图的路径。

Name：识别图的名字。

Size：识别图的大小。

对 Path 的配置有两种方法：一种是可以直接填写识别图名＋后缀，另一种是填写 JSON，如图 7.20 所示。

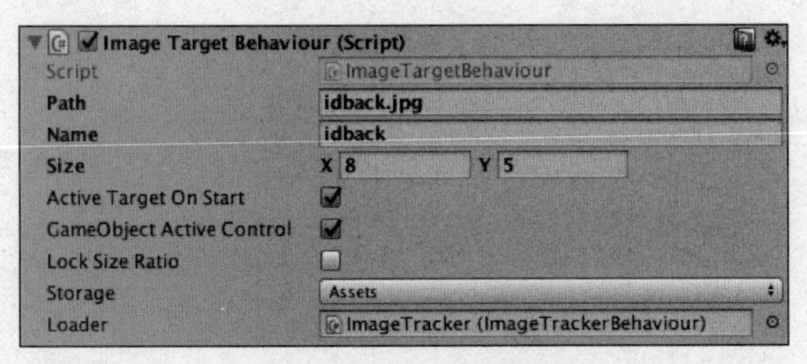

图 7.20　填写 JSON

注意，一定要将 Storage 的格式修改为 Assets，如图 7.21 所示。

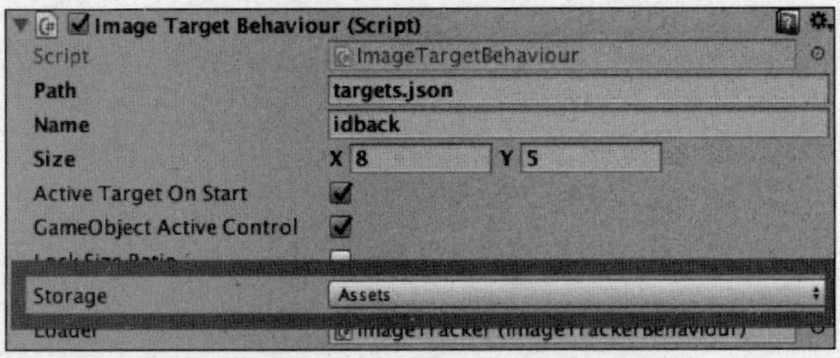

图 7.21　修改 Storage 的格式

关于 Storage 的说明如图 7.22 所示。

Constant	Value	Description
App	0	app路径Android: 程序持久化数据目录iOS: 程序沙盒目录Windows: 可执行文件（exe）目录Mac: 可执行文件目录（如果app是一个bundle，这个目录在bundle内部）
Assets	1	StreamingAssets路径
Absolute	2	绝对路径或url
Json	256	表示json string的标志位，在Target.Load中使用

图 7.22　关于 Storage

接着在 ImageTarget 组件下面创建 AR 模型，将前面准备好的树木资源（Fir_Tree）拖到其下面，如图 7.23 所示。

然后可以适当改变树木的大小，以下数值可以参考，如图 7.24 所示。

步骤 6：测试运行

选择 Build Settings 命令后，单击 Player Settings 按钮，如图 7.25 和图 7.26 所示。

填写好信息，注意 Company Name 与申请 Key 时的公司或团队名相同（例如本次申请时填的是 mars），Product Name 也要和申请 Key 时填的应用名相同（本次的项目演示为 HelloAR），如图 7.27 所示。

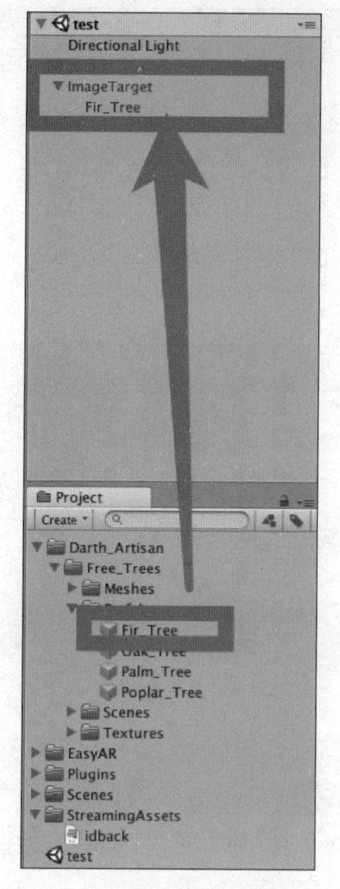

图 7.23　拖入准备好的 Fir_Tree

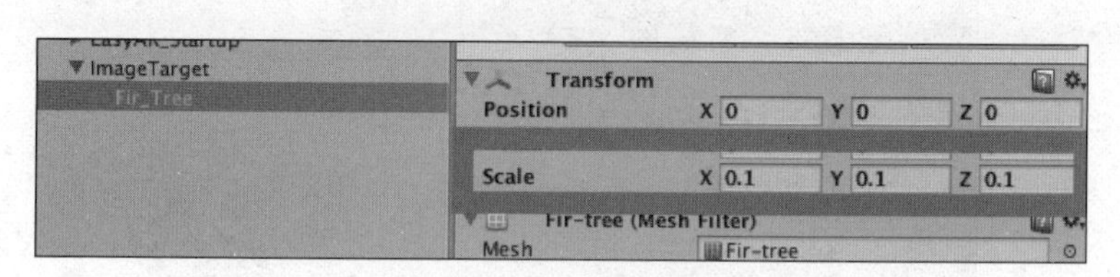

图 7.24　适当改变数值大小

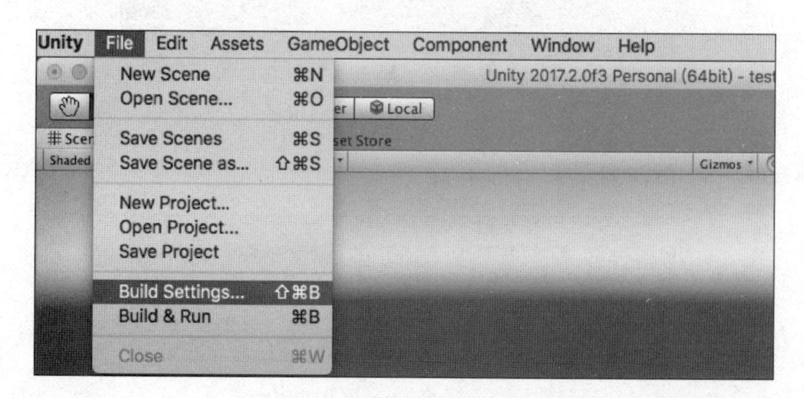

图 7.25　单击 Build Settings 命令

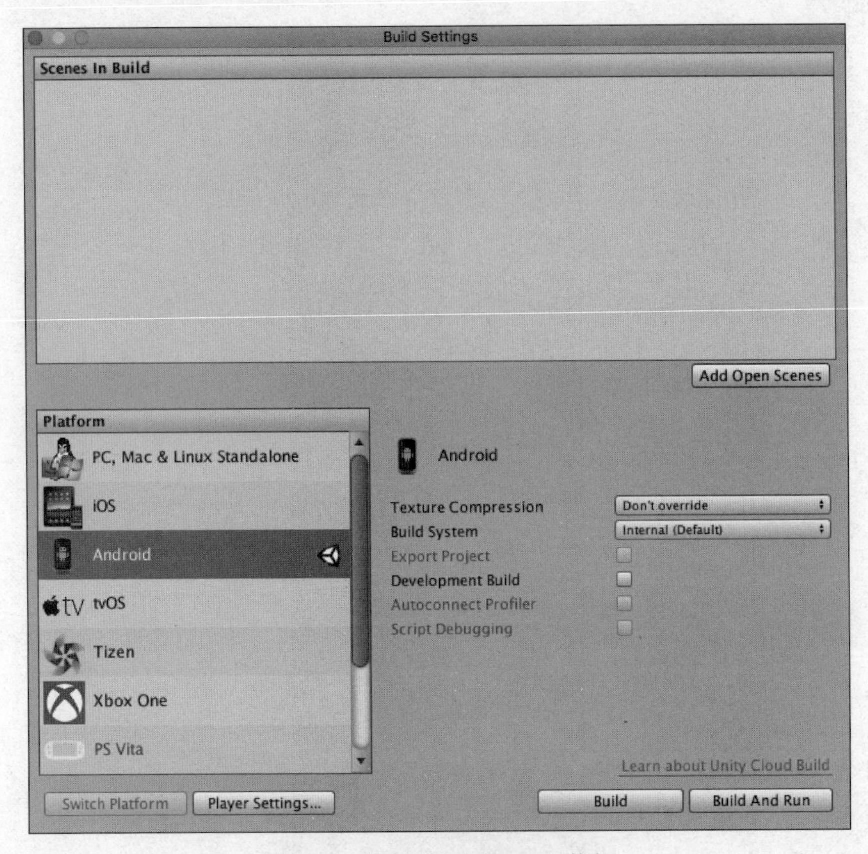

图 7.26　单击 Player Settings 按钮

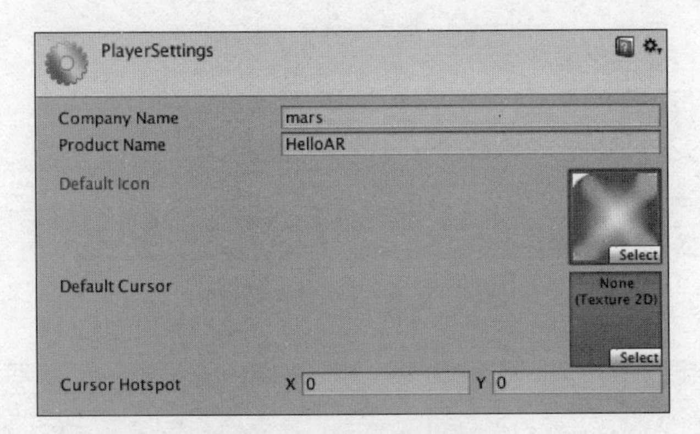

图 7.27　填写 PlayerSettings

Bundle Identifier 修改如图 7.28 所示。

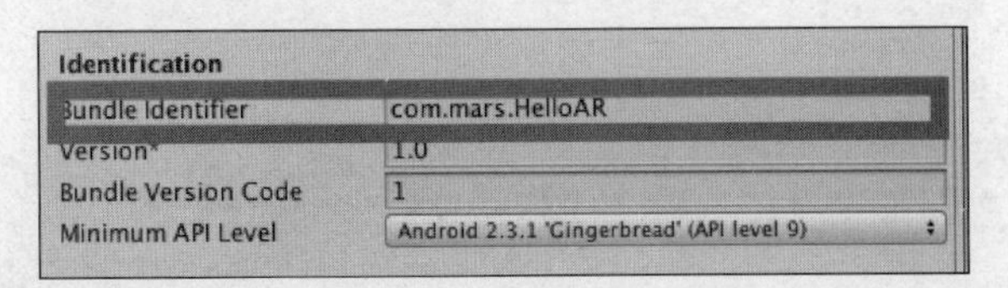

图 7.28　修改 Bundle Identifier

最后是最关键的一部分：Graphics APIs 使用的是 OpenGLES2，如图 7.29 所示。

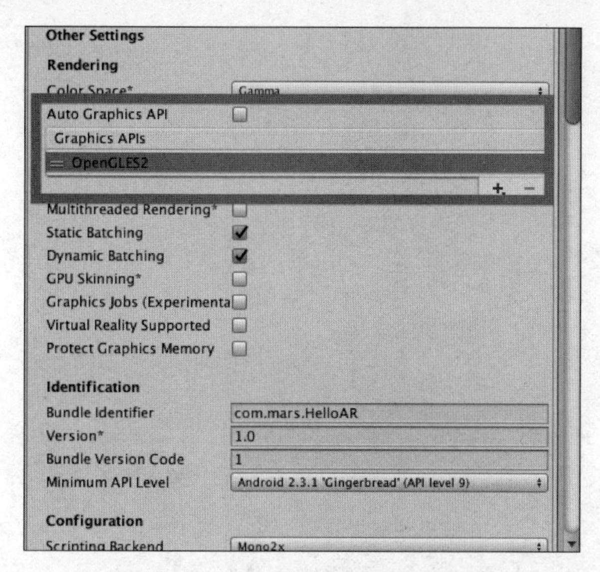

图 7.29　Graphics APIs 的选择

在开发 AR App 时，为了高效地进行，没有必要从头去配置 EasyAR 开发环境，常常是下载好 EasyAR SDK Samples，直接使用里边的 HelloAR 工程，这样可以很方便地快速搭建 AR 开发环境，事半功倍。

比如上面的案例演示，可以直接下载 EasyAR 官方提供的 Samples：HelloAR，如图 7.30 所示。

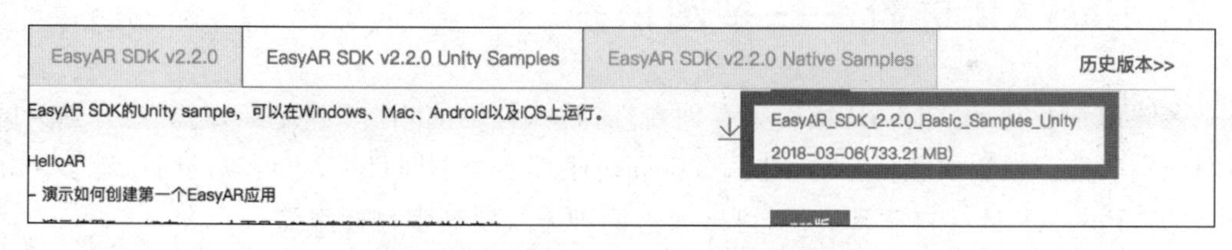

图 7.30　下载 EasyAR 提供的 Samples

下载解压之后，直接将工程(HelloAR)导入 Unity 中，如图 7.31 所示。

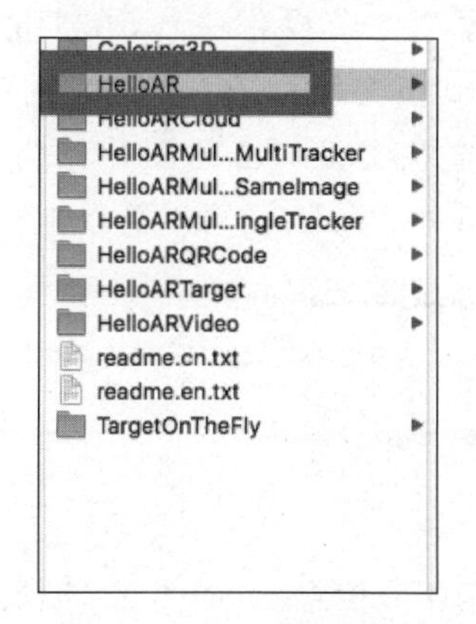

图 7.31　导入下载的工程

打开 HelloAR Scene,填写 Key,就可以直接运行测试效果了,如图 7.32 所示。

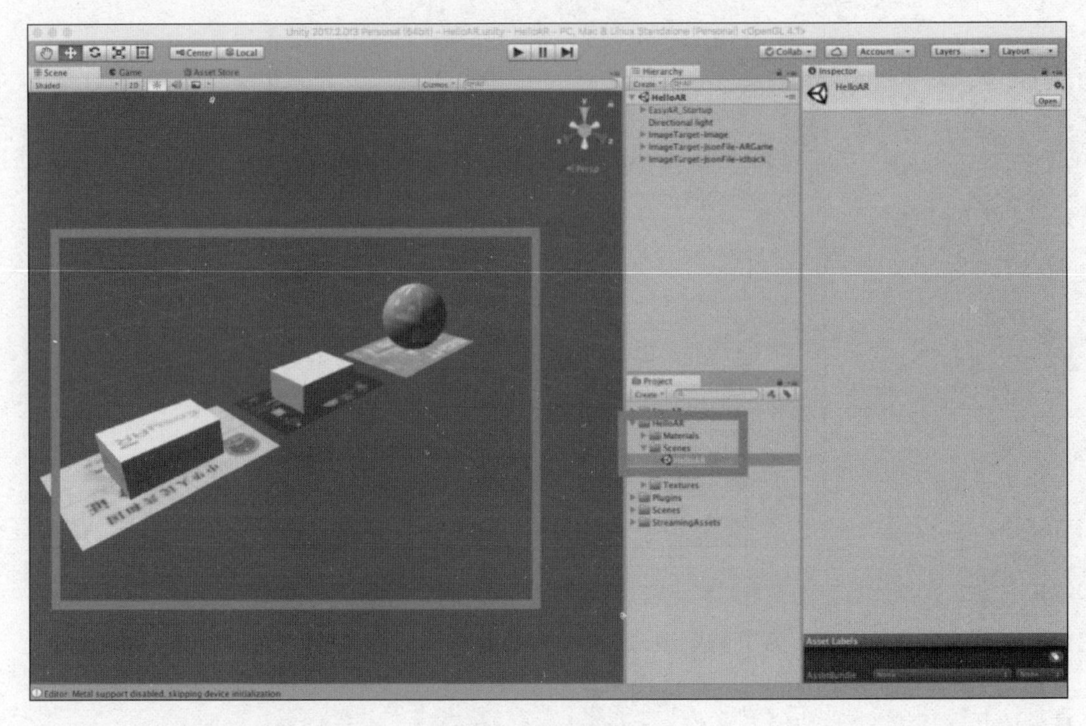

图 7.32　运行测试效果

7.3　EasyAR 进阶——多图识别

多图识别互动是目前 AR 比较具有创新性、趣味性的应用。EasyAR SDK 具有强大的多图识别功能。根据加载目标的不同,可以同时跟踪多个不同目标,也可以同时跟踪多个相同目标。EasyAR 的接口非常灵活,可以通过两种方式实现多目标跟踪。

步骤 1:新建项目导入 SDK

新建一个 Unity 项目,命名为 ARMultiTarget。接着导入 EasyAR 2.2.0 SDK Package 并进行基本环境的搭建,首先像 7.2 节操作一样,在 Unity 中新建一个文件夹,命名为 StreamingAssets,将识别图导入到该文件目录下。识别图可以自定义,根据自己的情况选用,但是有一点需要注意的是选用纹理丰富的图片作为识别图(识别图性能检测网站 https://www.easyar.cn/targetcode.html)。可以简单地检测图片的可识别度,如图 7.33 所示。

本次案例演示使用的识别图是 EasyAR 官方 Sample 中的两张图片,如图 7.34 所示,如图 7.35 所示导入两张图片。

删除原有的 Main Camera,将 EasyAR_ImageTracker-1-MultiTarget 拖到面板中,如图 7.36 所示。

接着到官网申请 Key 填写到相应位置上,如图 7.37 所示。

上传图片，检测可识别度

支持.jpg/.png，5M之内　　浏览

图 7.33　检测图片可识别度

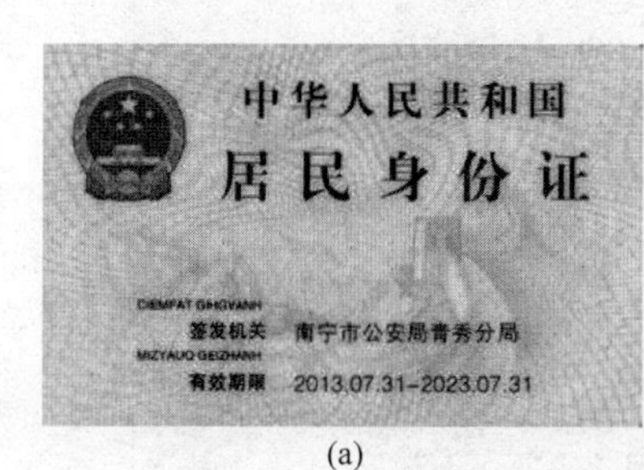

(a)

(b)

图 7.34　Sample 中的图片

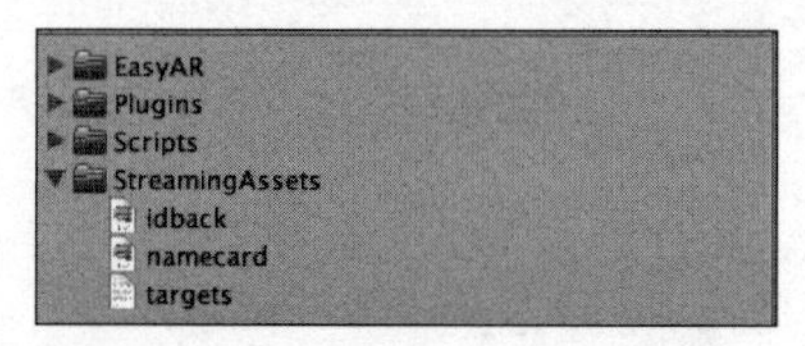

图 7.35　导入 Sample 中的图片

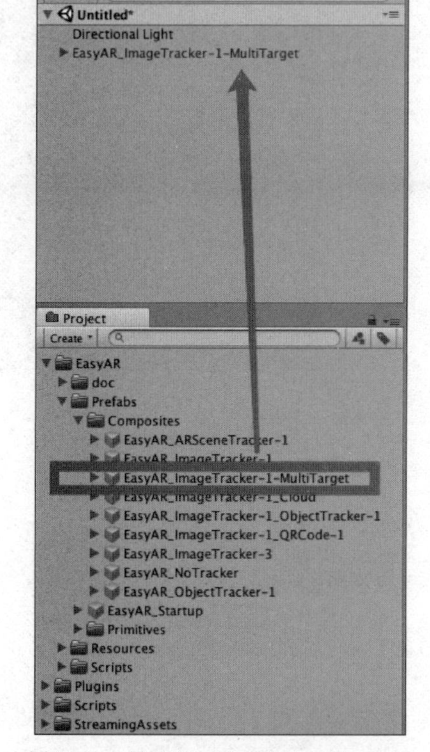

图 7.36　导入 EasyAR_ImageTracker-1-MultiTarget

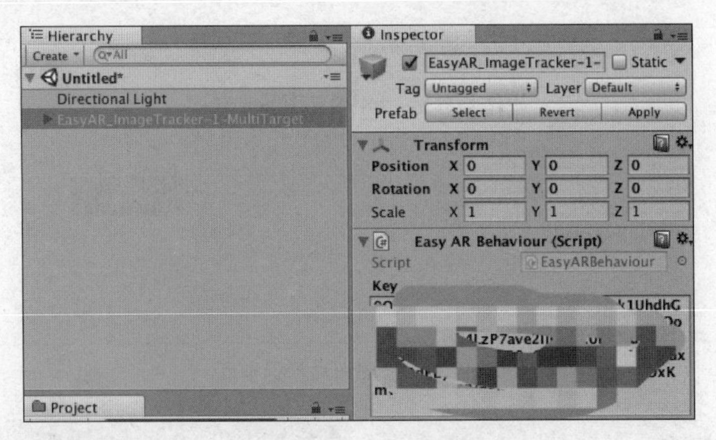

图 7.37　填写 Key

步骤 2：处理相机

要编写一段脚本来处理 EasyAR 的多图识别功能，在 EasyAR_ImageTracker-1-MultiTarget 组件上新建一个脚本 Hello AR Target，如图 7.38 所示。

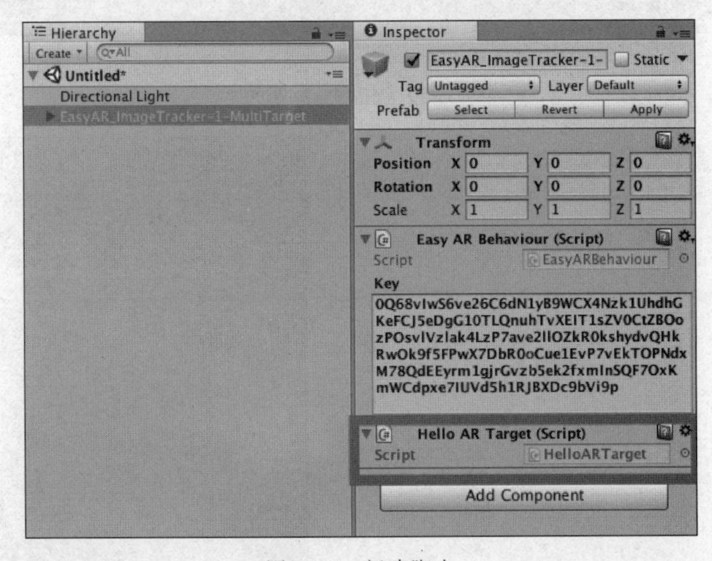

图 7.38　新建脚本

脚本具体内容如下。

```
using UnityEngine;
using EasyAR;
namespace EasyARSample
{
  public class HelloARTarget : MonoBehaviour
  {
    private const string title = "Please enter KEY first!";
    private const string boxtitle = " === PLEASE ENTER YOUR KEY HERE === ";
    private const string keyMessage = ""
      + "Steps to create the key for this sample:\n"
      + " 1. login www.easyar.com\n"
```

```
            + " 2. create App with\n"
            + "   Name: HelloARMultiTarget - SameImage (Unity)\n"
            + "   Bundle ID: cn.easyar.samples.unity.helloarmultitarget.si\n"
            + " 3. find the created item in the list and show key\n"
            + " 4. replace all text in TextArea with your key";
        private void Awake()
        {
            if (FindObjectOfType<EasyARBehaviour>().Key.Contains(boxtitle))
            {
#if UNITY_EDITOR
                UnityEditor.EditorUtility.DisplayDialog(title, keyMessage, "OK");
#endif
                Debug.LogError(title + " " + keyMessage);
            }
        }
    }
}
```

步骤 3：处理 ImageTarget

接下来拖动一个 ImageTarget 组件到面板中，如图 7.39 所示。

像之前最基础操作的那样处理好 ImageTarget，于是可以显示一个 model（这里简单地创建一个 Cube，当然也可以通过 Asset Store 下载模型来进行演示），具体效果如图 7.40 所示。

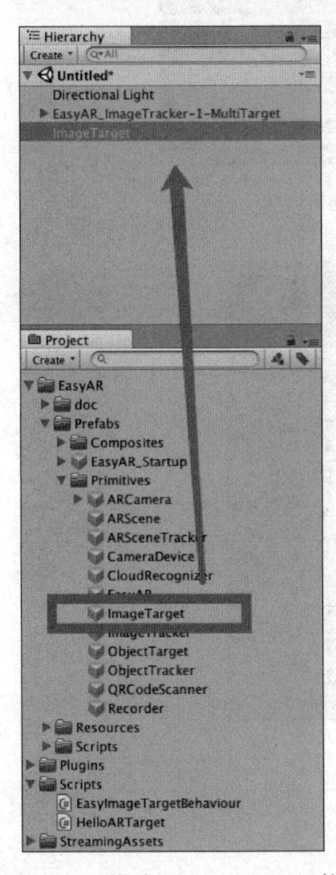

图 7.39　拖动 ImageTarget 组件到面板中

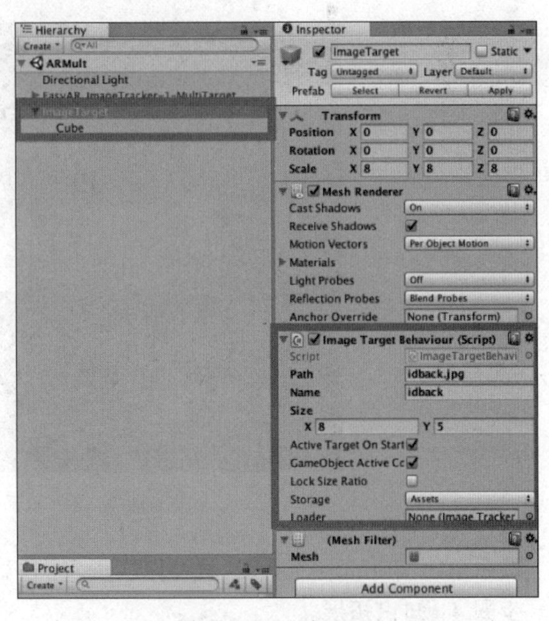

图 7.40　显示 model

同样的道理，再创建一个 ImageTarget，改变识别图和 Cube 的材质，如图 7.41 所示，效果如图 7.42 所示。

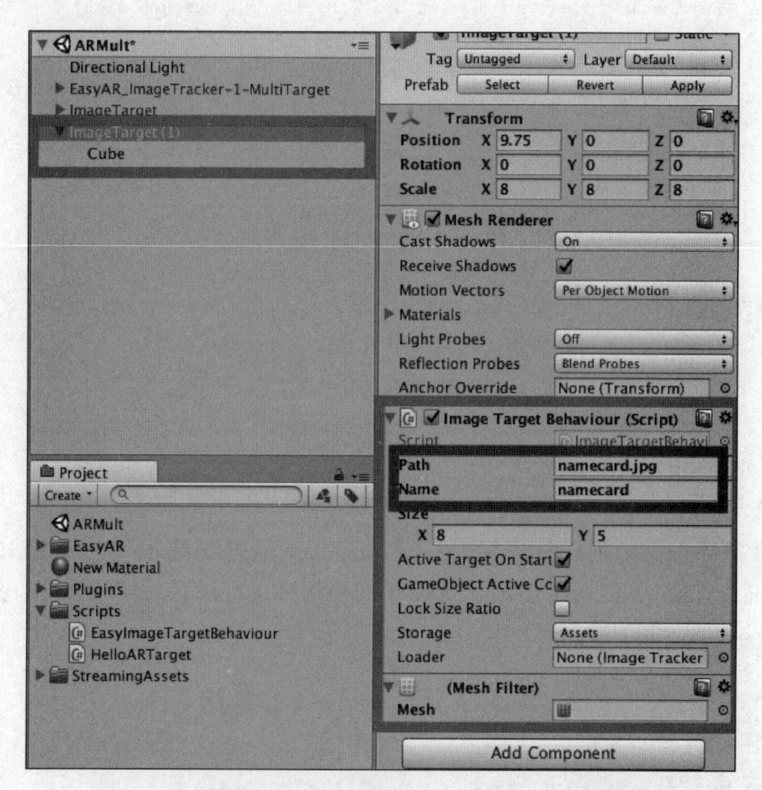

图 7.41　创建不同识别图和 Cube 材质的 ImageTarget

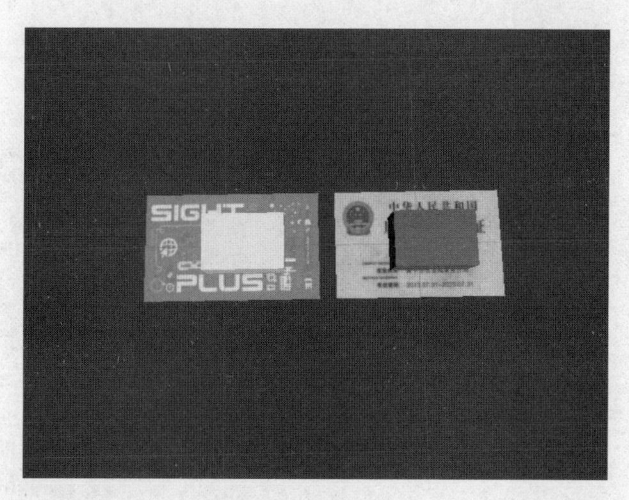

图 7.42　演示效果

然后单击 Build 运行测试，就可以实现多图识别的功能。

步骤 4：知识拓展

(1) Target 和 Tracker：Target 代表可以被跟踪的物体。对于 ImageTracker 和 ObjectTracker，Target 只有在 Load 到一个 Tracker 中之后才能被跟踪。EasyAR 允许创

建很多 Tracker。当一个 Target 被 Load 到 Tracker 之后，它将可以被这个 Tracker 跟踪，而其他 Tracker 将不会触及这个 Target。因此当将 Target Load 到 Tracker 之后，在 Unload 之前它将无法被 Load 到另一个 Tracker 中(Unity 接口会自动 Unload)。

(2) 单个 Tracker 的方案：可以设置 Tracker 的 Simultaneous Number 来限制最多可被同时跟踪的目标个数。只需要一个调用，Tracker 就可以同时跟踪多个 Target。甚至可以在运行时动态修改这个数值，它会按你期望的方式工作。

(3) 多个 Tracker 的方案：可以使用多个 Tracker 来跟踪不同的 Target 集合。一个 Tracker 总是会跟踪最多 Simultaneous Number 个 Target，它只能跟踪 Load 到它自身的 Target。如果创建了多个 Tracker，可以同时跟踪某个 Target 集合中的一些 Target，以及另外一个 Target 集合中的另外一些 Target。总共可以被跟踪的 Target 个数是所有 Tracker 的最大跟踪数的总和。

(4) 两种方案的对比：两种方案的主要区别是，对于单 Tracker 的情况，只能同时跟踪一个 Target 集合中预先设置的数量的 Target，但不能控制哪个 Target 永远可以被跟踪(即使这个 Target 在场景中，由于检测顺序是随机的，所以无法保证某个 Target 一定会被检测到并被跟踪)。但是多个 Tracker 可以做到这一点。可以将一个 Target 分配给某个只跟踪一个 Target 的 Tracker 来跟踪，那么只要这个 Target 在场景中，它就一定被检测并跟踪到。相对于单 Tracker 方案，多 Tracker 方案没有性能影响，跟踪性能主要取决于所有 Tracker 同时跟踪的 Target 数目之和。

7.4 EasyAR 进阶——扫图播放视频

相较于扫描识别图后出现模型，视频所能传达的信息更丰富，体验更好，因此常常用在品牌营销上。EasyAR SDK 对此功能提供了较好的支持。EasyAR 支持本地视频、流媒体视频、透明视频的播放。下面依次讲解。

步骤 1：基本开发环境准备

新建项目，并且导入 SDK。与之前讲述的基本内容操作一样，这里不做赘述。工程目录如图 7.43 所示。

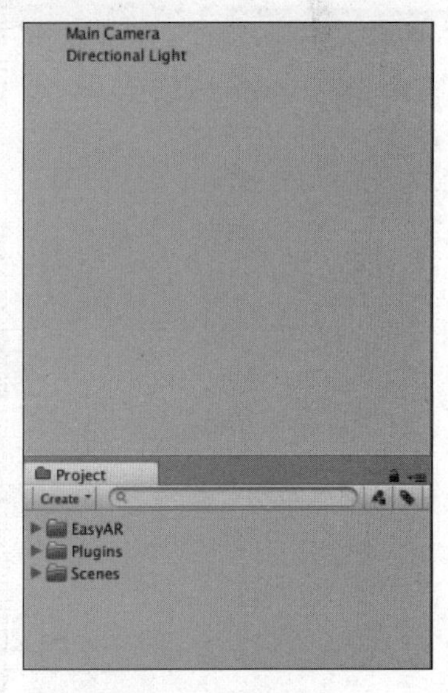

图 7.43 工程目录

常规操作，删除 Main Camera，将 EasyAR_ImageTracker-1 拖到面板中，并填写 Key，如图 7.44 所示。

步骤 2：本地视频播放

拖动 ImageTarget 到面板中，可以命名为 Local_Play，如图 7.45 所示。

新建一个脚本：SampleImageTargetBehaviour，主要用来判断识别图的 found 与 lost。代码内容(与显示模型时的处理方法相同)如下。

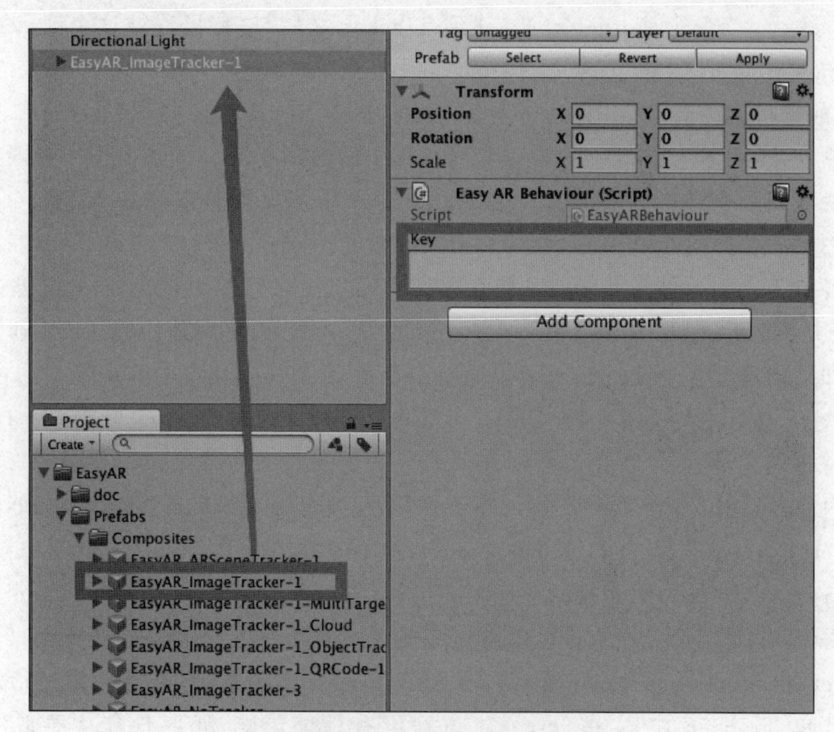

图 7.44　拖入 EasyAR_ImageTracker-1

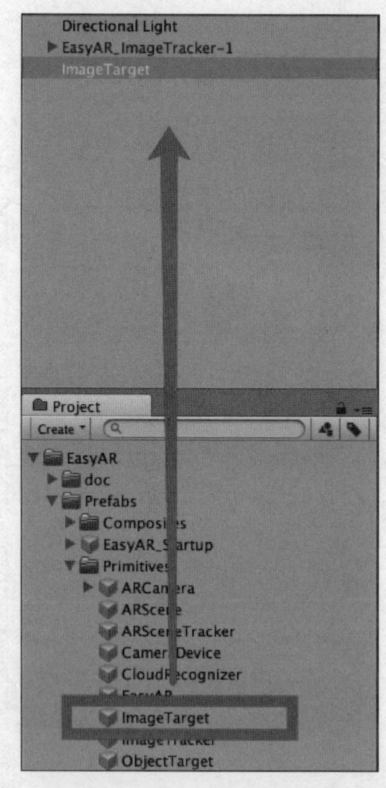

图 7.45　拖入 ImageTarget 重命名为 Local_Play

```
using UnityEngine;
namespace EasyAR
{
public class ImageTargetBehaviour : ImageTargetBaseBehaviour
 {
protected override void Awake()
  base. Awake();
  TargetFound += OnTargetFound;
  TargetLost += OnTargetLost;
  TargetLoad += OnTargetLoad;
  TargetUnload += OnTargetUnload;
 }
void OnTarget Found(TargetAbstractBehaviour behaviour)
 {
  Debug.Log("Found: " + Target.Id);
 }
void OnTargetLost(TargetAbstractBehaviour behaviour)
 {
  Debug.Log("Lost: " + Target.Id);
 }
void OnTargetLoad ( ImageTargetBaseBehaviour behaviour, ImageTrackerBaseBehaviour tracker,
bool status)
 {
  Debug.Log("Load target (" + status + "):" + Target.Id + "(" + Target.Name + ")" + "->" +
tracker);
 }
void OnTargetUnload( ImageTargetBaseBehaviour behaviour, ImageTrackerBaseBehaviour tracker,
bool status)
 {
Debug.Log ("Unload target (" + status + "): " + Target.Id + "(" + Target.Name + ")" + "->" +
tracker);
 }
}
```

具体也可参考官网 https://www.easyar.cn/doc/EasyAR%20SDK/Getting%20Started/2.0/Setting-up-EasyAR-Unity-SDK.html 删除 ImageTarget 组件上的脚本(ImageTarget-Behaviour),将新建的脚本挂上去,如图 7.46 所示。

新建一个文件夹 StreamingAssets,用来放识别图与视频资源。本次案例演示使用的识别图是 namecard.jpg,如图 7.47 所示。

用两种方法填写识别图信息:①直接填写图片名.jpg;②通过 JSON 格式,如图 7.48 所示。

然后在 ImageTarget 下新建一个 Plane,适当调节大小,如图 7.49 所示。

在 Plane 上面挂一个脚本:VideoPlayerBehaviour,并且对其参数进行设置,示例如图 7.50 所示。

部分参数说明如下。

(1) Path:本地视频路径,文件名.mp4 格式。

(2) Type:视频格式如表 7.1 所示。

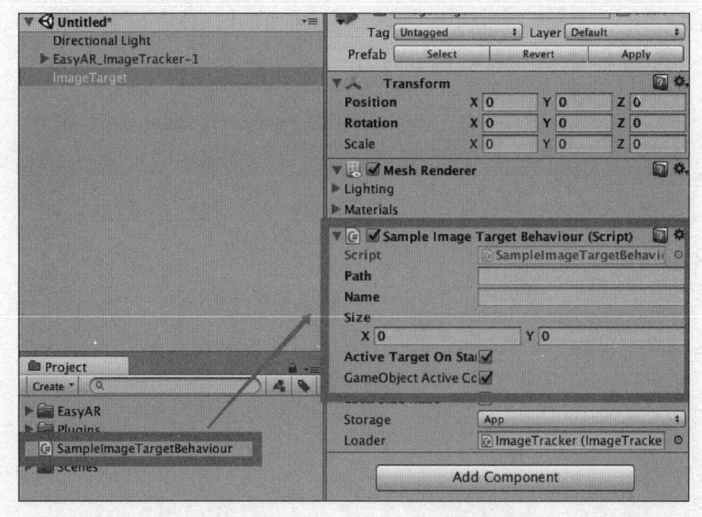

图 7.46　新建脚本

图 7.47　识别图

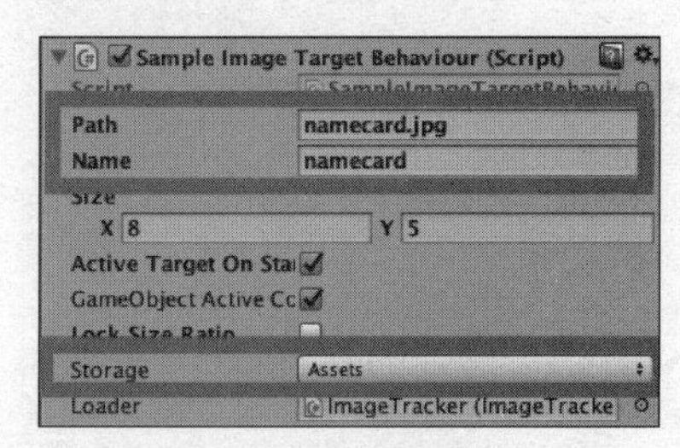

图 7.48　填写识别图信息

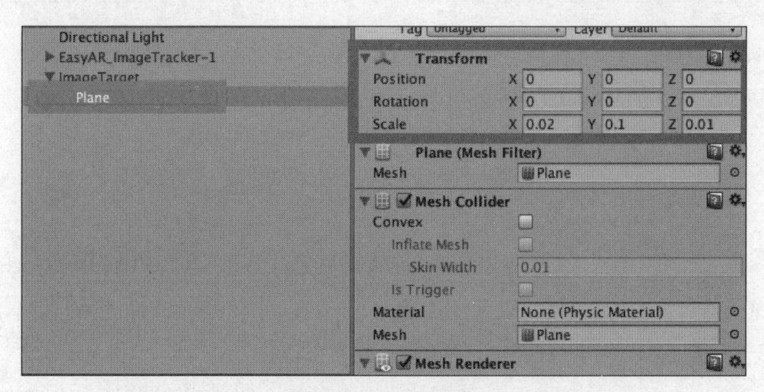

图 7.49　新建 Plane

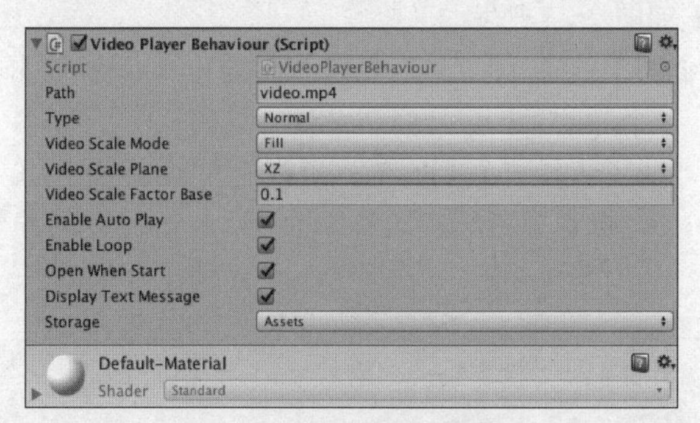

图 7.50　挂载脚本并设置参数

表 7.1 视频格式

常　　量	取值	说　　明
Normal	0	普通视频
TransparentSideBySide	1	透明视频，左半边是 RGB 通道，右半边是 Alpha 通道
TransparentTopAndBottom	2	透明视频，上半边是 RGB 通道，下半边是 Alpha 通道

(3) Video Scale Mode：视频缩放格式如表 7.2 所示。

表 7.2 视频缩放格式

常量	取值	说　　明
None	0	不缩放
Fill	1	填充 ImageTarget，视频会被缩放到与 ImageTarget 同样大小
Fit	2	适配 ImageTarget，视频会被缩放到最大可适配到 ImageTarget 里面的大小
FitWidth	3	适配 ImageTarget 的宽度，视频宽度会被设成和 ImageTarget 的宽度相同，而视频比例不变
FitHeight	4	适配 ImageTarget 的高度，视频宽度会被设成和 ImageTarget 的高度相同，而视频比例不变

(4) Video Scale Plane：定义在哪个平面进行缩放，如表 7.3 所示。

表 7.3 定义播放平面

常量	取值	描　　述	常量	取值	描　　述
XY	1	在 XY 平面缩放	YZ	6	在 YZ 平面缩放
XZ	2	在 XZ 平面缩放	ZX	8	在 ZX 平面缩放
YX	4	在 YX 平面缩放	ZY	9	在 ZY 平面缩放

(5) Video Scale Factor Base：缩放因子，建议设为 0.1。

(6) Storage：存储加载方式，如图 7.51 所示。

Description

StorageType表示图像、json文件、视频或其他文件的存放位置。

StorageType指定了文件存放的根目录，你可以在所有相关接口中使用相对于这个根目录的相对路径。

enum StorageType

Constant	Value	Description
App	*0*	app路径 • Android: 程序 持久化数据目录 （注意，这个目录与Unity的Application.persistentDataPath可能不同） • iOS: 程序沙盒目录 • Windows: 可执行文件（exe）目录 • Mac: 可执行文件目录（如果app是一个bundle，这个目录在bundle内部）
Assets	*1*	StreamingAssets路径
Absolute	*2*	绝对路径（json/图片路径或视频文件路径）或url（仅视频文件）
Json	*256*	表示json string的标志位，在 ImageTargetBaseBehaviour.Setup* 中使用

图 7.51 存储加载方式

一切准备好之后，打包成 APK，在移动端测试即可(目前不支持在 PC 端直接进行测试)。

步骤 3：URL 视频播放

首先将一个 ImageTarget 预制体拖到面板中，命名为 URL_Play，如图 7.52 所示。

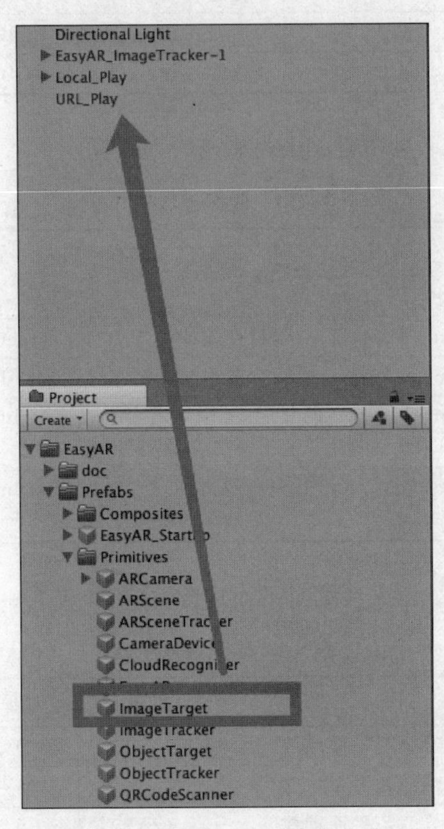

图 7.52　拖入 ImageTarget 重命名为 URL_Play

然后在 ImageTarget 下面新建一个脚本(AutoPlay_URL)，脚本内容与上面创建本地视频播放时的 SampleImageTargetBehaviour 脚本内容相同(可以复制)，如图 7.53 所示。

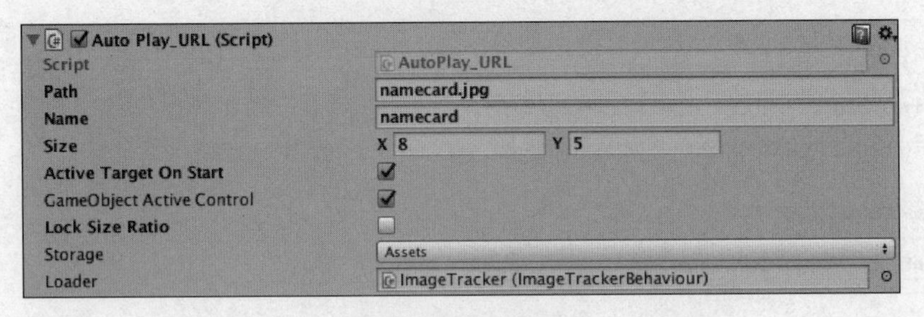

图 7.53　新建脚本

本次同样采取的是同一张识别图方便测试，在实际案例中需根据自己的需求更换识别图。

然后创建一个 Plane，在它的上面挂一段脚本(VideoPlayerBehaviour.cs)，与之前的操作相似，填好相关参数(可以先不用管 Path，因为需要代码获取 URL)，如图 7.54 所示。

新建一个文件夹 Resources，将制作好的 Plane 放进去制成预制体，如图 7.55 所示。

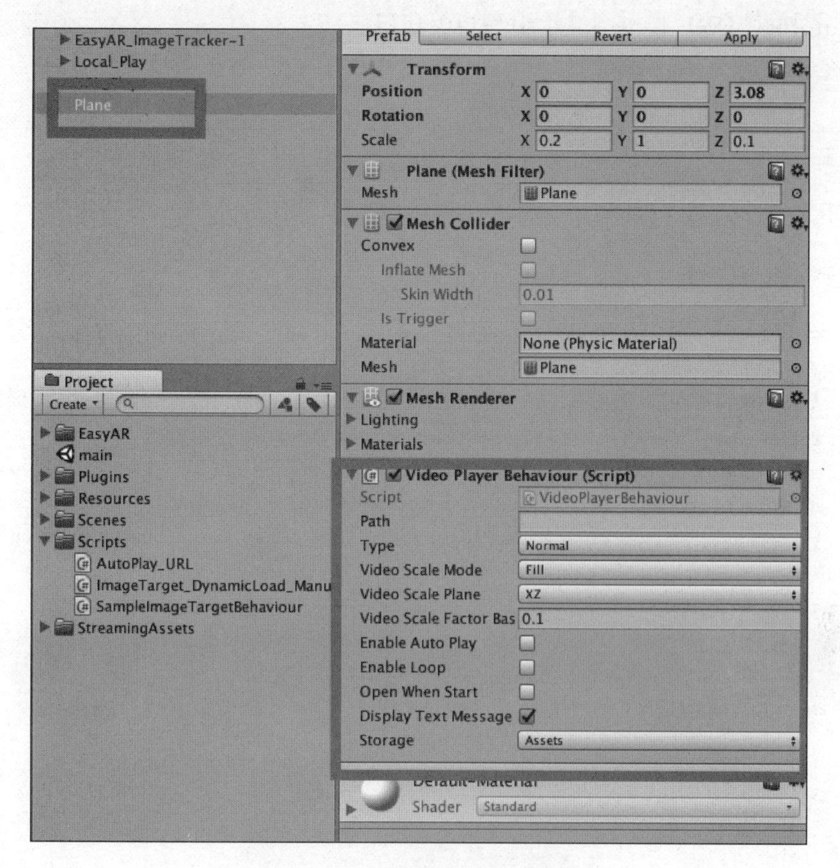

图 7.54　挂载脚本并填写参数

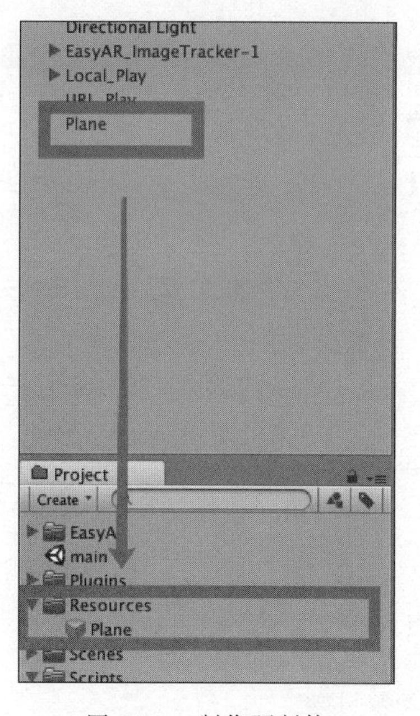

图 7.55　制作预制体

在 AutoPlay_URL 脚本中继续编写相关代码。

（1）在开头定义一个 URL。

```
private string video = @"https://sightpvideo-cdn.sightp.com/sdkvideo/EasyARSDKShow20
1520.mp4";
```

（2）定义一个方法 LoadVideo 加载视频资源。

```
public void LoadVideo()
    {
      GameObject subGameObject = Instantiate(Resources.Load("Plane", typeof(GameObject)))
as GameObject;
      subGameObject.transform.parent = this.transform;
      subGameObject.transform.localPosition = new Vector3(0, 0.225f, 0);
      subGameObject.transform.localRotation = new Quaternion();
      subGameObject.transform.localScale = new Vector3(0.8f, 0.45f, 0.45f);
      VideoPlayerBaseBehaviour videoPlayer = subGameObject.GetComponent<VideoPlayerBase-
Behaviour>();
      if (videoPlayer)
      {
        videoPlayer.Storage = StorageType.Absolute;
        videoPlayer.Path = video;
        videoPlayer.EnableAutoPlay = true;
        videoPlayer.EnableLoop = true;
        videoPlayer.Open();
      }
    }
```

具体数值可以自行设置。

（3）在 Start 方法中调用：

```
protected override void Start()
    {
      base.Start();
      LoadVideo();
    }
```

完整代码如下。

```
private string Video = @"https://sightpvideo-cdn.sightp.com/sdkvideo/EasyARSDKShow201520.
mp4";
protected override void Awake()
{
 base.Awake();
 TargetFound += OnTargetFound;
 TargetLost += OnTargetLost;
 TargetLoad += OnTargetLoad ;
 TargetUnload += OnTargetUnload;
}
protected override void Start()
```

```
{
 base. Start();
LoadVideo();
}
public void LoadVideo()
{
 GameObject subGameObject = Instantiate(Resources. Load("Plane", typeof (GameObject))) as
GameObject;
 subGameObject. transform.parent = this.transform;
 subGameObject. transform. localPosition = new Vector3(0, 0.225f, 0);
 subGameObject. transform. localRotation = new Quaternion();
 subGameObject. transform. localScale = new Vector3(0.8f, 0.45f, 0.45f);
 VideoPlayerBaseBehaviour videoPlayer = subGameObject . GetComponent < VideoP laye
rBaseBehaviour >();
 if (videoPlayer)
 {
  videoPlayer. Storage = StorageType.Absolute;
  videoPlayer.Path = video;
  videoPlayer. EnableAutoPlay = true;
  videoPlayer.EnableLoop = true;
videoPlayer.Open();
 }
}
void OnTargetFound(TargetAbstractBehaviour behaviour)
{
Debug.Log("Found:" + Target.Id);
}
void OnTargetLost(TargetAbstractBehaviour behaviour)
{
 Debug. Log("Lost:" + Target.Id);
}
void OnTargetLoad( ImageTargetBaseBehaviour behaviour, ImageTrackerBaseBehaviour tracker,
bool status)
{
 Debug. Log("Load target (" + status + "): " + Target.Id +"(" + Target.Name + ")" + " -> " +
tracker);
}
```

步骤 4：透明视频播放

透明视频相较于普通视频在视觉上有很大的美感与创新感，在营销上也有不错的应用。在介绍使用 EasyAR SDK 开发关于透明视频的功能之前，先简单介绍一下如何制作透明视频。

（1）导入带 RGB+Alpha 通道的视频，在 AE 中创建一个合成，如图 7.56 所示。

（2）按快捷键 Ctrl+K，选中合成，设置合成大小（推荐使用原视频大小宽度乘以 2），选中视频图层，按快捷键 Ctrl+D 复制视频，如图 7.57 所示。

（3）调整合成里面的视频位置（如何对称：初始状态时，两个视频内容在画布中央位置

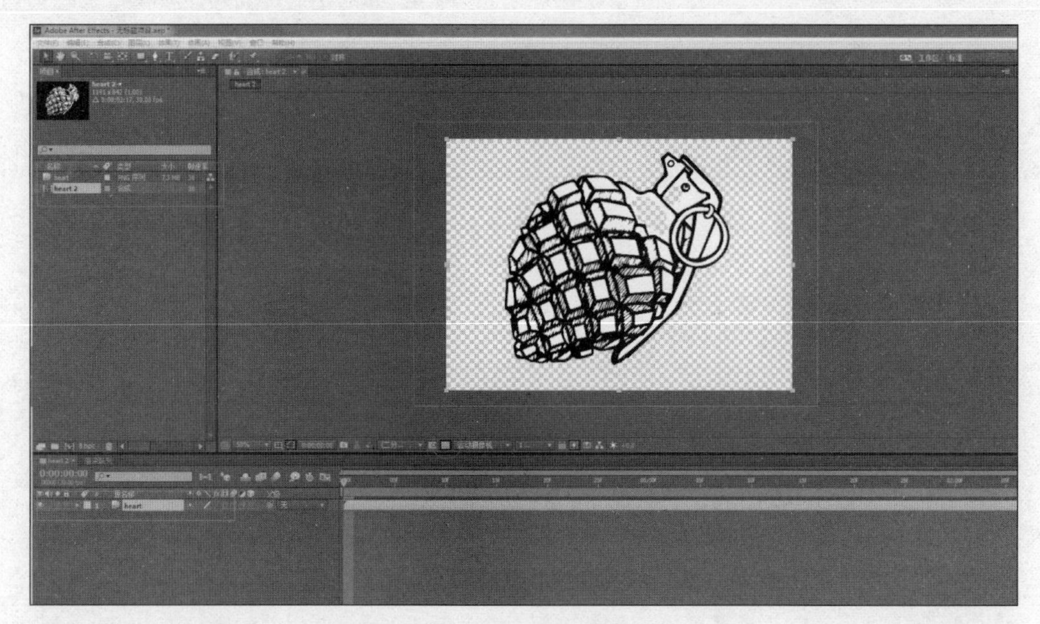

图 7.56　导入视频并创建合成

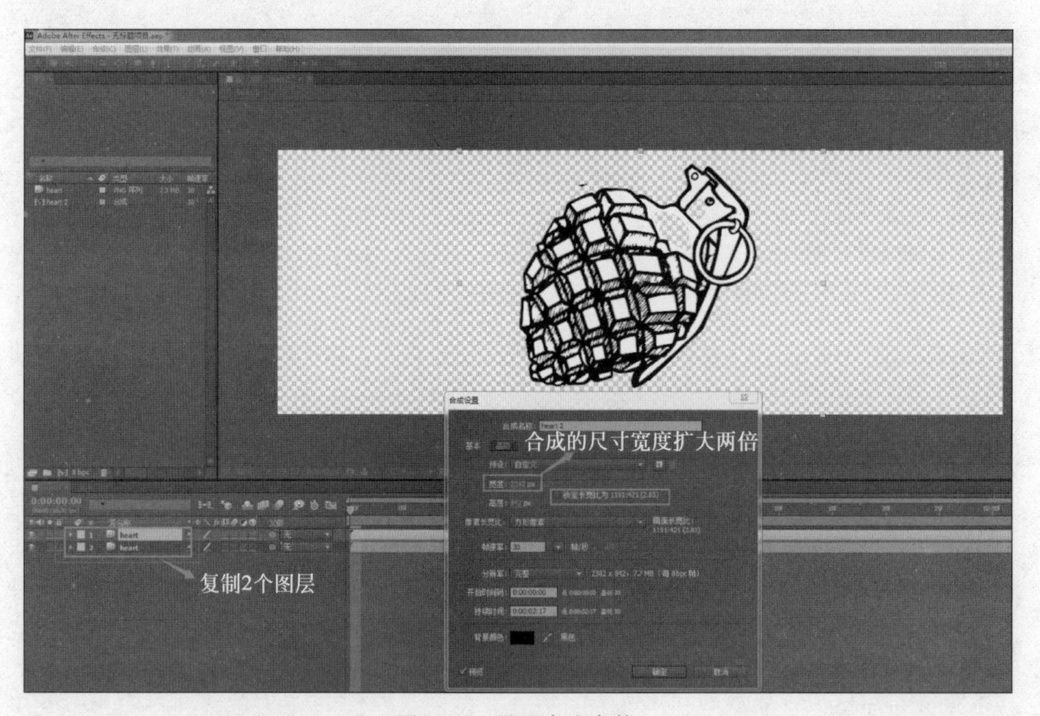

图 7.57　设置合成参数

重叠。将图层 1 视频向左移动，移动尺寸＝视频初始宽度/2，将图层 2 视频右移相同像素)，如图 7.58 所示。

(4) 把右边的一个视频加个特效使右边变成白色遮罩即可，使用哪种具体特效都可以，只要能变成白色遮罩就行：选择右边图层，右击，选择“效果”命令，进行颜色校正，具体效果如图 7.59 所示。

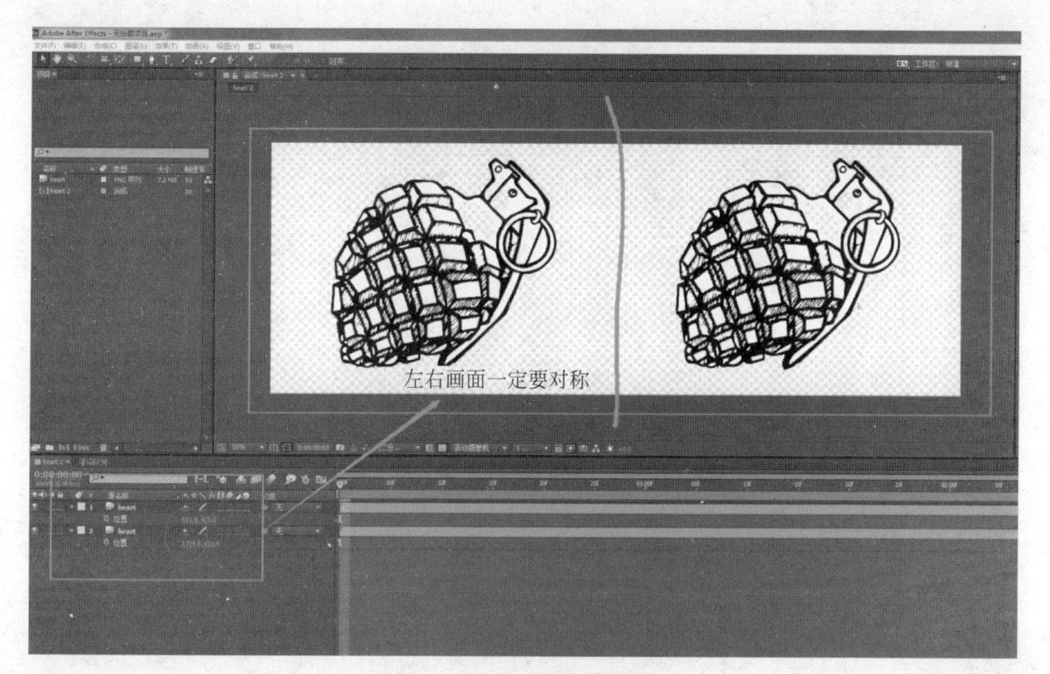

图 7.58　调整视频位置

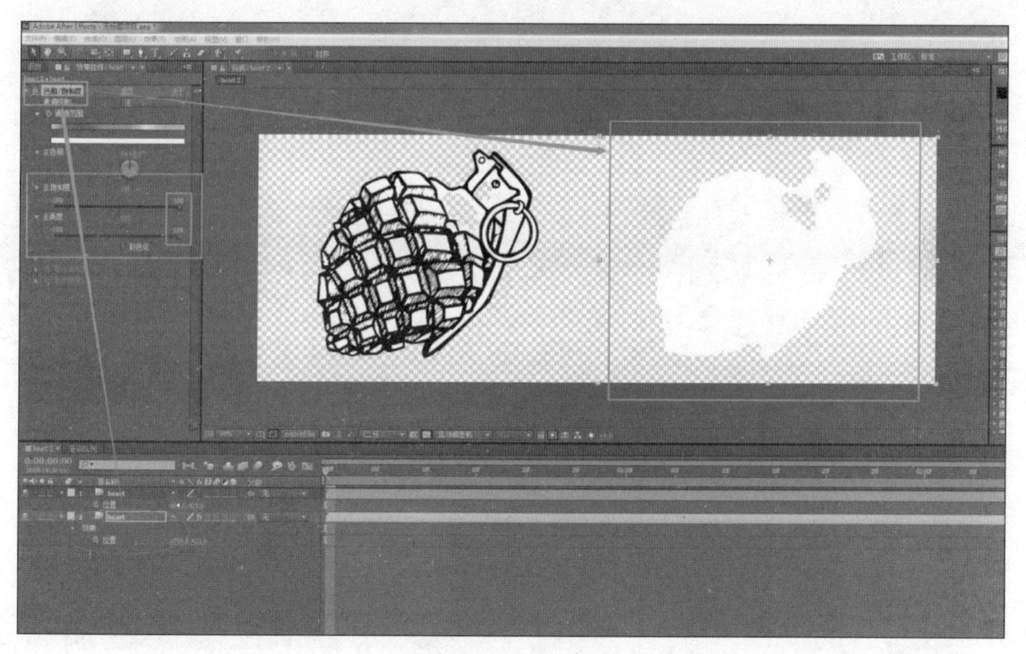

图 7.59　加入特效

(5) 输出视频(推荐用 MP4 格式)。

与本地视频播放和 URL 视频播放一样,拖一个 ImageTarget 到面板中,命名为 Transparentvideo_Play,如图 7.60 所示。

将之前创建的 SampleImageTargetBehaviour 挂在上面,填写相关参数,如图 7.61 所示。

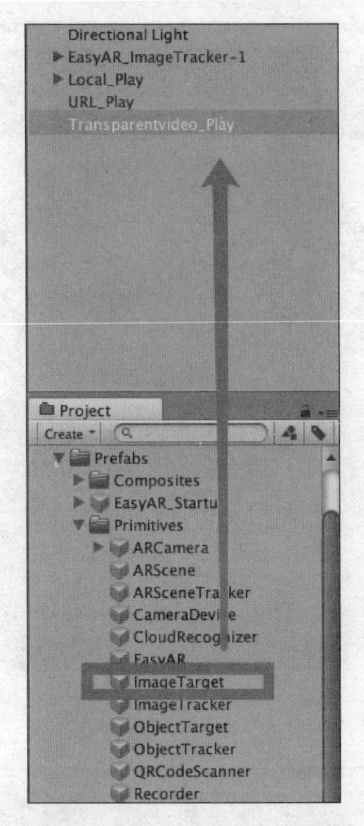

图 7.60　拖入 ImageTarget 并重命名为 Transparentvideo_Play

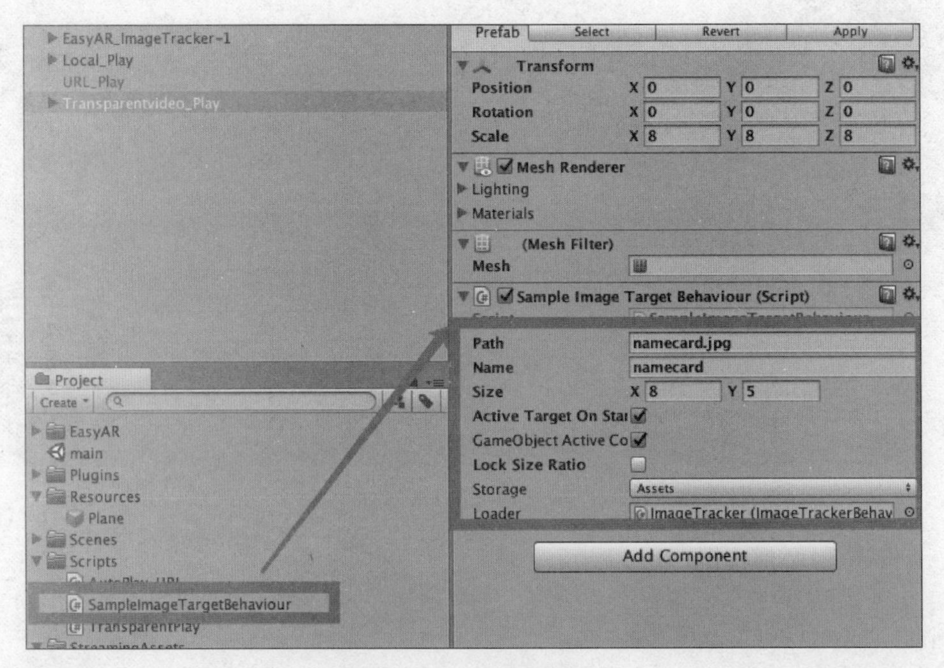

图 7.61　填写参数

在其下面创建一个 Sphere，调整相应大小，如图 7.62 所示。

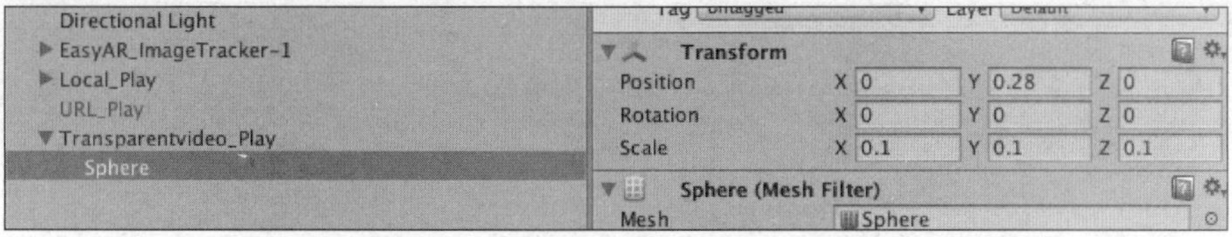

图 7.62　创建 Sphere

然后在 Sphere 上面挂一个脚本：VideoPlayerBehaviour，调整相应参数，如图 7.63 所示。

新建一个材质球 Transparent，Shader 设置为 EasyAR/TransparentVideo，如图 7.64 所示。

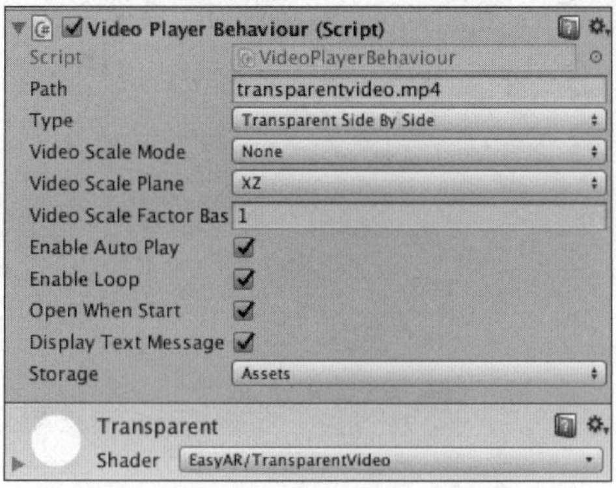

图 7.63　挂载脚本并调整参数

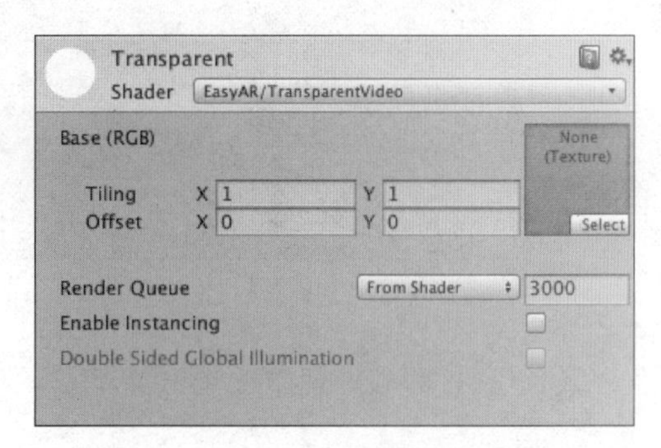

图 7.64　新建材质球

挂到 Sphere 上面即可编译运行。

步骤 5：常用接口

EasyAR 封装了许多有用的接口，方便调用实现市面上常见的功能。

例如，在扫描识别图之后播放视频，想要手动控制暂停与开始，使用 EasyAR SDK 可以方便快速地实现。

在上面本地视频的基础上进行开发。在 Plane 上面添加 Box Collider 组件，并勾选 Is Trigger 复选框，如图 7.65 所示。

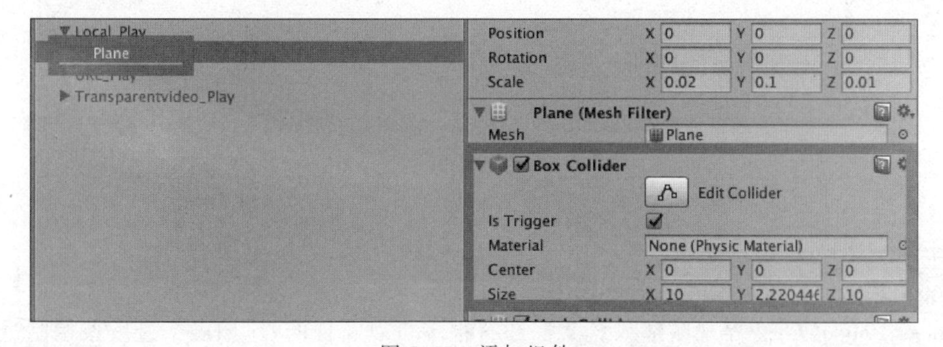

图 7.65　添加组件

新建一个脚本 VideoCon,挂在 Plane 上,如图 7.66 所示。

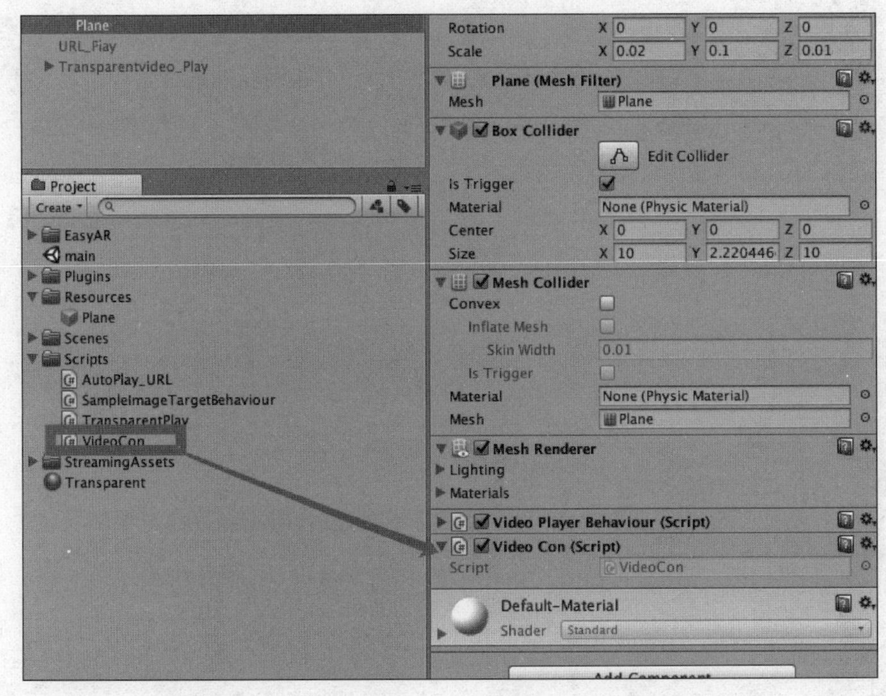

图 7.66　挂载组件

编写代码,其实处理方法十分简单。

```
using System.Collections;
using System.Collections.Generic;
using UnityEngine;
using EasyAR;
public class VideoCon : MonoBehaviour {

  private bool isClick = false;
  void OnMouseDown()
  {
    if (!isClick) {
      this.GetComponent<VideoPlayerBehaviour>().Pause();
      isClick = true;
    } else {
      this.GetComponent<VideoPlayerBehaviour>().Play();
      isClick = false;
    }
  }
}
```

主要运用以下命令。

bool Play():开始或继续播放视频。

bool Pause():暂停视频播放。其实还有很多可以实现的,比如做个进度条控制进度。

bool Seek(int position):将播放位置调整到 position。

int CutPosition()：返回当前播放的视频位置。

int Duration()：返回视频长度。

具体的关于视频的接口与方法请看 https://www.easyar.cn/doc/EasyAR%20SDK/Unity%20Plugin%20Reference/1.0/VideoPlayerBaseBehaviour.html?highlight=videoplayer。

7.5 EasyAR 进阶——三维物体识别与跟踪

目前市面上的 AR 内容多数是基于平面二维图片的，基于三维物体识别与跟踪的案例或营销十分少，其主要原因是由于底层算法还不成熟。EasyAR SDK 目前的版本很好地支持了有纹理的三维物体识别与跟踪。

步骤 1：开发环境

EasyAR 3D 物体的识别与跟踪的开发过程类似最开始的平面图片的搭建过程。首先到官网申请一个 Pro Key(必须是 Pro，可以购买或免费试用)，如图 7.67 所示。

图 7.67　申请 Pro Key

然后下载 EasyAR SDK Pro for Unity3D(unitypackage)，如图 7.68 所示。

新建项目，并且导入下载好的 SDK(EasyAR Pro)，工程目录结构如图 7.69 所示。

步骤 2：三维模型的准备

实现三维物体识别与跟踪最重要的一个步骤是准备被跟踪的三维物体。

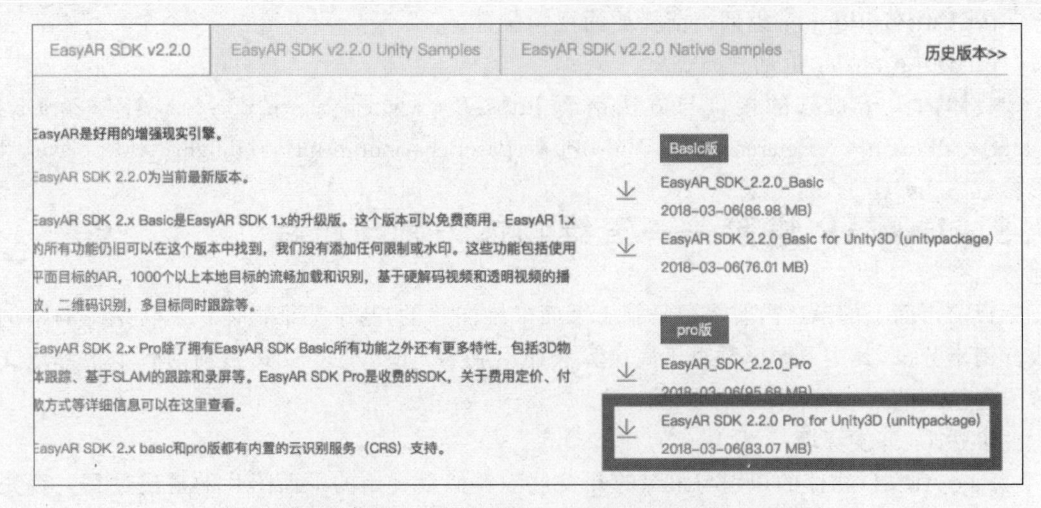

图 7.68　下载 EasyAR SDK Pro for Unity3D(unitypackage)

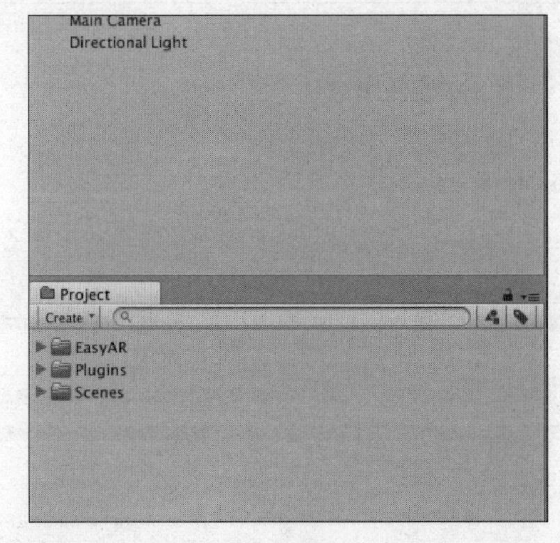

图 7.69　工程目录

1. 获得 OBJ 格式的模型

(1) 从现有的模型中导出。如使用 3ds Max 或 Maya 其他建模工具把导入的 FBX 或其他格式的模型导出为 OBJ。

(2) 创建新模型。使用 3ds Max 或 Maya 其他建模工具创建新的三维模型并导出 OBJ 格式。

(3) 扫描真实世界中的物体，使用一些三维重建工具生成三维模型。

2. 三维模型规格说明

(1) 支持的格式：Wavefront obj 格式(.obj)。

(2) 对模型文件的最低要求如下。

① 一个三维模型应该包括一个 OBJ (.obj)文件以及相应的 MTL (.mtl)文件和纹理贴图文件，并放在同一个目录下。

② 纹理贴图文件支持.jpg 和.png 格式。

③ 文件名以及文件内部的路径不能有空格。

④ 文件应使用 UTF-8 格式编码。

(3) 对于 OBJ 文件的最低要求如下。

① 几何顶点(vertex),用(x, y, z [, w])坐标表示,w 为可选项,默认为1.0。顶点的色彩参数不是必需的,如果提供了色彩参数,系统并不会加载。

② 纹理坐标(texture coordinates),用(u, v [,w])坐标表示,w 为可选项,默认为 0。通常情况下,u 和 v 的取值应该为 0~1。对于小于 0 或者大于 1 的情形,系统默认会以 REPEAT 模式进行处理,即坐标的整数部分被忽略,然后构建一个重复的模式(与 OpenGL 中的 GL_REPEAT 处理方式相同)。

③ 面元素(face),应当至少包含顶点的索引,以及顶点的纹理坐标的索引。超过 3 个顶点的多边形(如四边形)面片结构同样支持。

④ 材质文件的引用(mtllib),要求至少指定一个外部 MTL 材质文件,文件路径必须是相对路径,不能是绝对路径。

⑤ 模型元素所引用的材质需指定材质名字(usemtl),这个材质名字应当与外部 MTL 材质文件中定义的材质名字保持一致。

(4) MTL(. mtl)文件的最低要求如下。

① 一个 MTL 文件中应当定义至少一个材质。

② 纹理贴图(texture map)是必需的。通常情况下,只需要制定环境光(ambient)或者漫反射(diffuse)的纹理贴图。纹理贴图的路径必须是相对路径,不能是绝对路径。

③ 纹理贴图的其他可选参数不是必需的,如果提供了,系统并不会采用。

在 Unity 里新建一个文件夹(StreamingAssets)用来存放模型文件,如图 7.70 所示。

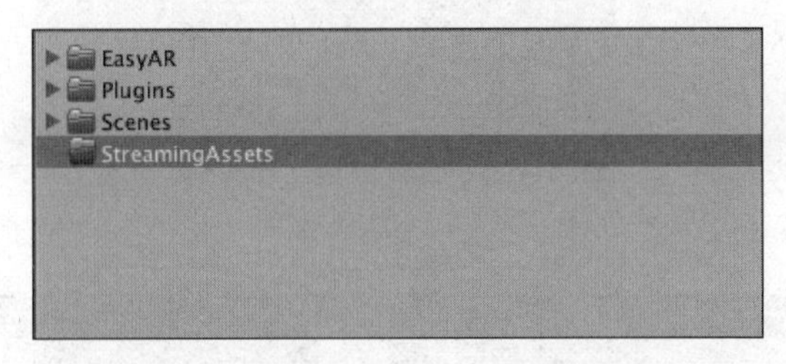

图 7.70　新建文件夹存放模型文件

必要的 3 个模型文件:模型(. obj)、贴图(. jpg or . png)和文件说明(. mtl),如图 7.71~图 7.73 所示。

图 7.71　模型

对于. mtl 文件有以下几点需要注意。

(1) 模型文件中不能引用绝对路径,如图 7.74 所示。

(2) 文件名及模型文件内部的路径不能有空格,如图 7.75 所示。

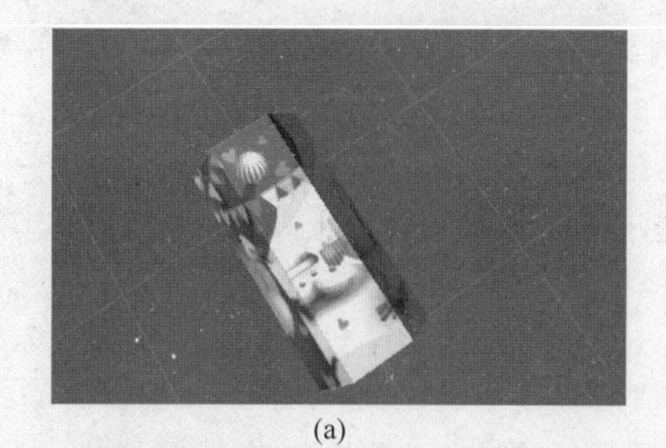

(a)

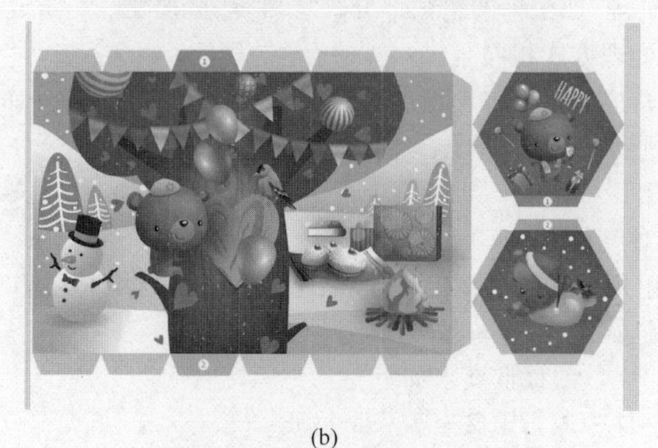

(b)

图 7.72　贴图

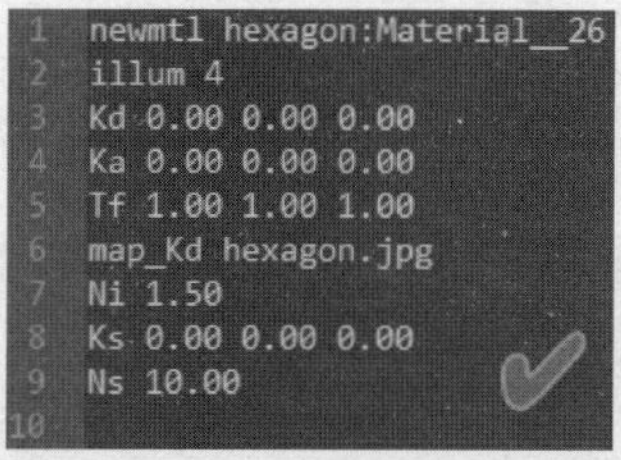

```
1  newmtl hexagon:Material__26
2  illum 4
3  Kd 0.00 0.00 0.00
4  Ka 0.00 0.00 0.00
5  Tf 1.00 1.00 1.00
6  map_Kd hexagon.jpg
7  Ni 1.50
8  Ks 0.00 0.00 0.00
9  Ns 10.00
10
```

图 7.73　文件说明

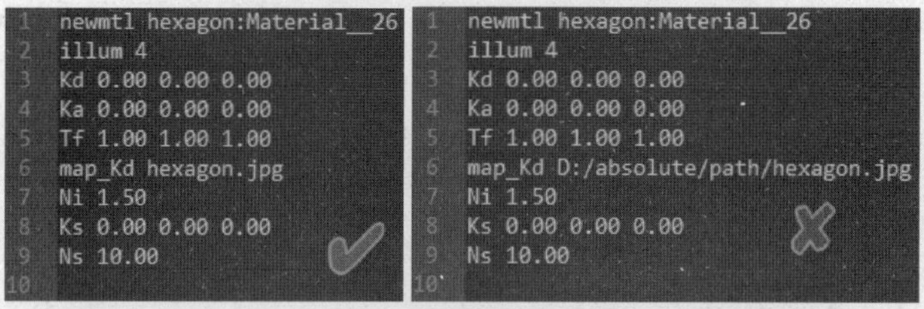

```
1  newmtl hexagon:Material__26
2  illum 4
3  Kd 0.00 0.00 0.00
4  Ka 0.00 0.00 0.00
5  Tf 1.00 1.00 1.00
6  map_Kd hexagon.jpg
7  Ni 1.50
8  Ks 0.00 0.00 0.00
9  Ns 10.00
10
```

```
1  newmtl hexagon:Material__26
2  illum 4
3  Kd 0.00 0.00 0.00
4  Ka 0.00 0.00 0.00
5  Tf 1.00 1.00 1.00
6  map_Kd D:/absolute/path/hexagon.jpg
7  Ni 1.50
8  Ks 0.00 0.00 0.00
9  Ns 10.00
10
```

图 7.74　模型文件的路径

```
1  newmtl hexagon:Material__26
2  illum 4
3  Kd 0.00 0.00 0.00
4  Ka 0.00 0.00 0.00
5  Tf 1.00 1.00 1.00
6  map_Kd hexagon.jpg
7  Ni 1.50
8  Ks 0.00 0.00 0.00
9  Ns 10.00
10
```

```
1  newmtl hexagon:Material__26
2  illum 4
3  Kd 0.00 0.00 0.00
4  Ka 0.00 0.00 0.00
5  Tf 1.00 1.00 1.00
6  map_Kd hexagon - Copy.jpg
7  Ni 1.50
8  Ks 0.00 0.00 0.00
9  Ns 10,00
10
```

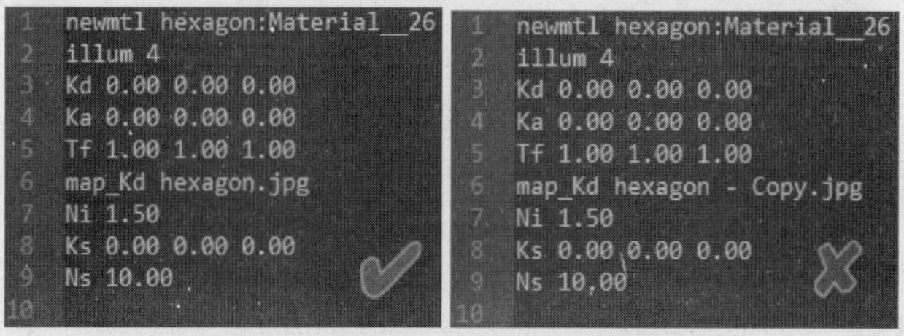

图 7.75　文件名和模型文件内部的路径

(3) 模型文件应该使用 UTF-8 编码格式,如图 7.76 所示。

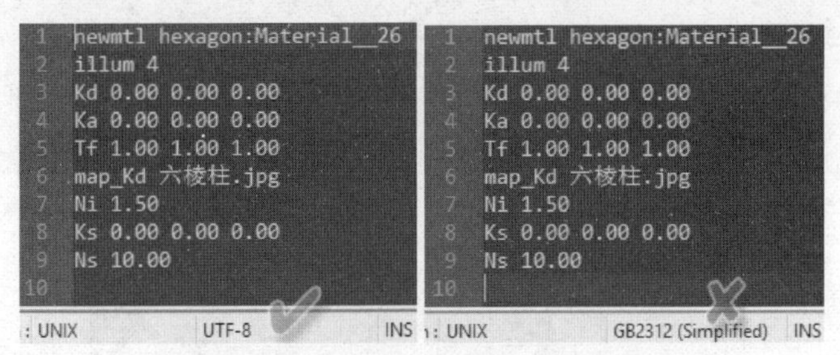

图 7.76 模型文件的编码格式

(4) 模型面的法向量的正向遵循右手准则,如图 7.77 所示。

图 7.77 模型面的法向量

第二个立方体中阴影部分的面片的法向量是负值取向。这种面片在 EasyAR 中会被当成不可见面处理。如果从里面看出去,会发现显示成第三个立方体的样子。模型应当避免一切负值取向的面片。

步骤 3:开发

删除原有的 Main Camera,将 EasyAR_ImageTracker-1_ObjectTracker-1 这个 prefab 拖到面板中,并填写 Key 到正确位置,如图 7.78 所示。

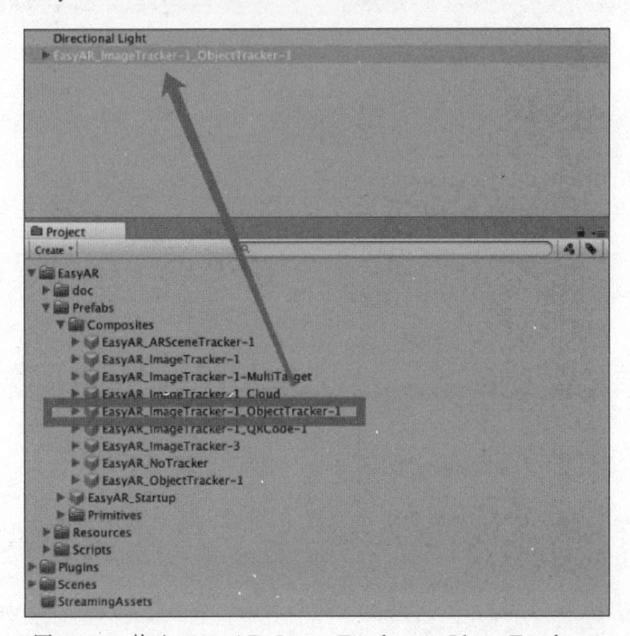

图 7.78 拖入 EasyAR_ImageTracker-1_ObjectTracker-1

将预制体 ObjectTarget 拖到面板中，如图 7.79 所示。

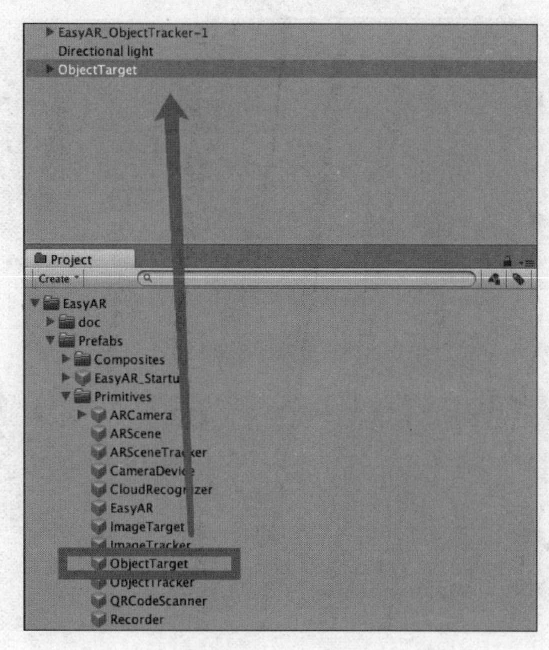

图 7.79　拖入 ObjectTarget

新建一个脚本 SampleObjectTargetBehaviour，其处理的方法与之前的 ImageTargetBehaviour 类似。

```
using UnityEngine;
using EasyAR;
namespace Sample
{
  public class SampleObjectTargetBehaviour : ObjectTargetBehaviour
  {
    protected override void Awake()
    {
      base.Awake();
      TargetFound += OnTargetFound;
      TargetLost += OnTargetLost;
      TargetLoad += OnTargetLoad;
      TargetUnload += OnTargetUnload;
    }
    void OnTargetFound(TargetAbstractBehaviour behaviour)
    {
      Debug.Log("Found: " + Target.Id);
    }
    void OnTargetLost(TargetAbstractBehaviour behaviour)
    {
      Debug.Log("Lost: " + Target.Id);
    }
      void OnTargetLoad ( ObjectTargetBaseBehaviour behaviour, ObjectTrackerBaseBehaviour
tracker, bool status)
    {
      Debug.Log("Load target (" + status + "): " + Target.Id + " (" + Target.Name + ") " +
" -> " + tracker);
```

```
    }
      void OnTargetUnload(ObjectTargetBaseBehaviour behaviour, ObjectTrackerBaseBehaviour
tracker, bool status)
      {
        Debug.Log("Unload target (" + status + "): " + Target.Id + " (" + Target.Name + ") " +
" -> " + tracker);
      }
   }
}
```

写好之后，再去填写相关信息，如图 7.80 所示。

Sample Object Target Behaviour (Script)	
Script	SampleObjectTargetBehaviour
Path	hexagon.obj
Name	hexagon
Scale	1
Active Target On Start	✓
GameObject Active Control	✓
Storage	Assets
Loader	ObjectTracker (ObjectTrackerBehaviour)

图 7.80　填写相关信息

注意：这里与二维图片识别跟踪的类似。Path 与 Name 的填写方式也有两种，并且目前三维模型仅支持 OBJ 格式。

此时基本工作就算完成了，接下来就是一些效果的实现，比如在 ObjectTarget 这个预制体下面创建一个模型 hexagon，它的 Rotation 必须设置成

```
x: 90    y: 180  z: 0
```

然后运行测试：当 Camera 检测到这个三维小熊饼干后，就会显示一些 AR 内容，如图 7.81 所示。

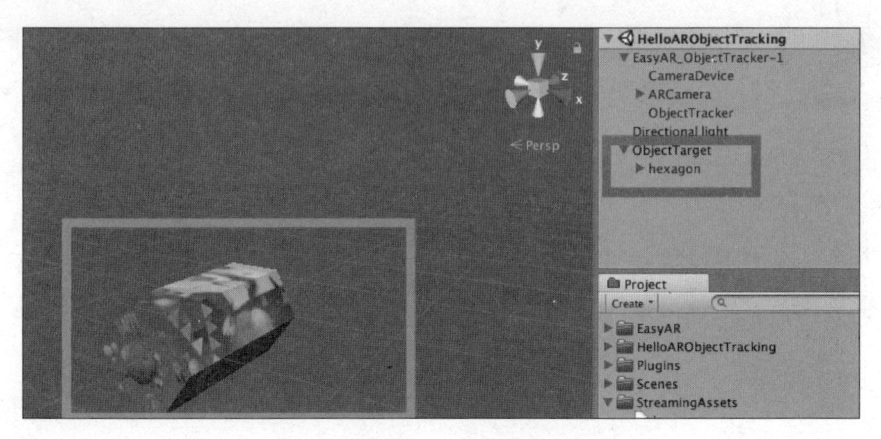

图 7.81　AR 效果

习题

1. 用 EasyAR 开发一个本地视频播放器。
2. 用 EasyAR 开发一个三维物体的识别和跟踪系统。

参考文献

[1] Kipper G,Rampolla J.增强现实技术导论[M].郑毅,译.北京:国防工业出版社,2014.

[2] Richard S.计算机视觉——算法与应用[M].艾海舟,译.北京:清华大学出版社,2012.

[3] 李新晖,陈梅兰.虚拟现实技术与应用[M].北京:清华大学出版社,2016.

[4] 宋志刚,王琰,苑勋.实验室虚拟现实系统中的硬件构造技术[J].小型微型计算机系统,2000,21(12):1337-1339.

[5] 李建,王芳,张天伍,等.虚拟现实技术基础与应用[M].北京:机械工业出版社,2019.

[6] 黄岩.虚拟现实及其关键技术[J].计算机工程应用技术,2016(16).

[7] Anders H.C#编程语言[M].2版.北京:人民邮电出版社,2007.

[8] Jon S.深入理解C#[M].姚琪琳,译.3版.北京:人民邮电出版社,2014.

[9] Unity3D官方教程.https://Unity 3D.com/cn.

[10] 斯蒂格.机器视觉算法与应用[M].杨少荣,译.北京:清华大学出版社,2008.

[11] 郑南宁.计算机视觉与模式识别[M].北京:国防工业出版社,1998.

[12] 徐德,谭民,李原.机器人视觉测量与控制[M].北京:国防工业出版社,2008.

图书资源支持

感谢您一直以来对清华版图书的支持和爱护。为了配合本书的使用，本书提供配套的资源，有需求的读者请扫描下方的“书圈”微信公众号二维码，在图书专区下载，也可以拨打电话或发送电子邮件咨询。

如果您在使用本书的过程中遇到了什么问题，或者有相关图书出版计划，也请您发邮件告诉我们，以便我们更好地为您服务。

我们的联系方式：

地　　址：北京市海淀区双清路学研大厦 A 座 714

邮　　编：100084

电　　话：010-83470236　010-83470237

客服邮箱：2301891038@qq.com

QQ：2301891038（请写明您的单位和姓名）

资源下载：关注公众号“书圈”下载配套资源。

资源下载、样书申请

书圈

获取最新书目

观看课程直播